乙級機械加工技能檢定學科題庫解析

鄧富源、張弘智　編著

增修試題

全華圖書股份有限公司

乙級機械加工技能檢定學科題庫解析

鍾富雄、張弘智　編著

全華圖書股份有限公司

　　在政府暢通職業學校的升學管道後，許多技職學校的教育已從培養工業基層人力變成升學主義的搖籃，在節節高升的升學率下，隱藏著實習課程逐漸被壓縮的事實。萬般皆下品，唯有讀書高的士大夫觀念，仍普遍存在於父母或師長的觀念中，也希望學子能往科技大學的「寬廣大門」前進，導致「技術」就在這股趨勢下逐漸被忽略、被犧牲。

　　進了科技大學後，往往因課程設計、課業壓力或自身要務，而不再願意去學習機械加工技術，環環相扣的結果，導致未來「不太敢動手做」、「不太會動手做」也「不太想動手做」的「三不」隱憂。編者有感於此，期許青年學子除了擁有較高的文憑外，更要有一技之長，誠如職訓界所言：「萬般皆上品、技術好就高」的職場優勢。

　　為了協助學子取得乙級證照，編者依據勞動部勞動力發展署技能檢定中心公告之機械加工乙級學科測試參考資料彙整成書，書中按公告題庫編排，凡較難題型或複選題型均加以解析，解析除文字敘述外，適時輔以圖形或照片說明，使讀者在最短時間內瞭解題意，明辨選項的正確與否，只要詳細閱讀，深信對機械加工相關技能與專業知識有極大的助益。

　　本書雖經多次校稿修正，並力求完美，若有疏漏之處，尚祈諸位先進及應檢人不吝指正。

編者　張弘智　鄧富源　謹誌

目錄 CONTENTS

共同學科

不分級題庫

- ➤ 工作項目 1　職業安全衛生
- ➤ 工作項目 2　工作倫理與職業道德
- ➤ 工作項目 3　環境保護
- ➤ 工作項目 4　節能減碳

工作項目 ❶ 職業安全衛生

單選題

(2) 1. 對於核計勞工所得有無低於基本工資，下列敘述何者有誤？　(2)
(1)僅計入在正常工時內之報酬　(2)應計入加班費
(3)不計入休假日出勤加給之工資　(4)不計入競賽獎金。

(3) 2. 下列何者之工資日數得列入計算平均工資？　(3)
(1)請事假期間　(2)職災醫療期間
(3)發生計算事由之前 6 個月　(4)放無薪假期間。

(1) 3. 下列何者，非屬法定之勞工？　(1)
(1)委任之經理人　(2)被派遣之工作者
(3)部分工時之工作者　(4)受薪之工讀生。

(4) 4. 以下對於「例假」之敘述，何者有誤？　(4)
(1)每 7 日應休息 1 日　(2)工資照給
(3)出勤時，工資加倍及補休　(4)須給假，不必給工資。

(4) 5. 勞動基準法第 84 條之 1 規定之工作者，因工作性質特殊，就其工作時間，下列何者正確？　(4)
(1)完全不受限制　(2)無例假與休假
(3)不另給予延時工資　(4)勞雇間應有合理協商彈性。

( ) 6. 依勞動基準法規定,雇主應置備勞工工資清冊並應保存幾年? (3)
(1)1 年 (2)2 年 (3)5 年 (4)10 年。

( ) 7. 事業單位僱用勞工多少人以上者,應依勞動基準法規定訂立工作規則? (4)
(1)200 人 (2)100 人 (3)50 人 (4)30 人。

( ) 8. 依勞動基準法規定,雇主延長勞工之工作時間連同正常工作時間,每日不得超過多少小 (3)
時?
(1)10 (2)11 (3)12 (4)15。

( ) 9. 依勞動基準法規定,下列何者屬不定期契約? (4)
(1)臨時性或短期性的工作 (2)季節性的工作
(3)特定性的工作 (4)有繼續性的工作。

( ) 10. 依職業安全衛生法規定,事業單位勞動場所發生死亡職業災害時,雇主應於多少小時內 (1)
通報勞動檢查機構?
(1)8 (2)12 (3)24 (4)48。

( ) 11. 事業單位之勞工代表如何產生? (1)
(1)由企業工會推派之 (2)由產業工會推派之
(3)由勞資雙方協議推派之 (4)由勞工輪流擔任之。

( ) 12. 職業安全衛生法所稱有母性健康危害之虞之工作,不包括下列何種工作型態? (4)
(1)長時間站立姿勢作業 (2)人力提舉、搬運及推拉重物
(3)輪班及夜間工作 (4)駕駛運輸車輛。

( ) 13. 職業安全衛生法之立法意旨為保障工作者安全與健康,防止下列何種災害? (1)
(1)職業災害 (2)交通災害 (3)公共災害 (4)天然災害。

( ) 14. 依職業安全衛生法施行細則規定,下列何者非屬特別危害健康之作業? (3)
(1)噪音作業 (2)游離輻射作業 (3)會計作業 (4)粉塵作業。

( ) 15. 從事於易踏穿材料構築之屋頂修繕作業時,應有何種作業主管在場執行主管業務? (3)
(1)施工架組配 (2)擋土支撐組配 (3)屋頂 (4)模板支撐。

( ) 16. 對於職業災害之受領補償規定,下列敘述何者正確? (1)
(1)受領補償權,自得受領之日起,因 2 年間不行使而消滅
(2)勞工若離職將喪失受領補償
(3)勞工得將受領補償權讓與、抵銷、扣押或擔保
(4)須視雇主確有過失責任,勞工方具有受領補償權。

( ) 17. 以下對於「工讀生」之敘述,何者正確? (4)
(1)工資不得低於基本工資之 80% (2)屬短期工作者,加班只能補休
(3)每日正常工作時間得超過 8 小時 (4)國定假日出勤,工資加倍發給。

(　)18. 經勞動部核定公告爲勞動基準法第 84 條之 1 規定之工作者，得由勞雇雙方另行約定之勞動條件，事業單位仍應報請下列哪個機關核備？　(3)
(1)勞動檢查機構　(2)勞動部　(3)當地主管機關　(4)法院公證處。

(　)19. 勞工工作時手部嚴重受傷，住院醫療期間公司應按下列何者給予職業災害補償？　(3)
(1)前 6 個月平均工資　(2)前 1 年平均工資　(3)原領工資　(4)基本工資。

(　)20. 勞工在何種情況下，雇主得不經預告終止勞動契約？　(2)
(1)確定被法院判刑 6 個月以內並諭知緩刑超過 1 年以上者
(2)不服指揮對雇主暴力相向者
(3)經常遲到早退者
(4)非連續曠工但一個月內累計達 3 日以上者。

(　)21. 對於吹哨者保護規定，下列敘述何者有誤？　(3)
(1)事業單位不得對勞工申訴人終止勞動契約
(2)勞動檢查機構受理勞工申訴必須保密
(3)爲實施勞動檢查，必要時得告知事業單位有關勞工申訴人身分
(4)任何情況下，事業單位都不得有不利勞工申訴人之行爲。

(　)22. 勞工發生死亡職業災害時，雇主應經以下何單位之許可，方得移動或破壞現場？　(4)
(1)保險公司　(2)調解委員會　(3)法律輔助機構　(4)勞動檢查機構。

(　)23. 職業安全衛生法所稱有母性健康危害之虞之工作，係指對於具生育能力之女性勞工從事工作，可能會導致的一些影響。下列何者除外？　(4)
(1)胚胎發育　(2)妊娠期間之母體健康　(3)哺乳期間之幼兒健康　(4)經期紊亂。

(　)24. 下列何者非屬職業安全衛生法規定之勞工法定義務？　(3)
(1)定期接受健康檢查　　　　　　　　(2)參加安全衛生教育訓練
(3)實施自動檢查　　　　　　　　　　(4)遵守安全衛生工作守則。

(　)25. 下列何者非屬應對在職勞工施行之健康檢查？　(2)
(1)一般健康檢查　(2)體格檢查　(3)特殊健康檢查　(4)特定對象及特定項目之檢查。

(　)26. 下列何者非爲防範有害物食入之方法？　(4)
(1)有害物與食物隔離　(2)不在工作場所進食或飲水　(3)常洗手、漱口　(4)穿工作服。

(　)27. 有關承攬管理責任，下列敘述何者正確？　(1)
(1)原事業單位交付廠商承攬，如不幸發生承攬廠商所僱勞工墜落致死職業災害，原事業單位應與承攬廠商負連帶補償及賠償責任
(2)原事業單位交付承攬，不需負連帶補償責任
(3)承攬廠商應自負職業災害之賠償責任
(4)勞工投保單位即爲職業災害之賠償單位。

( )28. 依勞動基準法規定，主管機構或檢查機構於接獲勞工申訴事業單位違反本法及其他勞工法令規定後，應為必要之調查，並於幾日內將處理情形，以書面通知勞工？ (4)
(1)14 (2)20 (3)30 (4)60。

( )29. 依職業安全衛生教育訓練規則規定，新僱勞工所接受之一般安全衛生教育訓練，不得少於幾小時？ (4)
(1)0.5 (2)1 (3)2 (4)3。

( )30. 我國中央勞工行政主管機關為下列何者？ (3)
(1)內政部 (2)勞工保險局 (3)勞動部 (4)經濟部。

( )31. 對於勞動部公告列入應實施型式驗證之機械、設備或器具，下列何種情形不得免驗證？ (4)
(1)依其他法律規定實施驗證者 (2)供國防軍事用途使用者
(3)輸入僅供科技研發之專用機 (4)輸入僅供收藏使用之限量品。

( )32. 對於墜落危險之預防設施，下列敘述何者較為妥適？ (4)
(1)在外牆施工架等高處作業應盡量使用繫腰式安全帶
(2)安全帶應確實配掛在低於足下之堅固點
(3)高度 2m 以上之邊緣開口部分處應圍起警示帶
(4)高度 2m 以上之開口處應設護欄或安全網。

( )33. 下列對於感電電流流過人體的現象之敘述何者有誤？ (3)
(1)痛覺 (2)強烈痙攣 (3)血壓降低、呼吸急促、精神亢奮 (4)顏面、手腳燒傷。

( )34. 下列何者非屬於容易發生墜落災害的作業場所？ (2)
(1)施工架 (2)廚房 (3)屋頂 (4)梯子、合梯。

( )35. 下列何者非屬危險物儲存場所應採取之火災爆炸預防措施？ (1)
(1)使用工業用電風扇 (2)裝設可燃性氣體偵測裝置
(3)使用防爆電氣設備 (4)標示「嚴禁煙火」。

( )36. 雇主於臨時用電設備加裝漏電斷路器，可減少下列何種災害發生？ (3)
(1)墜落 (2)物體倒塌；崩塌 (3)感電 (4)被撞。

( )37. 雇主要求確實管制人員不得進入吊舉物下方，可避免下列何種災害發生？ (3)
(1)感電 (2)墜落 (3)物體飛落 (4)缺氧。

( )38. 職業上危害因子所引起的勞工疾病，稱為何種疾病？ (1)
(1)職業疾病 (2)法定傳染病 (3)流行性疾病 (4)遺傳性疾病。

( )39. 事業招人承攬時，其承攬人就承攬部分負雇主之責任，原事業單位就職業災害補償部分之責任為何？ (4)
(1)視職業災害原因判定是否補償 (2)依工程性質決定責任
(3)依承攬契約決定責任 (4)仍應與承攬人負連帶責任。

(　　) 40. 預防職業病最根本的措施為何？ (2)
(1)實施特殊健康檢查　　　　　　　　(2)實施作業環境改善
(3)實施定期健康檢查　　　　　　　　(4)實施僱用前體格檢查。

(　　) 41. 以下為假設性情境：「在地下室作業，當通風換氣充分時，則不易發生一氧化碳中毒或缺 (1)
氧危害」，請問「通風換氣充分」係此「一氧化碳中毒或缺氧危害」之何種描述？
(1)風險控制方法　(2)發生機率　(3)危害源　(4)風險。

(　　) 42. 勞工為節省時間，在未斷電情況下清理機臺，易發生危害為何？ (1)
(1)捲夾感電　(2)缺氧　(3)墜落　(4)崩塌。

(　　) 43. 工作場所化學性有害物進入人體最常見路徑為下列何者？ (2)
(1)口腔　(2)呼吸道　(3)皮膚　(4)眼睛。

(　　) 44. 於營造工地潮濕場所中使用電動機具，為防止感電危害，應於該電路設置何種安全裝 (3)
置？
(1)閉關箱　　　　　　　　　　　　　(2)自動電擊防止裝置
(3)高感度高速型漏電斷路器　　　　　(4)高容量保險絲。

(　　) 45. 活線作業勞工應佩戴何種防護手套？ (3)
(1)棉紗手套　(2)耐熱手套　(3)絕緣手套　(4)防振手套。

(　　) 46. 下列何者非屬電氣災害類型？ (4)
(1)電弧灼傷　(2)電氣火災　(3)靜電危害　(4)雷電閃爍。

(　　) 47. 下列何者非屬電氣之絕緣材料？ (3)
(1)空氣　(2)氟、氯、烷　(3)漂白水　(4)絕緣油。

(　　) 48. 下列何者非屬於工作場所作業會發生墜落災害的潛在危害因子？ (3)
(1)開口未設置護欄　　　　　　　　　(2)未設置安全之上下設備
(3)未確實戴安全帽　　　　　　　　　(4)屋頂開口下方未張掛安全網。

(　　) 49. 在噪音防治之對策中，從下列哪一方面著手最為有效？ (2)
(1)偵測儀器　(2)噪音源　(3)傳播途徑　(4)個人防護具。

(　　) 50. 勞工於室外高氣溫作業環境工作，可能對身體產生熱危害，以下何者非屬熱危害之症 (4)
狀？
(1)熱衰竭　(2)中暑　(3)熱痙攣　(4)痛風。

(　　) 51. 勞動場所發生職業災害，災害搶救中第一要務為何？ (2)
(1)搶救材料減少損失　　　　　　　　(2)搶救罹災勞工迅速送醫
(3)災害場所持續工作減少損失　　　　(4)24 小時內通報勞動檢查機構。

(　　) 52. 以下何者是消除職業病發生率之源頭管理對策？ (3)
(1)使用個人防護具　(2)健康檢查　(3)改善作業環境　(4)多運動。

(　) 53. 下列何者非為職業病預防之危害因子？ (1)
　　　　　(1)遺傳性疾病　(2)物理性危害　(3)人因工程危害　(4)化學性危害。

(　) 54. 對於染有油污之破布、紙屑等應如何處置？ (3)
　　　　　(1)與一般廢棄物一起處置　　　　　　(2)應分類置於回收桶內
　　　　　(3)應蓋藏於不燃性之容器內　　　　　(4)無特別規定，以方便丟棄即可。

(　) 55. 下列何者非屬使用合梯，應符合之規定？ (3)
　　　　　(1)合梯應具有堅固之構造　　　　　　(2)合梯材質不得有顯著之損傷、腐蝕等
　　　　　(3)梯腳與地面之角度應在 80 度以上　(4)有安全之防滑梯面。

(　) 56. 下列何者非屬勞工從事電氣工作，應符合之規定？ (4)
　　　　　(1)使其使用電工安全帽　　　　　　　(2)穿戴絕緣防護具
　　　　　(3)停電作業應檢電掛接地　　　　　　(4)穿戴棉質手套絕緣。

(　) 57. 為防止勞工感電，下列何者為非？ (3)
　　　　　(1)使用防水插頭　　　　　　　　　　(2)避免不當延長接線
　　　　　(3)設備有金屬外殼保護即可免裝漏電斷路器　(4)電線架高或加以防護。

(　) 58. 電氣設備接地之目的為何？ (3)
　　　　　(1)防止電弧產生　(2)防止短路發生　(3)防止人員感電　(4)防止電阻增加。

(　) 59. 不當抬舉導致肌肉骨骼傷害或肌肉疲勞之現象，可稱之為下列何者？ (2)
　　　　　(1)感電事件　(2)不當動作　(3)不安全環境　(4)被撞事件。

(　) 60. 使用鑽孔機時，不應使用下列何護具？ (3)
　　　　　(1)耳塞　(2)防塵口罩　(3)棉紗手套　(4)護目鏡。

(　) 61. 腕道症候群常發生於下列何種作業？ (1)
　　　　　(1)電腦鍵盤作業　(2)潛水作業　(3)堆高機作業　(4)第一種壓力容器作業。

(　) 62. 若廢機油引起火災，最不應以下列何者滅火？ (3)
　　　　　(1)厚棉被　(2)砂土　(3)水　(4)乾粉滅火器。

(　) 63. 對於化學燒傷傷患的一般處理原則，下列何者正確？ (1)
　　　　　(1)立即用大量清水沖洗
　　　　　(2)傷患必須臥下，而且頭、胸部須高於身體其他部位
　　　　　(3)於燒傷處塗抹油膏、油脂或發酵粉
　　　　　(4)使用酸鹼中和。

(　) 64. 下列何者屬安全的行為？ (2)
　　　　　(1)不適當之支撐或防護　(2)使用防護具　(3)不適當之警告裝置　(4)有缺陷的設備。

(　) 65. 下列何者非屬防止搬運事故之一般原則？ (4)
　　　　　(1)以機械代替人力　　　　　　　　　(2)以機動車輛搬運
　　　　　(3)採取適當之搬運方法　　　　　　　(4)儘量增加搬運距離。

( )66. 對於脊柱或頸部受傷患者，下列何者不是適當的處理原則？ (3)
(1)不輕易移動傷患　　　　　　　　(2)速請醫師
(3)如無合用的器材，需 2 人作徒手搬運　(4)向急救中心聯絡。

( )67. 防止噪音危害之治本對策爲何？ (3)
(1)使用耳塞、耳罩　　　　　　　　(2)實施職業安全衛生教育訓練
(3)消除發生源　　　　　　　　　　(4)實施特殊健康檢查。

( )68. 進出電梯時應以下列何者爲宜？ (1)
(1)裡面的人先出，外面的人再進入　(2)外面的人先進去，裡面的人才出來
(3)可同時進出　　　　　　　　　　(4)爭先恐後無妨。

( )69. 安全帽承受巨大外力衝擊後，雖外觀良好，應採下列何種處理方式？ (1)
(1)廢棄　(2)繼續使用　(3)送修　(4)油漆保護。

( )70. 下列何者可做爲電氣線路過電流保護之用？ (4)
(1)變壓器　(2)電阻器　(3)避雷器　(4)熔絲斷路器。

( )71. 因舉重而扭腰係由於身體動作不自然姿勢，動作之反彈，引起扭筋、扭腰及形成類似狀 (2)
態造成職業災害，其災害類型爲下列何者？
(1)不當狀態　(2)不當動作　(3)不當方針　(4)不當設備。

( )72. 下列有關工作場所安全衛生之敘述何者有誤？ (3)
(1)對於勞工從事其身體或衣著有被污染之虞之特殊作業時，應備置該勞工洗眼、洗澡、
　漱口、更衣、洗濯等設備
(2)事業單位應備置足夠急救藥品及器材
(3)事業單位應備置足夠的零食自動販賣機
(4)勞工應定期接受健康檢查。

( )73. 毒性物質進入人體的途徑，經由那個途徑影響人體健康最快且中毒效應最高？ (2)
(1)吸入　(2)食入　(3)皮膚接觸　(4)手指觸摸。

( )74. 安全門或緊急出口平時應維持何狀態？ (3)
(1)門可上鎖但不可封死
(2)保持開門狀態以保持逃生路徑暢通
(3)門應關上但不可上鎖
(4)與一般進出門相同，視各樓層規定可開可關。

( )75. 下列何種防護具較能消減噪音對聽力的危害？ (3)
(1)棉花球　(2)耳塞　(3)耳罩　(4)碎布球。

( )76. 流行病學實證研究顯示，輪班、夜間及長時間工作與心肌梗塞、高血壓、睡眠障礙、憂 (3)
鬱等的罹病風險之關係一般爲何？
(1)無相關性　(2)呈負相關　(3)呈正相關　(4)部分為正相關，部分爲負相關。

(　) 77. 勞工若面臨長期工作負荷壓力及工作疲勞累積，沒有獲得適當休息及充足睡眠，便可能 (2)
影響體能及精神狀態，甚而較易促發下列何種疾病？
(1)皮膚癌　(2)腦心血管疾病　(3)多發性神經病變　(4)肺水腫。

(　) 78. 「勞工腦心血管疾病發病的風險與年齡、抽菸、總膽固醇數值、家族病史、生活型態、 (2)
心臟方面疾病」之相關性為何？
(1)無　(2)正　(3)負　(4)可正可負。

(　) 79. 勞工常處於高溫及低溫間交替暴露的情況、或常在有明顯溫差之場所間出入，對勞工的 (2)
生(心)理工作負荷之影響一般為何？
(1)無　(2)增加　(3)減少　(4)不一定。

(　) 80. 「感覺心力交瘁，感覺挫折，而且上班時都很難熬」此現象與下列何者較不相關？ (3)
(1)可能已經快被工作累垮了　　　　　　　(2)工作相關過勞程度可能嚴重
(3)工作相關過勞程度輕微　　　　　　　　(4)可能需要尋找專業人員諮詢。

(　) 81. 下列何者不屬於職場暴力？ (3)
(1)肢體暴力　(2)語言暴力　(3)家庭暴力　(4)性騷擾。

(　) 82. 職場內部常見之身體或精神不法侵害不包含下列何者？ (4)
(1)脅迫、名譽損毀、侮辱、嚴重辱罵勞工
(2)強求勞工執行業務上明顯不必要或不可能之工作
(3)過度介入勞工私人事宜
(4)使勞工執行與能力、經驗相符的工作。

(　) 83. 勞工服務對象若屬特殊高風險族群，如酗酒、藥癮、心理疾患或家暴者，則此勞工較易 (1)
遭受下列何種危害？
(1)身體或心理不法侵害　(2)中樞神經系統退化　(3)聽力損失　(4)白指症。

(　) 84. 下列何措施較可避免工作單調重複或負荷過重？ (3)
(1)連續夜班　(2)工時過長　(3)排班保有規律性　(4)經常性加班。

(　) 85. 一般而言下列何者不屬對孕婦有危害之作業或場所？ (3)
(1)經常搬抬物件上下階梯或梯架
(2)暴露游離輻射
(3)工作區域地面平坦、未濕滑且無未固定之線路
(4)經常變換高低位之工作姿勢。

(　) 86. 長時間電腦終端機作業較不易產生下列何狀況？ (3)
(1)眼睛乾澀　　　　　　　　　　　　　　(2)頸肩部僵硬不適
(3)體溫、心跳和血壓之變化幅度比較大　　(4)腕道症候群。

(　) 87. 減輕皮膚燒傷程度之最重要步驟為何？ (1)
(1)儘速用清水沖洗　　　　　　　　　　　(2)立即刺破水泡
(3)立即在燒傷處塗抹油脂　　　　　　　　(4)在燒傷處塗抹麵粉。

(　) 88. 眼內噴入化學物或其他異物，應立即使用下列何者沖洗眼睛？　(3)
(1)牛奶　(2)蘇打水　(3)清水　(4)稀釋的醋。

(　) 89. 石綿最可能引起下列何種疾病？　(3)
(1)白指症　(2)心臟病　(3)間皮細胞瘤　(4)巴金森氏症。

(　) 90. 作業場所高頻率噪音較易導致下列何種症狀？　(2)
(1)失眠　(2)聽力損失　(3)肺部疾病　(4)腕道症候群。

(　) 91. 下列何種患者不宜從事高溫作業？　(2)
(1)近視　(2)心臟病　(3)遠視　(4)重聽。

(　) 92. 廚房設置之排油煙機爲下列何者？　(2)
(1)整體換氣裝置　(2)局部排氣裝置　(3)吹吸型換氣裝置　(4)排氣煙函。

(　) 93. 消除靜電的有效方法爲下列何者？　(3)
(1)隔離　(2)摩擦　(3)接地　(4)絕緣。

(　) 94. 防塵口罩選用原則，下列敘述何者錯誤？　(4)
(1)捕集效率愈高愈好　　　　　　　　(2)吸氣阻抗愈低愈好
(3)重量愈輕愈好　　　　　　　　　　(4)視野愈小愈好。

(　) 95. 「勞工於職場上遭受主管或同事利用職務或地位上的優勢予以不當之對待，及遭受顧　(3)
客、服務對象或其他相關人士之肢體攻擊、言語侮辱、恐嚇、威脅等霸凌或暴力事件，
致發生精神或身體上的傷害」此等危害可歸類於下列何種職業危害？
(1)物理性　(2)化學性　(3)社會心理性　(4)生物性。

(　) 96. 有關高風險或高負荷、夜間工作之安排或防護措施，下列何者不恰當？　(1)
(1)若受威脅或加害時，在加害人離開前觸動警報系統，激怒加害人，使對方抓狂
(2)參照醫師之適性配工建議
(3)考量人力或性別之適任性
(4)獨自作業，宜考量潛在危害，如性暴力。

(　) 97. 若勞工工作性質需與陌生人接觸、工作中需處理不可預期的突發事件或工作場所治安狀　(2)
況較差，較容易遭遇下列何種危害？
(1)組織內部不法侵害　(2)組織外部不法侵害　(3)多發性神經病變　(4)潛涵症。

(　) 98. 以下何者不是發生電氣火災的主要原因？　(3)
(1)電器接點短路　(2)電氣火花　(3)電纜線置於地上　(4)漏電。

(　) 99. 依勞工職業災害保險及保護法規定，職業災害保險之保險效力，自何時開始起算，至離　(2)
職當日停止？
(1)通知當日　(2)到職當日　(3)雇主訂定當日　(4)勞雇雙方合意之日。

(　　) 100. 依勞工職業災害保險及保護法規定，勞工職業災害保險以下列何者爲保險人，辦理保險業務？
(1)財團法人職業災害預防及重建中心
(2)勞動部職業安全衛生署
(3)勞動部勞動基金運用局
(4)勞動部勞工保險局。　　　　(4)

工作項目❷ 工作倫理與職業道德

單選題

( ) 1. 請問下列何者「不是」個人資料保護法所定義的個人資料？ (3)
(1)身分證號碼　(2)最高學歷　(3)綽號　(4)護照號碼。

( ) 2. 下列何者「違反」個人資料保護法？ (4)
(1)公司基於人事管理之特定目的，張貼榮譽榜揭示績優員工姓名
(2)縣市政府提供村里長轄區內符合資格之老人名冊供發放敬老金
(3)網路購物公司為辦理退貨，將客戶之住家地址提供予宅配公司
(4)學校將應屆畢業生之住家地址提供補習班招生使用。

( ) 3. 非公務機關利用個人資料進行行銷時，下列敘述何者「錯誤」？ (1)
(1)若已取得當事人書面同意，當事人即不得拒絕利用其個人資料行銷
(2)於首次行銷時，應提供當事人表示拒絕行銷之方式
(3)當事人表示拒絕接受行銷時，應停止利用其個人資料
(4)倘非公務機關違反「應即停止利用其個人資料行銷」之義務，未於限期內改正者，按
次處新臺幣 2 萬元以上 20 萬元以下罰鍰。

( ) 4. 個人資料保護法規定為保護當事人權益，多少位以上的當事人提出告訴，就可以進行團 (4)
體訴訟：　(1)5 人　(2)10 人　(3)15 人　(4)20 人。

( ) 5. 關於個人資料保護法之敘述，下列何者「錯誤」？ (2)
(1)公務機關執行法定職務必要範圍內，可以蒐集、處理或利用一般性個人資料
(2)間接蒐集之個人資料，於處理或利用前，不必告知當事人個人資料來源
(3)非公務機關亦應維護個人資料之正確，並主動或依當事人之請求更正或補充
(4)外國學生在臺灣短期進修或留學，也受到我國個人資料保護法的保障。

( ) 6. 下列關於個人資料保護法的敘述，下列敘述何者錯誤？ (2)
(1)不管是否使用電腦處理的個人資料，都受個人資料保護法保護
(2)公務機關依法執行公權力，不受個人資料保護法規範
(3)身分證字號、婚姻、指紋都是個人資料
(4)我的病歷資料雖然是由醫生所撰寫，但也屬於是我的個人資料範圍。

( ) 7. 對於依照個人資料保護法應告知之事項，下列何者不在法定應告知的事項內？ (3)
(1)個人資料利用之期間、地區、對象及方式
(2)蒐集之目的
(3)蒐集機關的負責人姓名
(4)如拒絕提供或提供不正確個人資料將造成之影響。

( ) 8. 請問下列何者非為個人資料保護法第 3 條所規範之當事人權利？ (2)
　　(1)查詢或請求閱覽　　　　　　　　(2)請求刪除他人之資料
　　(3)請求補充或更正　　　　　　　　(4)請求停止蒐集、處理或利用。

( ) 9. 下列何者非安全使用電腦內的個人資料檔案的做法？ (4)
　　(1)利用帳號與密碼登入機制來管理可以存取個資者的人
　　(2)規範不同人員可讀取的個人資料檔案範圍
　　(3)個人資料檔案使用完畢後立即退出應用程式，不得留置於電腦中
　　(4)為確保重要的個人資料可即時取得，將登入密碼標示在螢幕下方。

( ) 10. 下列何者行為非屬個人資料保護法所稱之國際傳輸？ (1)
　　(1)將個人資料傳送給經濟部　　　　(2)將個人資料傳送給美國的分公司
　　(3)將個人資料傳送給法國的人事部門　(4)將個人資料傳送給日本的委託公司。

( ) 11. 有關專利權的敘述，何者正確？ (1)
　　(1)專利有規定保護年限，當某商品、技術的專利保護年限屆滿，任何人皆可運用該項
　　　專利
　　(2)我發明了某項商品，卻被他人率先申請專利權，我仍可主張擁有這項商品的專利權
　　(3)專利權可涵蓋、保護抽象的概念性商品
　　(4)專利權為世界所共有，在本國申請專利之商品進軍國外，不需向他國申請專利權。

( ) 12. 下列使用重製行為，何者已超出「合理使用」範圍？ (4)
　　(1)將著作權人之作品及資訊，下載供自己使用
　　(2)直接轉貼高普考考古題在 FACEBOOK
　　(3)以分享網址的方式轉貼資訊分享於 BBS
　　(4)將講師的授課內容錄音供分贈友人。

( ) 13. 下列有關智慧財產權行為之敘述，何者有誤？ (1)
　　(1)製造、販售仿冒註冊商標的商品不屬於公訴罪之範疇，但已侵害商標權之行為
　　(2)以 101 大樓、美麗華百貨公司做為拍攝電影的背景，屬於合理使用的範圍
　　(3)原作者自行創作某音樂作品後，即可宣稱擁有該作品之著作權
　　(4)商標權是為促進文化發展為目的，所保護的財產權之一。

( ) 14. 專利權又可區分為發明、新型與設計三種專利權，其中，發明專利權是否有保護期限？ (2)
　　期限為何？
　　(1)有，5 年　　(2)有，20 年　　(3)有，50 年　　(4)無期限，只要申請後就永久歸申請人所有。

( ) 15. 下列有關著作權之概念，何者正確？ (1)
　　(1)國外學者之著作，可受我國著作權法的保護
　　(2)公務機關所函頒之公文，受我國著作權法的保護
　　(3)著作權要待向智慧財產權申請通過後才可主張
　　(4)以傳達事實之新聞報導，依然受著作權之保障。

(　)16. 受僱人於職務上所完成之著作，如果沒有特別以契約約定，其著作人為下列何者？　(2)
(1)僱用人　　　　　　　　　　　　　(2)受僱人
(3)僱用公司或機關法人代表　　　　　(4)由僱用人指定之自然人或法人。

(　)17. 任職於某公司的程式設計工程師，因職務所編寫之電腦程式，如果沒有特別以契約約　(1)
定，則該電腦程式重製之權利歸屬下列何者？
(1)公司　　　　　　　　　　　　　　(2)編寫程式之工程師
(3)公司全體股東共有　　　　　　　　(4)公司與編寫程式之工程師共有。

(　)18. 某公司員工因執行業務，擅自以重製之方法侵害他人之著作財產權，若被害人提起告　(3)
訴，下列對於處罰對象的敘述，何者正確？
(1)僅處罰侵犯他人著作財產權之員工
(2)僅處罰僱用該名員工的公司
(3)該名員工及其雇主皆須受罰
(4)員工只要在從事侵犯他人著作財產權之行為前請示雇主並獲同意，便可以不受處罰。

(　)19. 某廠商之商標在我國已經獲准註冊，請問若希望將商品行銷販賣到國外，請問是否需在　(1)
當地申請註冊才能受到保護？
(1)是，因為商標權註冊採取屬地保護原則
(2)否，因為我國申請註冊之商標權在國外也會受到承認
(3)不一定，需視我國是否與商品希望行銷販賣的國家訂有相互商標承認之協定
(4)不一定，需視商品希望行銷販賣的國家是否為 WTO 會員國。

(　)20. 受僱人於職務上所完成之發明、新型或設計，其專利申請權及專利權如未特別約定屬於　(1)
下列何者？
(1)僱用人　(2)受僱人　(3)僱用人所指定之自然人或法人　(4)僱用人與受僱人共有。

(　)21. 任職大發公司的郝聰明，專門從事技術研發，有關研發技術的專利申請權及專利權歸　(4)
屬，下列敘述何者錯誤？
(1)職務上所完成的發明，除契約另有約定外，專利申請權及專利權屬於大發公司
(2)職務上所完成的發明，雖然專利申請權及專利權屬於大發公司，但是郝聰明享有姓名
表示權
(3)郝聰明完成非職務上的發明，應即以書面通知大發公司
(4)大發公司與郝聰明之雇傭契約約定，郝聰明非職務上的發明，全部屬於公司，約定有
效。

(　)22. 有關著作權的下列敘述何者不正確？　(3)
(1)我們到表演場所觀看表演時，不可隨便錄音或錄影
(2)到攝影展上，拿相機拍攝展示的作品，分贈給朋友，是侵害著作權的行為
(3)網路上供人下載的免費軟體，都不受著作權法保護，所以我可以燒成大補帖光碟，再
去賣給別人
(4)高普考試題，不受著作權法保護。

( ) 23. 有關著作權的下列敘述何者錯誤？　(3)
(1)撰寫碩博士論文時，在合理範圍內引用他人的著作，只要註明出處，不會構成侵害著作權
(2)在網路散布盜版光碟，不管有沒有營利，會構成侵害著作權
(3)在網路的部落格看到一篇文章很棒，只要註明出處，就可以把文章複製在自己的部落格
(4)將補習班老師的上課內容錄音檔，放到網路上拍賣，會構成侵害著作權。

( ) 24. 有關商標權的下列敘述何者錯誤？　(4)
(1)要取得商標權一定要申請商標註冊
(2)商標註冊後可取得 10 年商標權
(3)商標註冊後，3 年不使用，會被廢止商標權
(4)在夜市買的仿冒品，品質不好，上網拍賣，不會構成侵權。

( ) 25. 下列關於營業秘密的敘述，何者不正確？　(1)
(1)受雇人於非職務上研究或開發之營業秘密，仍歸雇用人所有
(2)營業秘密不得為質權及強制執行之標的
(3)營業秘密所有人得授權他人使用其營業秘密
(4)營業秘密得全部或部分讓與他人或與他人共有。

( ) 26. 下列何者「非」屬於營業秘密？　(1)
(1)具廣告性質的不動產交易底價　　　　(2)須授權取得之產品設計或開發流程圖示
(3)公司內部管制的各種計畫方案　　　　(4)客戶名單。

( ) 27. 營業秘密可分為「技術機密」與「商業機密」，下列何者屬於「商業機密」？　(3)
(1)程式　(2)設計圖　(3)客戶名單　(4)生產製程。

( ) 28. 甲公司將其新開發受營業秘密法保護之技術，授權乙公司使用，下列何者不得為之？　(1)
(1)乙公司已獲授權，所以可以未經甲公司同意，再授權丙公司使用
(2)約定授權使用限於一定之地域、時間
(3)約定授權使用限於特定之內容、一定之使用方法
(4)要求被授權人乙公司在一定期間負有保密義務。

( ) 29. 甲公司嚴格保密之最新配方產品大賣，下列何者侵害甲公司之營業秘密？　(3)
(1)鑑定人 A 因司法審理而知悉配方
(2)甲公司授權乙公司使用其配方
(3)甲公司之 B 員工擅自將配方盜賣給乙公司
(4)甲公司與乙公司協議共有配方。

( ) 30. 故意侵害他人之營業秘密，法院因被害人之請求，最高得酌定損害額幾倍之賠償？　(3)
(1)1 倍　(2)2 倍　(3)3 倍　(4)4 倍。

( ) 31. 受雇者因承辦業務而知悉營業秘密，在離職後對於該營業秘密的處理方式，下列敘述何 (4)
者正確？
(1)聘雇關係解除後便不再負有保障營業秘密之責
(2)僅能自用而不得販售獲取利益
(3)自離職日起 3 年後便不再負有保障營業秘密之責
(4)離職後仍不得洩漏該營業秘密。

( ) 32. 按照現行法律規定，侵害他人營業秘密，其法律責任為： (3)
(1)僅需負刑事責任
(2)僅需負民事損害賠償責任
(3)刑事責任與民事損害賠償責任皆須負擔
(4)刑事責任與民事損害賠償責任皆不須負擔。

( ) 33. 企業內部之營業秘密，可以概分為「商業性營業秘密」及「技術性營業秘密」二大類型， (3)
請問下列何者屬於「技術性營業秘密」？
(1)人事管理　(2)經銷據點　(3)產品配方　(4)客戶名單。

( ) 34. 某離職同事請求在職員工將離職前所製作之某份文件傳送給他，請問下列回應方式何者 (3)
正確？
(1)由於該項文件係由該離職員工製作，因此可以傳送文件
(2)若其目的僅為保留檔案備份，便可以傳送文件
(3)可能構成對於營業秘密之侵害，應予拒絕並請他直接向公司提出請求
(4)視彼此交情決定是否傳送文件。

( ) 35. 行為人以竊取等不正當方法取得營業秘密，下列敘述何者正確？ (1)
(1)已構成犯罪
(2)只要後續沒有洩漏便不構成犯罪
(3)只要後續沒有出現使用之行為便不構成犯罪
(4)只要後續沒有造成所有人之損害便不構成犯罪。

( ) 36. 針對在我國境內竊取營業秘密後，意圖在外國、中國大陸或港澳地區使用者，營業秘密 (3)
法是否可以適用？
(1)無法適用
(2)可以適用，但若屬未遂犯則不罰
(3)可以適用並加重其刑
(4)能否適用需視該國家或地區與我國是否簽訂相互保護營業秘密之條約或協定。

( ) 37. 所謂營業秘密，係指方法、技術、製程、配方、程式、設計或其他可用於生產、銷售或 (4)
經營之資訊，但其保障所需符合的要件不包括下列何者？
(1)因其秘密性而具有實際之經濟價值者
(2)所有人已採取合理之保密措施者
(3)因其秘密性而具有潛在之經濟價值者
(4)一般涉及該類資訊之人所知者。

( ) 38. 因故意或過失而不法侵害他人之營業秘密者，負損害賠償責任該損害賠償之請求權，自 (1)
請求權人知有行為及賠償義務人時起，幾年間不行使就會消滅？
(1)2 年　(2)5 年　(3)7 年　(4)10 年。

( ) 39. 公務機關首長要求人事單位聘僱自己的弟弟擔任工友，違反何種法令？ (1)
(1)公職人員利益衝突迴避法　(2)刑法　(3)貪污治罪條例　(4)未違反法令。

( ) 40. 依新修公布之公職人員利益衝突迴避法(以下簡稱本法)規定，公職人員甲與其關係人下 (4)
列何種行為不違反本法？
(1)甲要求受其監督之機關聘用兒子乙
(2)配偶乙以請託關說之方式，請求甲之服務機關通過其名下農地變更使用申請案
(3)甲承辦案件時，明知有利益衝突之情事，但因自認為人公正，故不自行迴避
(4)關係人丁經政府採購法公告程序取得甲服務機關之年度採購標案。

( ) 41. 公司負責人為了要節省開銷，將員工薪資以高報低來投保全民健保及勞保，是觸犯了刑 (1)
法上之何種罪刑？
(1)詐欺罪　(2)侵占罪　(3)背信罪　(4)工商秘密罪。

( ) 42. A 受僱於公司擔任會計，因自己的財務陷入危機，多次將公司帳款轉入妻兒戶頭，是觸 (2)
犯了刑法上之何種罪刑？
(1)洩漏工商秘密罪　(2)侵占罪　(3)詐欺罪　(4)偽造文書罪。

( ) 43. 某甲於公司擔任業務經理時，未依規定經董事會同意，私自與自己親友之公司訂定生意 (3)
合約，會觸犯下列何種罪刑？
(1)侵占罪　(2)貪污罪　(3)背信罪　(4)詐欺罪。

( ) 44. 如果你擔任公司採購的職務，親朋好友們會向你推銷自家的產品，希望你要採購時，你 (1)
應該
(1)適時地婉拒，說明利益需要迴避的考量，請他們見諒
(2)既然是親朋好友，就應該互相幫忙
(3)建議親朋好友將產品折扣，折扣部分歸於自己，就會採購
(4)可以暗中地幫忙親朋好友，進行採購，不要被發現有親友關係便可。

(　)45. 小美是公司的業務經理，有一天巧遇國中同班的死黨小林，發現他是公司的下游廠商老 (3)
闆。最近小美處理一件公司的招標案件，小林的公司也在其中，私下約小美見面，請求
她提供這次招標案的底標，並馬上要給予幾十萬元的前謝金，請問小美該怎麼辦？
(1)退回錢，並告訴小林都是老朋友，一定會全力幫忙
(2)收下錢，將錢拿出來給單位同事們分紅
(3)應該堅決拒絕，並避免每次見面都與小林談論相關業務問題
(4)朋友一場，給他一個比較接近底標的金額，反正又不是正確的，所以沒關係。

(　)46. 公司發給每人一台平板電腦提供業務上使用，但是發現根本很少再使用，為了讓它有效 (3)
的利用，所以將它拿回家給親人使用，這樣的行為是
(1)可以的，這樣就不用花錢買
(2)可以的，反正放在那裡不用它，也是浪費資源
(3)不可以的，因為這是公司的財產，不能私用
(4)不可以的，因為使用年限未到，如果年限到報廢了，便可以拿回家。

(　)47. 公司的車子，假日又沒人使用，你是鑰匙保管者，請問假日可以開出去嗎？ (3)
(1)可以，只要付費加油即可
(2)可以，反正假日不影響公務
(3)不可以，因為是公司的，並非私人擁有
(4)不可以，應該是讓公司想要使用的員工，輪流使用才可。

(　)48. 阿哲是財經線的新聞記者，某次採訪中得知 A 公司在一個月內將有一個大的併購案，這 (4)
個併購案顯示公司的財力，且能讓 A 公司股價往上飆升。請問阿哲得知此消息後，可以
立刻購買該公司的股票嗎？
(1)可以，有錢大家賺
(2)可以，這是我努力獲得的消息
(3)可以，不賺白不賺
(4)不可以，屬於內線消息，必須保持記者之操守，不得洩漏。

(　)49. 與公務機關接洽業務時，下列敘述何者「正確」？ (4)
(1)沒有要求公務員違背職務，花錢疏通而已，並不違法
(2)唆使公務機關承辦採購人員配合浮報價額，僅屬偽造文書行為
(3)口頭允諾行賄金額但還沒送錢，尚不構成犯罪
(4)與公務員同謀之共犯，即便不具公務員身分，仍會依據貪污治罪條例處刑。

(　)50. 公司總務部門員工因辦理政府採購案，而與公務機關人員有互動時，下列敘述何者「正 (3)
確」？
(1)對於機關承辦人，經常給予不超過新台幣 5 佰元以下的好處，無論有無對價關係，對
　　方收受皆符合廉政倫理規範
(2)招待驗收人員至餐廳用餐，是慣例屬社交禮貌行為
(3)因民俗節慶公開舉辦之活動，機關公務員在簽准後可受邀參與
(4)以借貸名義，餽贈財物予公務員，即可規避刑事追究。

（　）51. 與公務機關有業務往來構成職務利害關係者，下列敘述何者「正確」？ (1)
　　　　(1)將餽贈之財物請公務員父母代轉，該公務員亦已違反規定
　　　　(2)與公務機關承辦人飲宴應酬爲增進基本關係的必要方法
　　　　(3)高級茶葉低價售予有利害關係之承辦公務員，有價購行爲就不算違反法規
　　　　(4)機關公務員藉子女婚宴廣邀業務往來廠商之行爲，並無不妥。

（　）52. 貪污治罪條例所稱之「賄賂或不正利益」與公務員廉政倫理規範所稱之「餽贈財物」， (4)
　　　　其最大差異在於下列何者之有無？
　　　　(1)利害關係　(2)補助關係　(3)隸屬關係　(4)對價關係。

（　）53. 廠商某甲承攬公共工程，工程進行期間，甲與其工程人員經常招待該公共工程委辦機關 (4)
　　　　之監工及驗收之公務員喝花酒或招待出國旅遊，下列敘述何者正確？
　　　　(1)公務員若沒有收現金，就沒有罪
　　　　(2)只要工程沒有問題，某甲與監工及驗收等相關公務員就沒有犯罪
　　　　(3)因爲不是送錢，所以都沒有犯罪
　　　　(4)某甲與相關公務員均已涉嫌觸犯貪污治罪條例。

（　）54. 行(受)賄罪成立要素之一爲具有對價關係，而作爲公務員職務之對價有「賄賂」或「不 (1)
　　　　正利益」，下列何者「不」屬於「賄賂」或「不正利益」？
　　　　(1)開工邀請公務員觀禮　　　　　　　　(2)送百貨公司大額禮券
　　　　(3)免除債務　　　　　　　　　　　　　(4)招待吃米其林等級之高檔大餐。

（　）55. 下列關於政府採購人員之敘述，何者爲正確？ (1)
　　　　(1)不可主動向廠商求取，偶發地收取廠商致贈價值在新臺幣 500 元以下之廣告物、促銷
　　　　　品、紀念品
　　　　(2)要求廠商提供與採購無關之額外服務
　　　　(3)利用職務關係向廠商借貸
　　　　(4)利用職務關係媒介親友至廠商處所任職。

（　）56. 下列有關貪腐的敘述何者錯誤？ (4)
　　　　(1)貪腐會危害永續發展和法治　　　　　(2)貪腐會破壞民主體制及價值觀
　　　　(3)貪腐會破壞倫理道德與正義　　　　　(4)貪腐有助降低企業的經營成本。

（　）57. 下列有關促進參與預防和打擊貪腐的敘述何者錯誤？ (3)
　　　　(1)提高政府決策透明度
　　　　(2)廉政機構應受理匿名檢舉
　　　　(3)儘量不讓公民團體、非政府組織與社區組織有參與的機會
　　　　(4)向社會大眾及學生宣導貪腐「零容忍」觀念。

( ) 58. 下列何者不是設置反貪腐專責機構須具備的必要條件？ (4)
(1)賦予該機構必要的獨立性
(2)使該機構的工作人員行使職權不會受到不當干預
(3)提供該機構必要的資源、專職工作人員及必要培訓
(4)賦予該機構的工作人員有權力可隨時逮捕貪污嫌疑人。

( ) 59. 為建立良好之公司治理制度，公司內部宜納入何種檢舉人制度？ (2)
(1)告訴乃論制度　　　　　　　　　　　(2)吹哨者(whistleblower)管道及保護制度
(3)不告不理制度　　　　　　　　　　　(4)非告訴乃論制度。

( ) 60. 檢舉人向有偵查權機關或政風機構檢舉貪污瀆職，必須於何時為之始可能給與獎金？ (2)
(1)犯罪未起訴前　(2)犯罪未發覺前　(3)犯罪未遂前　(4)預備犯罪前。

( ) 61. 公司訂定誠信經營守則時，不包括下列何者？ (4)
(1)禁止不誠信行為　　　　　　　　　　(2)禁止行賄及收賄
(3)禁止提供不法政治獻金　　　　　　　(4)禁止適當慈善捐助或贊助。

( ) 62. 檢舉人應以何種方式檢舉貪污瀆職始能核給獎金？ (3)
(1)匿名　(2)委託他人檢舉　(3)以真實姓名檢舉　(4)以他人名義檢舉。

( ) 63. 我國制定何法以保護刑事案件之證人，使其勇於出面作證，俾利犯罪之偵查、審判？ (4)
(1)貪污治罪條例　(2)刑事訴訟法　(3)行政程序法　(4)證人保護法。

( ) 64. 下列何者「非」屬公司對於企業社會責任實踐之原則？ (1)
(1)加強個人資料揭露　(2)維護社會公益　(3)發展永續環境　(4)落實公司治理。

( ) 65. 下列何者「不」屬於職業素養的範疇？ (1)
(1)獲利能力　(2)正確的職業價值觀　(3)職業知識技能　(4)良好的職業行為習慣。

( ) 66. 下列行為何者「不」屬於敬業精神的表現？ (4)
(1)遵守時間約定　(2)遵守法律規定　(3)保守顧客隱私　(4)隱匿公司產品瑕疵訊息。

( ) 67. 下列何者符合專業人員的職業道德？ (4)
(1)未經雇主同意，於上班時間從事私人事務
(2)利用雇主的機具設備私自接單生產
(3)未經顧客同意，任意散佈或利用顧客資料
(4)盡力維護雇主及客戶的權益。

( ) 68. 身為公司員工必須維護公司利益，下列何者是正確的工作態度或行為？ (4)
(1)將公司逾期的產品更改標籤
(2)施工時以省時、省料為獲利首要考量，不顧品質
(3)服務時首先考慮公司的利益，然後再考量顧客權益
(4)工作時謹守本分，以積極態度解決問題。

(　　) 69. 身爲專業技術工作人士，應以何種認知及態度服務客戶？　(3)

(1)若客戶不瞭解，就儘量減少成本支出，抬高報價

(2)遇到維修問題，儘量拖過保固期

(3)主動告知可能碰到問題及預防方法

(4)隨著個人心情來提供服務的內容及品質。

(　　) 70. 因爲工作本身需要高度專業技術及知識，所以在對客戶服務時應如何？　(2)

(1)不用理會顧客的意見

(2)保持親切、眞誠、客戶至上的態度

(3)若價錢較低，就敷衍了事

(4)以專業機密爲由，不用對客戶說明及解釋。

(　　) 71. 從事專業性工作，在與客戶約定時間應　(2)

(1)保持彈性，任意調整　　　　(2)儘可能準時，依約定時間完成工作

(3)能拖就拖，能改就改　　　　(4)自己方便就好，不必理會客戶的要求。

(　　) 72. 從事專業性工作，在服務顧客時應有的態度爲何？　(1)

(1)選擇最安全、經濟及有效的方法完成工作

(2)選擇工時較長、獲利較多的方法服務客戶

(3)爲了降低成本，可以降低安全標準

(4)不必顧及雇主和顧客的立場。

(　　) 73. 當發現公司的產品可能會對顧客身體產生危害時，正確的作法或行動應是　(1)

(1)立即向主管或有關單位報告　　　(2)若無其事，置之不理

(3)儘量隱瞞事實，協助掩飾問題　　(4)透過管道告知媒體或競爭對手。

(　　) 74. 以下那一項員工的作爲符合敬業精神？　(4)

(1)利用正常工作時間從事私人事務

(2)運用雇主的資源，從事個人工作

(3)未經雇主同意擅離工作崗位

(4)謹守職場紀律及禮節，尊重客戶隱私。

(　　) 75. 如果發現有同事，利用公司的財產做私人的事，我們應該要　(2)

(1)未經查證或勸阻立即向主管報告

(2)應該立即勸阻，告知他這是不對的行爲

(3)不關我的事，我只要管好自己便可以

(4)應該告訴其他同事，讓大家來共同糾正與斥責他。

(　　) 76. 小禎離開異鄉就業，來到小明的公司上班，小明是當地的人，他應該：　(2)

(1)不關他的事，自己管好就好

(2)多關心小禎的生活適應情況，如有困難加以協助

(3)小禎非當地人，應該不容易相處，不要有太多接觸

(4)小禎是同單位的人，是個競爭對手，應該多加防範。

( ) 77. 小張獲選為小孩學校的家長會長，這個月要召開會議，沒時間準備資料，所以，利用上 (3)
班期間有空檔，非休息時間來完成，請問是否可以：
(1)可以，因為不耽誤他的工作
(2)可以，因為他能夠同時完成很多事
(3)不可以，因為這是私事，不可以利用上班時間完成
(4)可以，只要不要被發現。

( ) 78. 小吳是公司的專用司機，為了能夠隨時用車，經過公司同意，每晚都將公司的車開回家， (2)
然而，他發現反正每天上班路線，都要經過女兒學校，就順便載女兒上學，請問可以嗎？
(1)可以，反正順路　　　　　　　　　(2)不可以，這是公司的車不能私用
(3)可以，只要不被公司發現即可　　　(4)可以，要資源須有效使用。

( ) 79. 如果公司受到不當與不正確的毀謗與指控，你應該是： (2)
(1)加入毀謗行列，將公司內部的事情，都說出來告訴大家
(2)相信公司，幫助公司對抗這些不實的指控
(3)向媒體爆料，更多不實的內容
(4)不關我的事，只要能夠領到薪水就好。

( ) 80. 筱珮要離職了，公司主管交代，她要做業務上的交接，她該怎麼辦？ (3)
(1)不用理它，反正都要離開公司了
(2)把以前的業務資料都刪除或設密碼，讓別人都打不開
(3)應該將承辦業務整理歸檔清楚，並且留下聯絡的方式，未來有問題可以詢問她
(4)盡量交接，如果離職日一到，就不關他的事。

( ) 81. 彥江是職場上的新鮮人，剛進公司不久，他應該具備怎樣的態度。 (4)
(1)上班、下班，管好自己便可
(2)仔細觀察公司生態，加入某些小團體，以做為後盾
(3)只要做好人脈關係，這樣以後就好辦事
(4)努力做好自己職掌的業務，樂於工作，與同事之間有良好的互動，相互協助。

( ) 82. 在公司內部行使商務禮儀的過程，主要以參與者在公司中的何種條件來訂定順序？ (4)
(1)年齡　(2)性別　(3)社會地位　(4)職位。

( ) 83. 一位職場新鮮人剛進公司時，良好的工作態度是 (1)
(1)多觀察、多學習，了解企業文化和價值觀
(2)多打聽哪一個部門比較輕鬆，升遷機會較多
(3)多探聽哪一個公司在找人，隨時準備跳槽走人
(4)多遊走各部門認識同事，建立自己的小圈圈。

( ) 84. 乘坐轎車時，如有司機駕駛，按照乘車禮儀，以司機的方位來看，首位應為 (1)
(1)後排右側　(2)前座右側　(3)後排左側　(4)後排中間。

(　)85. 根據性別工作平等法，下列何者非屬職場性騷擾？　(4)

　　(1)公司員工執行職務時，客戶對其講黃色笑話，該員工感覺被冒犯

　　(2)雇主對求職者要求交往，作爲僱用與否之交換條件

　　(3)公司員工執行職務時，遭到同事以「女人就是沒大腦」性別歧視用語加以辱罵，該員工感覺其人格尊嚴受損

　　(4)公司員工下班後搭乘捷運，在捷運上遭到其他乘客偷拍。

(　)86. 根據性別工作平等法，下列何者非屬職場性別歧視？　(4)

　　(1)雇主考量男性賺錢養家之社會期待，提供男性高於女性之薪資

　　(2)雇主考量女性以家庭爲重之社會期待，裁員時優先資遣女性

　　(3)雇主事先與員工約定倘其有懷孕之情事，必須離職

　　(4)有未滿 2 歲子女之男性員工，也可申請每日六十分鐘的哺乳時間。

(　)87. 根據性別工作平等法，有關雇主防治性騷擾之責任與罰則，下列何者錯誤？　(3)

　　(1)僱用受僱者 30 人以上者，應訂定性騷擾防治措施、申訴及懲戒辦法

　　(2)雇主知悉性騷擾發生時，應採取立即有效之糾正及補救措施

　　(3)雇主違反應訂定性騷擾防治措施之規定時，處以罰鍰即可，不用公布其姓名

　　(4)雇主違反應訂定性騷擾申訴管道者，應限期令其改善，屆期未改善者，應按次處罰。

(　)88. 根據性騷擾防治法，有關性騷擾之責任與罰則，下列何者錯誤？　(1)

　　(1)對他人爲性騷擾者，如果沒有造成他人財產上之損失，就無需負擔金錢賠償之責任

　　(2)對於因教育、訓練、醫療、公務、業務、求職，受自己監督、照護之人，利用權勢或機會爲性騷擾者，得加重科處罰鍰至二分之一

　　(3)意圖性騷擾，乘人不及抗拒而爲親吻、擁抱或觸摸其臀部、胸部或其他身體隱私處之行爲者，處 2 年以下有期徒刑、拘役或科或併科 10 萬元以下罰金

　　(4)對他人爲性騷擾者，由直轄市、縣(市)主管機關處 1 萬元以上 10 萬元以下罰鍰。

(　)89. 根據消除對婦女一切形式歧視公約(CEDAW)，下列何者正確？　(1)

　　(1)對婦女的歧視指基於性別而作的任何區別、排斥或限制

　　(2)只關心女性在政治方面的人權和基本自由

　　(3)未要求政府需消除個人或企業對女性的歧視

　　(4)傳統習俗應予保護及傳承，即使含有歧視女性的部分，也不可以改變。

(　)90. 學校駐衛警察之遴選規定以服畢兵役作爲遴選條件之一，根據消除對婦女一切形式歧視公約(CEDAW)，下列何者錯誤？　(2)

　　(1)服畢兵役者仍以男性爲主，此條件已排除多數女性被遴選的機會，屬性別歧視

　　(2)此遴選條件未明定限男性，不屬性別歧視

　　(3)駐衛警察之遴選應以從事該工作所需的能力或資格作爲條件

　　(4)已違反 CEDAW 第 1 條對婦女的歧視。

(　) 91. 某規範明定地政機關進用女性測量助理名額，不得超過該機關測量助理名額總數二分之 (1)
一，根據消除對婦女一切形式歧視公約(CEDAW)，下列何者正確？
(1)限制女性測量助理人數比例，屬於直接歧視
(2)土地測量經常在戶外工作，基於保護女性所作的限制，不屬性別歧視
(3)此項二分之一規定是為促進男女比例平衡
(4)此限制是為確保機關業務順暢推動，並未歧視女性。

(　) 92. 根據消除對婦女一切形式歧視公約(CEDAW)之間接歧視意涵，下列何者錯誤？ (4)
(1)一項法律、政策、方案或措施表面上對男性和女性無任何歧視，但實際上卻產生歧視
的效果
(2)察覺間接歧視的一個方法，是善加利用性別統計與性別分析
(3)如果未正視歧視之結構和歷史模式，及忽略男女權力關係之不平等，可能使現有不平
等狀況更為惡化
(4)不論在任何情況下，只要以相同方式對待男性和女性，就能避免間接歧視之產生。

(　) 93. 關於菸品對人體的危害的敘述，下列何者「正確」？ (3)
(1)只要開電風扇、或是空調就可以去除二手菸
(2)抽雪茄比抽紙菸危害還要小
(3)吸菸者比不吸菸者容易得肺癌
(4)只要不將菸吸入肺部，就不會對身體造成傷害。

(　) 94. 下列何者「不是」菸害防制法之立法目的？ (4)
(1)防制菸害　(2)保護未成年免於菸害　(3)保護孕婦免於菸害　(4)促進菸品的使用。

(　) 95. 有關菸害防制法規範，「不可販賣菸品」給幾歲以下的人？ (3)
(1)20　(2)19　(3)18　(4)17。

(　) 96. 按菸害防制法規定，對於在禁菸場所吸菸會被罰多少錢？ (1)
(1)新臺幣 2 千元至 1 萬元罰鍰　　　　　(2)新臺幣 1 千元至 5 千元罰鍰
(3)新臺幣 1 萬元至 5 萬元罰鍰　　　　　(4)新臺幣 2 萬元至 10 萬元罰鍰。

(　) 97. 按菸害防制法規定，下列敘述何者錯誤？ (1)
(1)只有老闆、店員才可以出面勸阻在禁菸場所抽菸的人
(2)任何人都可以出面勸阻在禁菸場所抽菸的人
(3)餐廳、旅館設置室內吸菸室，需經專業技師簽證核可
(4)加油站屬易燃易爆場所，任何人都要勸阻在禁菸場所抽菸的人。

(　) 98. 按菸害防制法規定，對於主管每天在辦公室內吸菸，應如何處理？ (3)
(1)未違反菸害防制法　　　　　　　　　(2)因為是主管，所以只好忍耐
(3)撥打菸害申訴專線檢舉(0800-531-531)　(4)開空氣清淨機，睜一隻眼閉一睜眼。

(　) 99. 對電子煙的敘述，何者錯誤？ (4)
(1)含有尼古丁會成癮　(2)會有爆炸危險　(3)含有毒致癌物質　(4)可以幫助戒菸。

(　　) 100. 下列何者是錯誤的「戒菸」方式？　　　　　　　　　　　　　　　　　　(4)
　　　　　　　(1)撥打戒菸專線 0800-63-63-63　　　　(2)求助醫療院所、社區藥局專業戒菸
　　　　　　　(3)參加醫院或衛生所所辦理的戒菸班　　(4)自己購買電子煙來戒菸。

工作項目③ 環境保護

單選題

(　)1. 世界環境日是在每一年的哪一日？ 　(1)

(1)6 月 5 日 　(2)4 月 10 日 　(3)3 月 8 日 　(4)11 月 12 日。

(　)2. 2015 年巴黎協議之目的為何？ 　(3)

(1)避免臭氧層破壞 　　　　　　　　(2)減少持久性污染物排放

(3)遏阻全球暖化趨勢 　　　　　　　(4)生物多樣性保育。

(　)3. 下列何者為環境保護的正確作為？ 　(3)

(1)多吃肉少蔬食 　(2)自己開車不共乘 　(3)鐵馬步行 　(4)不隨手關燈。

(　)4. 下列何種行為對生態環境會造成較大的衝擊？ 　(2)

(1)種植原生樹木 　(2)引進外來物種 　(3)設立國家公園 　(4)設立保護區。

(　)5. 下列哪一種飲食習慣能減碳抗暖化？ 　(2)

(1)多吃速食 　(2)多吃天然蔬果 　(3)多吃牛肉 　(4)多選擇吃到飽的餐館。

(　)6. 小明隨地亂丟垃圾，遇依廢棄物清理法執行稽查人員要求提示身分證明，如小明無故拒 　(3)
絕提供，將受何處分？

(1)勸導改善 　　　　　　　　　　　(2)移送警察局

(3)處新臺幣 6 百元以上 3 千元以下罰鍰 　(4)接受環境講習。

(　)7. 飼主遛狗時，其狗在道路或其他公共場所便溺時，下列何者應優先負清除責任？ 　(1)

(1)主人 　(2)清潔隊 　(3)警察 　(4)土地所有權人。

(　)8. 四公尺以內之公共巷、弄路面及水溝之廢棄物，應由何人負責清除？ 　(3)

(1)里辦公處 　(2)清潔隊 　(3)相對戶或相鄰戶分別各半清除 　(4)環保志工。

(　)9. 外食自備餐具是落實綠色消費的哪一項表現？ 　(1)

(1)重複使用 　(2)回收再生 　(3)環保選購 　(4)降低成本。

(　)10. 再生能源一般是指可永續利用之能源，主要包括哪些：A.化石燃料　B.風力　C.太陽能　D. 　(2)
水力？

(1)ACD 　(2)BCD 　(3)ABD 　(4)ABCD。

(　)11. 何謂水足跡，下列何者是正確的？ 　(3)

(1)水利用的途徑

(2)每人用水量紀錄

(3)消費者所購買的商品，在生產過程中消耗的用水量

(4)水循環的過程。

(　)12. 依環境基本法第 3 條規定，基於國家長期利益，經濟、科技及社會發展均應兼顧環境保護。但如果經濟、科技及社會發展對環境有嚴重不良影響或有危害時，應以何者優先？(1)經濟　(2)科技　(3)社會　(4)環境。　(4)

(　)13. 為了保護環境，政府提出了 4 個 R 的口號，下列何者不是 4R 中的其中一項？(1)減少使用　(2)再利用　(3)再循環　(4)再創新。　(4)

(　)14. 逛夜市時常有攤位在販賣滅蟑藥，下列何者正確？　(2)
(1)滅蟑藥是藥，中央主管機關為衛生福利部
(2)滅蟑藥是環境衛生用藥，中央主管機關是環境保護署
(3)只要批貨，人人皆可販賣滅蟑藥，不須領得許可執照
(4)滅蟑藥之包裝上不用標示有效期限。

(　)15. 森林面積的減少甚至消失可能導致哪些影響：A.水資源減少　B.減緩全球暖化　C.加劇全球暖化　D.降低生物多樣性？　(1)
(1)ACD　(2)BCD　(3)ABD　(4)ABCD。

(　)16. 塑膠為海洋生態的殺手，所以環保署推動「無塑海洋」政策，下列何項不是減少塑膠危害海洋生態的重要措施？　(3)
(1)擴大禁止免費供應塑膠袋
(2)禁止製造、進口及販售含塑膠柔珠的清潔用品
(3)定期進行海水水質監測
(4)淨灘、淨海。

(　)17. 違反環境保護法律或自治條例之行政法上義務，經處分機關處停工、停業處分或處新臺幣五千元以上罰鍰者，應接受下列何種講習？　(2)
(1)道路交通安全講習　(2)環境講習　(3)衛生講習　(4)消防講習。

(　)18. 綠色設計主要為節能、生態與下列何者？　(2)
(1)生產成本低廉的產品　　　　　　　　　(2)表示健康的、安全的商品
(3)售價低廉易購買的商品　　　　　　　　(4)包裝紙一定要用綠色系統者。

(　)19. 下列何者為環保標章？　(1)

(1)　　　　(2)　　　　(3)　　　　(4)　　。

(　)20. 「聖嬰現象」是指哪一區域的溫度異常升高？　(2)
(1)西太平洋表層海水　　　　　　　　　　(2)東太平洋表層海水
(3)西印度洋表層海水　　　　　　　　　　(4)東印度洋表層海水。

(　)21. 「酸雨」定義為雨水酸鹼值達多少以下時稱之？　(1)
(1)5.0　(2)6.0　(3)7.0　(4)8.0。

(　)22. 一般而言，水中溶氧量隨水溫之上升而呈下列哪一種趨勢？　(2)
(1)增加　(2)減少　(3)不變　(4)不一定。

(　)23. 二手菸中包含多種危害人體的化學物質，甚至多種物質有致癌性，會危害到下列何者的　(4)
健康？
(1)只對 12 歲以下孩童有影響　　　　　　　(2)只對孕婦比較有影響
(3)只有 65 歲以上之民眾有影響　　　　　　(4)全民皆有影響。

(　)24. 二氧化碳和其他溫室氣體含量增加是造成全球暖化的主因之一，下列何種飲食方式也能　(2)
降低碳排放量，對環境保護做出貢獻：A.少吃肉，多吃蔬菜；B.玉米產量減少時，購買
玉米罐頭食用；C.選擇當地食材；D.使用免洗餐具，減少清洗用水與清潔劑？
(1)AB　(2)AC　(3)AD　(4)ACD。

(　)25. 上下班的交通方式有很多種，其中包括：A.騎腳踏車；B.搭乘大眾交通工具；C 自行開　(1)
車，請將前述幾種交通方式之單位排碳量由少至多之排列方式為何？
(1)ABC　(2)ACB　(3)BAC　(4)CBA。

(　)26. 下列何者「不是」室內空氣污染源？　(3)
(1)建材　(2)辦公室事務機　(3)廢紙回收箱　(4)油漆及塗料。

(　)27. 下列何者不是自來水消毒採用的方式？　(4)
(1)加入臭氧　(2)加入氯氣　(3)紫外線消毒　(4)加入二氧化碳。

(　)28. 下列何者不是造成全球暖化的元凶？　(4)
(1)汽機車排放的廢氣　　　　　　　　　　　(2)工廠所排放的廢氣
(3)火力發電廠所排放的廢氣　　　　　　　　(4)種植樹木。

(　)29. 下列何者不是造成臺灣水資源減少的主要因素？　(2)
(1)超抽地下水　(2)雨水酸化　(3)水庫淤積　(4)濫用水資源。

(　)30. 下列何者不是溫室效應所產生的現象？　(4)
(1)氣溫升高而使海平面上升
(2)北極熊棲地減少
(3)造成全球氣候變遷，導致不正常暴雨、乾旱現象
(4)造成臭氧層產生破洞。

(　)31. 下列何者是室內空氣污染物之來源：A.使用殺蟲劑；B.使用雷射印表機；C.在室內抽煙；　(4)
D.戶外的污染物飄進室內？
(1)ABC　(2)BCD　(3)ACD　(4)ABCD。

(　)32. 下列何者是海洋受污染的現象？　(1)
(1)形成紅潮　(2)形成黑潮　(3)溫室效應　(4)臭氧層破洞。

(　)33. 下列何者是造成臺灣雨水酸鹼(pH)值下降的主要原因？　(2)
(1)國外火山噴發　(2)工業排放廢氣　(3)森林減少　(4)降雨量減少。

( ) 34. 水中生化需氧量(BOD)愈高，其所代表的意義為下列何者? (2)
(1)水為硬水 (2)有機汙染物多
(3)水質偏酸 (4)分解污染物時不需消耗太多氧。

( ) 35. 下列何者是酸雨對環境的影響? (1)
(1)湖泊水質酸化 (2)增加森林生長速度 (3)土壤肥沃 (4)增加水生動物種類。

( ) 36. 下列何者是懸浮微粒與落塵的差異? (2)
(1)採樣地區 (2)粒徑大小 (3)分布濃度 (4)物體顏色。

( ) 37. 下列何者屬地下水超抽情形? (1)
(1)地下水抽水量「超越」天然補注量 (2)天然補注量「超越」地下水抽水量
(3)地下水抽水量「低於」降雨量 (4)地下水抽水量「低於」天然補注量。

( ) 38. 下列何種行為無法減少「溫室氣體」排放? (3)
(1)騎自行車取代開車 (2)多搭乘公共運輸系統
(3)多吃肉少蔬菜 (4)使用再生紙張。

( ) 39. 下列哪一項水質濃度降低會導致河川魚類大量死亡? (2)
(1)氨氮 (2)溶氧 (3)二氧化碳 (4)生化需氧量。

( ) 40. 下列何種生活小習慣的改變可減少細懸浮微粒($PM_{2.5}$)排放，共同為改善空氣品質盡一份 (1)
心力?
(1)少吃燒烤食物 (2)使用吸塵器 (3)養成運動習慣 (4)每天喝 500cc 的水。

( ) 41. 下列哪種措施不能用來降低空氣污染? (4)
(1)汽機車強制定期排氣檢測 (2)汰換老舊柴油車
(3)禁止露天燃燒稻草 (4)汽機車加裝消音器。

( ) 42. 大氣層中臭氧層有何作用? (3)
(1)保持溫度 (2)對流最旺盛的區域 (3)吸收紫外線 (4)造成光害。

( ) 43. 小李具有乙級廢水專責人員證照，某工廠希望以高價租用證照的方式合作，請問下列何 (1)
者正確?
(1)這是違法行為 (2)互蒙其利 (3)價錢合理即可 (4)經環保局同意即可。

( ) 44. 可藉由下列何者改善河川水質且兼具提供動植物良好棲地環境? (2)
(1)運動公園 (2)人工溼地 (3)滯洪池 (4)水庫。

( ) 45. 台北市周先生早晨在河濱公園散步時，發現有大面積的河面被染成紅色，岸邊還有許多 (1)
死魚，此時周先生應該打電話給哪個單位通報處理?
(1)環保局 (2)警察局 (3)衛生局 (4)交通局。

( )46. 台灣地區地形陡峭雨旱季分明，水資源開發不易常有缺水現象，目前推動生活污水經處 (3)
　　　理再生利用，可填補部分水資源，主要可供哪些用途：A.工業用水、B.景觀澆灌、C.人
　　　體飲用、D.消防用水？
　　　(1)ACD　(2)BCD　(3)ABD　(4)ABCD。

( )47. 台灣自來水之水源主要取自： (2)
　　　(1)海洋的水　(2)河川及水庫的水　(3)綠洲的水　(4)灌溉渠道的水。

( )48. 民眾焚香燒紙錢常會產生哪些空氣污染物增加罹癌的機率：A.苯、B.細懸浮微粒 (1)
　　　($PM_{2.5}$)、C.二氧化碳(CO_2)、D.甲烷(CH_4)？
　　　(1)AB　(2)AC　(3)BC　(4)CD。

( )49. 生活中經常使用的物品，下列何者含有破壞臭氧層的化學物質？ (1)
　　　(1)噴霧劑　(2)免洗筷　(3)保麗龍　(4)寶特瓶。

( )50. 目前市面清潔劑均會強調「無磷」，是因為含磷的清潔劑使用後，若廢水排至河川或湖 (2)
　　　泊等水域會造成甚麼影響？
　　　(1)綠牡蠣　(2)優養化　(3)秘雕魚　(4)烏腳病。

( )51. 冰箱在廢棄回收時應特別注意哪一項物質，以避免逸散至大氣中造成臭氧層的破壞？ (1)
　　　(1)冷媒　(2)甲醛　(3)汞　(4)苯。

( )52. 在五金行買來的強力膠中，主要有下列哪一種會對人體產生危害的化學物質？ (1)
　　　(1)甲苯　(2)乙苯　(3)甲醛　(4)乙醛。

( )53. 在同一操作條件下，煤、天然氣、油、核能的二氧化碳排放比例之大小，由大而小為： (2)
　　　(1)油＞煤＞天然氣＞核能　　　　　　(2)煤＞油＞天然氣＞核能
　　　(3)煤＞天然氣＞油＞核能　　　　　　(4)油＞煤＞核能＞天然氣。

( )54. 如何降低飲用水中消毒副產物三鹵甲烷？ (1)
　　　(1)先將水煮沸，打開壺蓋再煮三分鐘以上
　　　(2)先將水過濾，加氯消毒
　　　(3)先將水煮沸，加氯消毒
　　　(4)先將水過濾，打開壺蓋使其自然蒸發。

( )55. 自行煮水、包裝飲用水及包裝飲料，依生命週期評估的排碳量大小順序為： (4)
　　　(1)包裝飲用水＞自行煮水＞包裝飲料
　　　(2)包裝飲料＞自行煮水＞包裝飲用水
　　　(3)自行煮水＞包裝飲料＞包裝飲用水
　　　(4)包裝飲料＞包裝飲用水＞自行煮水。

( )56. 何項不是噪音的危害所造成的現象？ (1)
　　　(1)精神很集中　(2)煩躁、失眠　(3)緊張、焦慮　(4)工作效率低落。

( )57. 我國移動污染源空氣污染防制費的徵收機制為何？ (2)
　　　(1)依車輛里程數計費　(2)隨油品銷售徵收　(3)依牌照徵收　(4)依照排氣量徵收。

(　)58. 室內裝潢時，若不謹慎選擇建材，將會逸散出氣狀污染物。其中會刺激皮膚、眼、鼻和 (2)
呼吸道，也是致癌物質，可能為下列哪一種污染物？
(1)臭氧　(2)甲醛　(3)氟氯碳化合物　(4)二氧化碳。

(　)59. 哪一種氣體造成臭氧層被嚴重的破壞？ (1)
(1)氟氯碳化物　(2)二氧化硫　(3)氮氧化合物　(4)二氧化碳。

(　)60. 高速公路旁常見有農田違法焚燒稻草，除易產生濃煙影響行車安全外，也會產生下列何 (1)
種空氣污染物對人體健康造成不良的作用
(1)懸浮微粒　(2)二氧化碳(CO_2)　(3)臭氧(O_3)　(4)沼氣。

(　)61. 都市中常產生的「熱島效應」會造成何種影響？ (2)
(1)增加降雨　(2)空氣污染物不易擴散　(3)空氣污染物易擴散　(4)溫度降低。

(　)62. 廢塑膠等廢棄於環境除不易腐化外，若隨一般垃圾進入焚化廠處理，可能產生下列哪一 (3)
種空氣污染物對人體有致癌疑慮？
(1)臭氧　(2)一氧化碳　(3)戴奧辛　(4)沼氣。

(　)63. 「垃圾強制分類」的主要目的為：A.減少垃圾清運量　B.回收有用資源　C.回收廚餘予以 (2)
再利用　D.變賣賺錢？
(1)ABCD　(2)ABC　(3)ACD　(4)BCD。

(　)64. 一般人生活產生之廢棄物，何者屬有害廢棄物？ (4)
(1)廚餘　(2)鐵鋁罐　(3)廢玻璃　(4)廢日光燈管。

(　)65. 一般辦公室影印機的碳粉匣，應如何回收？ (2)
(1)拿到便利商店回收　(2)交由販賣商回收　(3)交由清潔隊回收　(4)交給拾荒者回收。

(　)66. 下列何者不是蚊蟲會傳染的疾病 (4)
(1)日本腦炎　(2)瘧疾　(3)登革熱　(4)痢疾。

(　)67. 下列何者非屬資源回收分類項目中「廢紙類」的回收物？ (4)
(1)報紙　(2)雜誌　(3)紙袋　(4)用過的衛生紙。

(　)68. 下列何者對飲用瓶裝水之形容是正確的：A.飲用後之寶特瓶容器為地球增加了一個廢棄 (1)
物；B.運送瓶裝水時卡車會排放空氣污染物；C.瓶裝水一定比經煮沸之自來水安全衛
生？
(1)AB　(2)BC　(3)AC　(4)ABC。

(　)69. 下列哪一項是我們在家中常見的環境衛生用藥？ (2)
(1)體香劑　(2)殺蟲劑　(3)洗滌劑　(4)乾燥劑。

(　)70. 下列哪一種是公告應回收廢棄物中的容器類：A.廢鋁箔包　B.廢紙容器　C.寶特瓶？ (1)
(1)ABC　(2)AC　(3)BC　(4)C。

(　)71. 下列何種廢紙類不可以進行資源回收？ (1)
(1)紙尿褲　(2)包裝紙　(3)雜誌　(4)報紙。

(　) 72. 小明拿到「垃圾強制分類」的宣導海報，標語寫著「分 3 類，好 OK」，標語中的分 3 類是指家戶日常生活中產生的垃圾可以區分哪三類？ (4)
(1)資源、廚餘、事業廢棄物
(2)資源、一般廢棄物、事業廢棄物
(3)一般廢棄物、事業廢棄物、放射性廢棄物
(4)資源、廚餘、一般垃圾。

(　) 73. 日光燈管、水銀溫度計等，因含有哪一種重金屬，可能對清潔隊員造成傷害，應與一般垃圾分開處理？ (3)
(1)鉛　(2)鎘　(3)汞　(4)鐵。

(　) 74. 家裡有過期的藥品，請問這些藥品要如何處理？ (2)
(1)倒入馬桶沖掉　(2)交由藥局回收　(3)繼續服用　(4)送給相同疾病的朋友。

(　) 75. 台灣西部海岸曾發生的綠牡蠣事件是下列何種物質污染水體有關？ (2)
(1)汞　(2)銅　(3)磷　(4)鎘。

(　) 76. 在生物鏈越上端的物種其體內累積持久性有機污染物(POPs)濃度將越高，危害性也將越大，這是說明 POPs 具有下列何種特性？ (4)
(1)持久性　(2)半揮發性　(3)高毒性　(4)生物累積性。

(　) 77. 有關小黑蚊敘述下列何者為非？ (3)
(1)活動時間又以中午十二點到下午三點為活動高峰期
(2)小黑蚊的幼蟲以腐植質、青苔和藻類為食
(3)無論雄蚊或雌蚊皆會吸食哺乳類動物血液
(4)多存在竹林、灌木叢、雜草叢、果園等邊緣地帶等處。

(　) 78. 利用垃圾焚化廠處理垃圾的最主要優點為何？ (1)
(1)減少處理後的垃圾體積　　　　　　　(2)去除垃圾中所有毒物
(3)減少空氣污染　　　　　　　　　　　(4)減少處理垃圾的程序。

(　) 79. 利用豬隻的排泄物當燃料發電，是屬於哪一種能源？ (3)
(1)地熱能　(2)太陽能　(3)生質能　(4)核能。

(　) 80. 每個人日常生活皆會產生垃圾，下列何種處理垃圾的觀念與方式是不正確的？ (2)
(1)垃圾分類，使資源回收再利用
(2)所有垃圾皆掩埋處理，垃圾將會自然分解
(3)廚餘回收堆肥後製成肥料
(4)可燃性垃圾經焚化燃燒可有效減少垃圾體積。

(　) 81. 防治蟲害最好的方法是 (2)
(1)使用殺蟲劑　(2)清除孳生源　(3)網子捕捉　(4)拍打。

(　) 82. 依廢棄物清理法之規定，隨地吐檳榔汁、檳榔渣者，應接受幾小時之戒檳班講習？ (2)
(1)2 小時　(2)4 小時　(3)6 小時　(4)8 小時。

( )83. 室內裝修業者承攬裝修工程，工程中所產生的廢棄物應該如何處理？ (1)
(1)委託合法清除機構清運　　　　　　　(2)倒在偏遠山坡地
(3)河岸邊掩埋　　　　　　　　　　　　(4)交給清潔隊垃圾車。

( )84. 若使用後的廢電池未經回收，直接廢棄所含重金屬物質曝露於環境中可能產生那些影 (1)
響：A.地下水污染、B.對人體產生中毒等不良作用、C.對生物產生重金屬累積及濃縮作
用、D.造成優養化？
(1)ABC　(2)ABCD　(3)ACD　(4)BCD。

( )85. 那一種家庭廢棄物可用來作為製造肥皂的主要原料？ (3)
(1)食醋　(2)果皮　(3)回鍋油　(4)熟廚餘。

( )86. 家戶大型垃圾應由誰負責處理 (2)
(1)行政院環境保護署　(2)當地政府清潔隊　(3)行政院　(4)內政部。

( )87. 根據環保署資料顯示，世紀之毒「戴奧辛」主要透過何者方式進入人體？ (3)
(1)透過觸摸　(2)透過呼吸　(3)透過飲食　(4)透過雨水。

( )88. 陳先生到機車行換機油時，發現機車行老闆將廢機油直接倒入路旁的排水溝，請問這樣 (2)
的行為是違反了
(1)道路交通管理處罰條例　(2)廢棄物清理法　(3)職業安全衛生法　(4)水污染防治法。

( )89. 亂丟香菸蒂，此行為已違反什麼規定？ (1)
(1)廢棄物清理法　(2)民法　(3)刑法　(4)毒性化學物質管理法。

( )90. 實施「垃圾費隨袋徵收」政策的好處為何：A.減少家戶垃圾費用支出 B.全民主動參與資 (4)
源回收 C.有效垃圾減量？
(1)AB　(2)AC　(3)BC　(4)ABC。

( )91. 臺灣地狹人稠，垃圾處理一直是不易解決的問題，下列何種是較佳的因應對策？ (1)
(1)垃圾分類資源回收　(2)蓋焚化廠　(3)運至國外處理　(4)向海爭地掩埋。

( )92. 臺灣嘉南沿海一帶發生的烏腳病可能為哪一種重金屬引起？ (2)
(1)汞　(2)砷　(3)鉛　(4)鎘。

( )93. 遛狗不清理狗的排泄物係違反哪一法規？ (2)
(1)水污染防治法　(2)廢棄物清理法　(3)毒性化學物質管理法　(4)空氣污染防制法。

( )94. 酸雨對土壤可能造成的影響，下列何者正確？ (3)
(1)土壤更肥沃　(2)土壤液化　(3)土壤中的重金屬釋出　(4)土壤礦化。

( )95. 購買下列哪一種商品對環境比較友善？ (3)
(1)用過即丟的商品　(2)一次性的產品　(3)材質可以回收的商品　(4)過度包裝的商品。

( )96. 醫療院所用過的棉球、紗布、針筒、針頭等感染性事業廢棄物屬於 (4)
(1)一般事業廢棄物　(2)資源回收物　(3)一般廢棄物　(4)有害事業廢棄物。

(　) 97. 下列何項法規的立法目的為預防及減輕開發行為對環境造成不良影響，藉以達成環境保 (2)
護之目的？
(1)公害糾紛處理法　(2)環境影響評估法　(3)環境基本法　(4)環境教育法。

(　) 98. 下列何種開發行為若對環境有不良影響之虞者，應實施環境影響評估：A.開發科學園 (4)
區；B.新建捷運工程；C.採礦。
(1)AB　(2)BC　(3)AC　(4)ABC。

(　) 99. 主管機關審查環境影響說明書或評估書，如認為已足以判斷未對環境有重大影響之虞， (1)
作成之審查結論可能為下列何者？
(1)通過環境影響評估審查　　　　　　(2)應繼續進行第二階段環境影響評估
(3)認定不應開發　　　　　　　　　　(4)補充修正資料再審。

(　) 100. 依環境影響評估法規定，對環境有重大影響之虞的開發行為應繼續進行第二階段環境影 (4)
響評估，下列何者不是上述對環境有重大影響之虞或應進行第二階段環境影響評估的決
定方式？
(1)明訂開發行為及規模　　　　　　　(2)環評委員會審查認定
(3)自願進行　　　　　　　　　　　　(4)有民眾或團體抗爭。

工作項目④　節能減碳

單選題

(　)1.　依能源局「指定能源用戶應遵行之節約能源規定」，下列何場所未在其管制之範圍？　(3)
(1)旅館　(2)餐廳　(3)住家　(4)美容美髮店。

(　)2.　依能源局「指定能源用戶應遵行之節約能源規定」，在正常使用條件下，公眾出入之場　(1)
所其室內冷氣溫度平均值不得低於攝氏幾度？
(1)26　(2)25　(3)24　(4)22。

(　)3.　下列何者為節能標章？　(2)

(1)　　　　(2)　　　　(3)　　　　(4)　　　　。

(　)4.　各產業中耗能佔比最大的產業為　(4)
(1)服務業　(2)公用事業　(3)農林漁牧業　(4)能源密集產業。

(　)5.　下列何者非節省能源的做法？　(1)
(1)電冰箱溫度長時間調在強冷或急冷
(2)影印機當 15 分鐘無人使用時，自動進入省電模式
(3)電視機勿背著窗戶或面對窗戶，並避免太陽直射
(4)汽車不行駛短程，較短程旅運應儘量搭乘公車、騎單車或步行。

(　)6.　經濟部能源局的能源效率標示分為幾個等級？　(3)
(1)1　(2)3　(3)5　(4)7。

(　)7.　溫室氣體排放量：指自排放源排出之各種溫室氣體量乘以各該物質溫暖化潛勢所得之合　(2)
計量，以
(1)氧化亞氮(N_2O)　(2)二氧化碳(CO_2)　(3)甲烷(CH_4)　(4)六氟化硫(SF_6)　當量表示。

(　)8.　國家溫室氣體長期減量目標為中華民國 139 年溫室氣體排放量降為中華民國 94 年溫室　(4)
氣體排放量百分之多少以下？
(1)20　(2)30　(3)40　(4)50。

(　)9.　溫室氣體減量及管理法所稱主管機關，在中央為下列何單位？　(2)
(1)經濟部能源局　(2)環境保護署　(3)國家發展委員會　(4)衛生福利部。

(　)10.　溫室氣體減量及管理法中所稱：一單位之排放額度相當於允許排放　(3)
(1)1 公斤　(2)1 立方米　(3)1 公噸　(4)1 公擔　之二氧化碳當量。

(　)11.　下列何者不是全球暖化帶來的影響？　(3)
(1)洪水　(2)熱浪　(3)地震　(4)旱災。

(　) 12. 下列何種方法無法減少二氧化碳？ (1)
　　　 (1)想吃多少儘量點，剩下可當廚餘回收
　　　 (2)選購當地、當季食材，減少運輸碳足跡
　　　 (3)多吃蔬菜，少吃肉
　　　 (4)自備杯筷，減少免洗用具垃圾量。

(　) 13. 下列何者不會減少溫室氣體的排放？ (3)
　　　 (1)減少使用煤、石油等化石燃料　　　 (2)大量植樹造林，禁止亂砍亂伐
　　　 (3)增高燃煤氣體排放的煙囪　　　 (4)開發太陽能、水能等新能源。

(　) 14. 關於綠色採購的敘述，下列何者錯誤？ (4)
　　　 (1)採購回收材料製造之物品
　　　 (2)採購的產品對環境及人類健康有最小的傷害性
　　　 (3)選購產品對環境傷害較少、污染程度較低者
　　　 (4)以精美包裝為主要首選。

(　) 15. 一旦大氣中的二氧化碳含量增加，會引起哪一種後果？ (1)
　　　 (1)溫室效應惡化　　 (2)臭氧層破洞　　 (3)冰期來臨　　 (4)海平面下降。

(　) 16. 關於建築中常用的金屬玻璃帷幕牆，下列何者敘述正確？ (3)
　　　 (1)玻璃帷幕牆的使用能節省室內空調使用
　　　 (2)玻璃帷幕牆適用於臺灣，讓夏天的室內產生溫暖的感覺
　　　 (3)在溫度高的國家，建築使用金屬玻璃帷幕會造成日照輻射熱，產生室內「溫室效應」
　　　 (4)臺灣的氣候溼熱，特別適合在大樓以金屬玻璃帷幕作為建材。

(　) 17. 下列何者不是能源之類型？ (4)
　　　 (1)電力　　 (2)壓縮空氣　　 (3)蒸汽　　 (4)熱傳。

(　) 18. 我國已制定能源管理系統標準為 (1)
　　　 (1)CNS 50001　　 (2)CNS 12681　　 (3)CNS 14001　　 (4)CNS 22000。

(　) 19. 基於節能減碳的目標，下列何種光源發光效率最低，不鼓勵使用？ (1)
　　　 (1)白熾燈泡　　 (2)LED 燈泡　　 (3)省電燈泡　　 (4)螢光燈管。

(　) 20. 下列哪一項的能源效率標示級數較省電？ (1)
　　　 (1)1　　 (2)2　　 (3)3　　 (4)4。

(　) 21. 下列何者不是目前台灣主要的發電方式？ (4)
　　　 (1)燃煤　　 (2)燃氣　　 (3)核能　　 (4)地熱。

(　) 22. 有關延長線及電線的使用，下列敘述何者錯誤？ (2)
　　　 (1)拔下延長線插頭時，應手握插頭取下
　　　 (2)使用中之延長線如有異味產生，屬正常現象不須理會
　　　 (3)應避開火源，以免外覆塑膠熔解，致使用時造成短路
　　　 (4)使用老舊之延長線，容易造成短路、漏電或觸電等危險情形，應立即更換。

（　）23. 有關觸電的處理方式，下列敘述何者錯誤？　(1)
(1)立即將觸電者拉離現場　　　　　　　　(2)把電源開關關閉
(3)通知救護人員　　　　　　　　　　　　(4)使用絕緣的裝備來移除電源。

（　）24. 目前電費單中，係以「度」為收費依據，請問下列何者為其單位？　(2)
(1)kW　(2)kWh　(3)kJ　(4)kJh。

（　）25. 依據台灣電力公司三段式時間電價(尖峰、半尖峰及離峰時段)的規定，請問哪個時段電　(4)
價最便宜？
(1)尖峰時段　(2)夏月半尖峰時段　(3)非夏月半尖峰時段　(4)離峰時段。

（　）26. 當電力設備遭遇電源不足或輸配電設備受限制時，導致用戶暫停或減少用電的情形，常　(2)
以下列何者名稱出現？
(1)停電　(2)限電　(3)斷電　(4)配電。

（　）27. 照明控制可以達到節能與省電費的好處，下列何種方法最適合一般住宅社區兼顧節能、　(2)
經濟性與實際照明需求？
(1)加裝 DALI 全自動控制系統
(2)走廊與地下停車場選用紅外線感應控制電燈
(3)全面調低照度需求
(4)晚上關閉所有公共區域的照明。

（　）28. 上班性質的商辦大樓為了降低尖峰時段用電，下列何者是錯的？　(2)
(1)使用儲冰式空調系統減少白天空調電能需求
(2)白天有陽光照明，所以白天可以將照明設備全關掉
(3)汰換老舊電梯馬達並使用變頻控制
(4)電梯設定隔層停止控制，減少頻繁啟動。

（　）29. 為了節能與降低電費的需求，家電產品的正確選用應該如何？　(2)
(1)選用高功率的產品效率較高
(2)優先選用取得節能標章的產品
(3)設備沒有壞，還是堪用，繼續用，不會增加支出
(4)選用能效分級數字較高的產品，效率較高，5 級的比 1 級的電器產品更省電。

（　）30. 有效而正確的節能從選購產品開始，就一般而言，下列的因素中，何者是選購電氣設備　(3)
的最優先考量項目？
(1)用電量消耗電功率是多少瓦攸關電費支出，用電量小的優先
(2)採購價格比較，便宜優先
(3)安全第一，一定要通過安規檢驗合格
(4)名人或演藝明星推薦，應該口碑較好。

（　）31. 高效率燈具如果要降低眩光的不舒服，下列何者與降低刺眼眩光影響無關？　(3)
(1)光源下方加裝擴散板或擴散膜　　　　　(2)燈具的遮光板
(3)光源的色溫　　　　　　　　　　　　　(4)採用間接照明。

(　) 32. 一般而言，螢光燈的發光效率與長度有關嗎？ (1)

(1)有關，越長的螢光燈管，發光效率越高

(2)無關，發光效率只與燈管直徑有關

(3)有關，越長的螢光燈管，發光效率越低

(4)無關，發光效率只與色溫有關。

(　) 33. 用電熱爐煮火鍋，採用中溫 50%加熱，比用高溫 100%加熱，將同一鍋水煮開，下列何 (4) 者是對的？

(1)中溫 50%加熱比較省電　　　　　　　　(2)高溫 100%加熱比較省電

(3)中溫 50%加熱，電流反而比較大　　　　(4)兩種方式用電量是一樣的。

(　) 34. 電力公司為降低尖峰負載時段超載停電風險，將尖峰時段電價費率(每度電單價)提高， (2) 離峰時段的費率降低，引導用戶轉移部分負載至離峰時段，這種電能管理策略稱為

(1)需量競價　(2)時間電價　(3)可停電力　(4)表燈用戶彈性電價。

(　) 35. 集合式住宅的地下停車場需要維持通風良好的空氣品質，又要兼顧節能效益，下列的排 (2) 風扇控制方式何者是不恰當的？

(1)淘汰老舊排風扇，改裝取得節能標章、適當容量高效率風扇

(2)兩天一次運轉通風扇就好了

(3)結合一氧化碳偵測器，自動啟動/停止控制

(4)設定每天早晚二次定期啟動排風扇。

(　) 36. 大樓電梯為了節能及生活便利需求，可設定部分控制功能，下列何者是錯誤或不正確的 (2) 做法？

(1)加感應開關，無人時自動關燈與通風扇

(2)縮短每次開門/關門的時間

(3)電梯設定隔樓層停靠，減少頻繁啟動

(4)電梯馬達加裝變頻控制。

(　) 37. 為了節能及兼顧冰箱的保溫效果，下列何者是錯誤或不正確的做法？ (4)

(1)冰箱內上下層間不要塞滿，以利冷藏對流

(2)食物存放位置紀錄清楚，一次拿齊食物，減少開門次數

(3)冰箱門的密封壓條如果鬆弛，無法緊密關門，應儘速更新修復

(4)冰箱內食物擺滿塞滿，效益最高。

(　) 38. 就加熱及節能觀點來評比，電鍋剩飯持續保溫至隔天再食用，與先放冰箱冷藏，隔天用 (2) 微波爐加熱，下列何者是對的？

(1)持續保溫較省電

(2)微波爐再加熱比較省電又方便

(3)兩者一樣

(4)優先選電鍋保溫方式，因為馬上就可以吃。

(　)39. 不斷電系統 UPS 與緊急發電機的裝置都是應付臨時性供電狀況；停電時，下列的陳述　(2)
何者是對的？
(1)緊急發電機會先啓動，不斷電系統 UPS 是後備的
(2)不斷電系統 UPS 先啓動，緊急發電機是後備的
(3)兩者同時啓動
(4)不斷電系統 UPS 可以撐比較久。

(　)40. 下列何者爲非再生能源？　(2)
(1)地熱能　(2)焦煤　(3)太陽能　(4)水力能。

(　)41. 欲降低由玻璃部分侵入之熱負載，下列的改善方法何者錯誤？　(1)
(1)加裝深色窗簾　(2)裝設百葉窗　(3)換裝雙層玻璃　(4)貼隔熱反射膠片。

(　)42. 一般桶裝瓦斯(液化石油氣)主要成分爲　(1)
(1)丙烷　(2)甲烷　(3)辛烷　(4)乙炔 及丁烷。

(　)43. 在正常操作，且提供相同使用條件之情形下，下列何種暖氣設備之能源效率最高？　(1)
(1)冷暖氣機　(2)電熱風扇　(3)電熱輻射機　(4)電暖爐。

(　)44. 下列何種熱水器所需能源費用最少？　(4)
(1)電熱水器　(2)天然瓦斯熱水器　(3)柴油鍋爐熱水器　(4)熱泵熱水器。

(　)45. 某公司希望能進行節能減碳，爲地球盡點心力，以下何種作爲並不恰當？　(4)
(1)將採購規定列入以下文字：「汰換設備時首先考慮能源效率 1 級或具有節能標章之
　　產品」
(2)盤查所有能源使用設備
(3)實行能源管理
(4)爲考慮經營成本，汰換設備時採買最便宜的機種。

(　)46. 冷氣外洩會造成能源之消耗，下列何者最耗能？　(2)
(1)全開式有氣簾　(2)全開式無氣簾　(3)自動門有氣簾　(4)自動門無氣簾。

(　)47. 下列何者不是潔淨能源？　(4)
(1)風能　(2)地熱　(3)太陽能　(4)頁岩氣。

(　)48. 有關再生能源的使用限制，下列何者敘述有誤？　(2)
(1)風力、太陽能屬間歇性能源，供應不穩定
(2)不易受天氣影響
(3)需較大的土地面積
(4)設置成本較高。

(　)49. 全球暖化潛勢(Global Warming Potential, GWP)是衡量溫室氣體對全球暖化的影響，下列　(4)
何者 GWP 哪項表現較差？
(1)200　(2)300　(3)400　(4)500。

( ) 50. 有關台灣能源發展所面臨的挑戰，下列何者爲非？ (3)
(1)進口能源依存度高，能源安全易受國際影響
(2)化石能源所占比例高，溫室氣體減量壓力大
(3)自產能源充足，不需仰賴進口
(4)能源密集度較先進國家仍有改善空間。

( ) 51. 若發生瓦斯外洩之情形，下列處理方法何者錯誤？ (3)
(1)應先關閉瓦斯爐或熱水器等開關
(2)緩慢地打開門窗，讓瓦斯自然飄散
(3)開啓電風扇，加強空氣流動
(4)在漏氣止住前，應保持警戒，嚴禁煙火。

( ) 52. 全球暖化潛勢(Global Warming Potential, GWP)是衡量溫室氣體對全球暖化的影響，其中 (1)
是以何者爲比較基準？
(1)CO_2　(2)CH_4　(3)SF_6　(4)N_2O。

( ) 53. 有關建築之外殼節能設計，下列敘述何者錯誤？ (4)
(1)開窗區域設置遮陽設備
(2)大開窗面避免設置於東西日曬方位
(3)做好屋頂隔熱設施
(4)宜採用全面玻璃造型設計，以利自然採光。

( ) 54. 下列何者燈泡發光效率最高？ (1)
(1)LED 燈泡　(2)省電燈泡　(3)白熾燈泡　(4)鹵素燈泡。

( ) 55. 有關吹風機使用注意事項，下列敘述何者有誤？ (4)
(1)請勿在潮濕的地方使用，以免觸電危險
(2)應保持吹風機進、出風口之空氣流通，以免造成過熱
(3)應避免長時間使用，使用時應保持適當的距離
(4)可用來作爲烘乾棉被及床單等用途。

( ) 56. 下列何者是造成聖嬰現象發生的主要原因？ (2)
(1)臭氧層破洞　(2)溫室效應　(3)霧霾　(4)颱風。

( ) 57. 爲了避免漏電而危害生命安全，下列何者不是正確的做法？ (4)
(1)做好用電設備金屬外殼的接地
(2)有濕氣的用電場合，線路加裝漏電斷路器
(3)加強定期的漏電檢查及維護
(4)使用保險絲來防止漏電的危險性。

（　）58. 用電設備的線路保護用電力熔絲(保險絲)經常燒斷，造成停電的不便，下列何者不是正確的作法？ (1)

（1)換大一級或大兩級規格的保險絲或斷路器就不會燒斷了

(2)減少線路連接的電氣設備，降低用電量

(3)重新設計線路，改較粗的導線或用兩迴路並聯

(4)提高用電設備的功率因數。

（　）59. 政府為推廣節能設備而補助民眾汰換老舊設備，下列何者的節電效益最佳？ (2)

(1)將桌上檯燈光源由螢光燈換為 LED 燈

(2)優先淘汰 10 年以上的老舊冷氣機為能源效率標示分級中之一級冷氣機

(3)汰換電風扇，改裝設能源效率標示分級為一級的冷氣機

(4)因為經費有限，選擇便宜的產品比較重要。

（　）60. 依據我國現行國家標準規定，冷氣機的冷氣能力標示應以何種單位表示？ (1)

(1)kW　(2)BTU/h　(3)kcal/h　(4)RT。

（　）61. 漏電影響節電成效，並且影響用電安全，簡易的查修方法為 (1)

(1)電氣材料行買支驗電起子，碰觸電氣設備的外殼，就可查出漏電與否

(2)用手碰觸就可以知道有無漏電

(3)用三用電表檢查

(4)看電費單有無紀錄。

（　）62. 使用了 10 幾年的通風換氣扇老舊又骯髒，噪音又大，維修時採取下列哪一種對策最為正確及節能？ (2)

(1)定期拆下來清洗油垢

(2)不必再猶豫，10 年以上的電扇效率偏低，直接換為高效率通風扇

(3)直接噴沙拉脫清潔劑就可以了，省錢又方便

(4)高效率通風扇較貴，換同機型的廠內備用品就好了。

（　）63. 電氣設備維修時，在關掉電源後，最好停留 1 至 5 分鐘才開始檢修，其主要的理由為下列何者？ (3)

(1)先平靜心情，做好準備才動手

(2)讓機器設備降溫下來再查修

(3)讓裡面的電容器有時間放電完畢，才安全

(4)法規沒有規定，這完全沒有必要。

（　）64. 電氣設備裝設於有潮濕水氣的環境時，最應該優先檢查及確認的措施是？ (1)

(1)有無在線路上裝設漏電斷路器　　　　(2)電氣設備上有無安全保險絲

(3)有無過載及過熱保護設備　　　　　　(4)有無可能傾倒及生鏽。

（　）65. 為保持中央空調主機效率，每隔多久時間應請維護廠商或保養人員檢視中央空調主機? (1)

(1)半　(2)1　(3)1.5　(4)2　年。

( ) 66. 家庭用電最大宗來自於
(1)空調及照明　(2)電腦　(3)電視　(4)吹風機。　　　　　　　　　(1)

( ) 67. 爲減少日照所增加空調負載，下列何種處理方式是錯誤的？　　　　(2)
(1)窗戶裝設窗簾或貼隔熱紙
(2)將窗戶或門開啓，讓屋內外空氣自然對流
(3)屋頂加裝隔熱材、高反射率塗料或噴水
(4)於屋頂進行薄層綠化。

( ) 68. 電冰箱放置處，四周應至少預留離牆多少公分之散熱空間，以達省電效果？　(2)
(1)5　(2)10　(3)15　(4)20。

( ) 69. 下列何項不是照明節能改善需優先考量之因素？　　　　　　　　(2)
(1)照明方式是否適當　　　　　　　　(2)燈具之外型是否美觀
(3)照明之品質是否適當　　　　　　　(4)照度是否適當。

( ) 70. 醫院、飯店或宿舍之熱水系統耗能大，要設置熱水系統時，應優先選用何種熱水系統較　(2)
節能？
(1)電能熱水系統　(2)熱泵熱水系統　(3)瓦斯熱水系統　(4)重油熱水系統。

( ) 71. 如下圖，你知道這是什麼標章嗎？　　　　　　　　　　　　　　　(4)

(1)省水標章　(2)環保標章　(3)奈米標章　(4)能源效率標示。

( ) 72. 台灣電力公司電價表所指的夏月用電月份(電價比其他月份高)是爲　(3)
(1) 4 / 1 ～ 7 / 31　(2) 5 / 1 ～ 8 / 31　(3) 6 / 1 ～ 9 / 30　(4) 7 / 1 ～ 10 / 31。

( ) 73. 屋頂隔熱可有效降低空調用電，下列何項措施較不適當？　　　　(1)
(1)屋頂儲水隔熱
(2)屋頂綠化
(3)於適當位置設置太陽能板發電同時加以隔熱
(4)鋪設隔熱磚。

( ) 74. 電腦機房使用時間長、耗電量大，下列何項措施對電腦機房之用電管理較不適當？　(1)
(1)機房設定較低之溫度　　　　　　　(2)設置冷熱通道
(3)使用較高效率之空調設備　　　　　(4)使用新型高效能電腦設備。

( ) 75. 下列有關省水標章的敘述何者正確？ (3)
(1)省水標章是環保署為推動使用節水器材，特別研定以作為消費者辨識省水產品的一種標誌
(2)獲得省水標章的產品並無嚴格測試，所以對消費者並無一定的保障
(3)省水標章能激勵廠商重視省水產品的研發與製造，進而達到推廣節水良性循環之目的
(4)省水標章除有用水設備外，亦可使用於冷氣或冰箱上。

( ) 76. 透過淋浴習慣的改變就可以節約用水，以下的何種方式正確？ (2)
(1)淋浴時抹肥皂，無需將蓮蓬頭暫時關上
(2)等待熱水前流出的冷水可以用水桶接起來再利用
(3)淋浴流下的水不可以刷洗浴室地板
(4)淋浴沖澡流下的水，可以儲蓄洗菜使用。

( ) 77. 家人洗澡時，一個接一個連續洗，也是一種有效的省水方式嗎？ (1)
(1)是，因為可以節省等熱水流出所流失的冷水
(2)否，這跟省水沒什麼關係，不用這麼麻煩
(3)否，因為等熱水時流出的水量不多
(4)有可能省水也可能不省水，無法定論。

( ) 78. 下列何種方式有助於節省洗衣機的用水量？ (2)
(1)洗衣機洗滌的衣物盡量裝滿，一次洗完
(2)購買洗衣機時選購有省水標章的洗衣機，可有效節約用水
(3)無需將衣物適當分類
(4)洗濯衣物時盡量選擇高水位才洗的乾淨。

( ) 79. 如果水龍頭流量過大，下列何種處理方式是錯誤的？ (3)
(1)加裝節水墊片或起波器
(2)加裝可自動關閉水龍頭的自動感應器
(3)直接換裝沒有省水標章的水龍頭
(4)直接調整水龍頭到適當水量。

( ) 80. 洗菜水、洗碗水、洗衣水、洗澡水等等的清洗水，不可直接利用來做什麼用途？ (4)
(1)洗地板 (2)沖馬桶 (3)澆花 (4)飲用水。

( ) 81. 如果馬桶有不正常的漏水問題，下列何者處理方式是錯誤的？ (1)
(1)因為馬桶還能正常使用，所以不用著急，等到不能用時再報修即可
(2)立刻檢查馬桶水箱零件有無鬆脫，並確認有無漏水
(3)滴幾滴食用色素到水箱裡，檢查有無有色水流進馬桶，代表可能有漏水
(4)通知水電行或檢修人員來檢修，徹底根絕漏水問題。

( ) 82. 「度」是水費的計量單位，你知道一度水的容量大約有多少？ (3)
(1)2,000公升 (2)3000個600cc的寶特瓶 (3)1立方公尺的水量 (4)3立方公尺的水量。

( ) 83. 臺灣在一年中什麼時期會比較缺水(即枯水期)？　(3)
(1)6 月至 9 月　(2)9 月至 12 月　(3)11 月至次年 4 月　(4)臺灣全年不缺水。

( ) 84. 下列何種現象不是直接造成台灣缺水的原因？　(4)
(1)降雨季節分佈不平均，有時候連續好幾個月不下雨，有時又會下起豪大雨
(2)地形山高坡陡，所以雨一下很快就會流入大海
(3)因爲民生與工商業用水需求量都愈來愈大，所以缺水季節很容易無水可用
(4)台灣地區夏天過熱，致蒸發量過大。

( ) 85. 冷凍食品該如何讓它退冰，才是既「節能」又「省水」？　(3)
(1)直接用水沖食物強迫退冰　(2)使用微波爐解凍快速又方便
(3)烹煮前盡早拿出來放置退冰　(4)用熱水浸泡，每 5 分鐘更換一次。

( ) 86. 洗碗、洗菜用何種方式可以達到清洗又省水的效果？　(2)
(1)對著水龍頭直接沖洗，且要盡量將水龍頭開大才能確保洗的乾淨
(2)將適量的水放在盆槽內洗濯，以減少用水
(3)把碗盤、菜等浸在水盆裡，再開水龍頭拼命沖水
(4)用熱水及冷水大量交叉沖洗達到最佳清洗效果。

( ) 87. 解決台灣水荒(缺水)問題的無效對策是　(4)
(1)興建水庫、蓄洪(豐)濟枯　(2)全面節約用水
(3)水資源重複利用，海水淡化…等　(4)積極推動全民體育運動。

( ) 88. 如下圖，你知道這是什麼標章嗎？　(3)

(1)奈米標章　(2)環保標章　(3)省水標章　(4)節能標章。

( ) 89. 澆花的時間何時較爲適當，水分不易蒸發又對植物最好？　(3)
(1)正中午　(2)下午時段　(3)清晨或傍晚　(4)半夜十二點。

( ) 90. 下列何種方式沒有辦法降低洗衣機之使用水量，所以不建議採用？　(3)
(1)使用低水位清洗
(2)選擇快洗行程
(3)兩、三件衣服也丟洗衣機洗
(4)選擇有自動調節水量的洗衣機，洗衣清洗前先脫水 1 次。

( ) 91. 下列何種省水馬桶的使用觀念與方式是錯誤的？　(3)
(1)選用衛浴設備時最好能採用省水標章馬桶
(2)如果家裡的馬桶是傳統舊式，可以加裝二段式沖水配件
(3)省水馬桶因爲水量較小，會有沖不乾淨的問題，所以應該多沖幾次
(4)因爲馬桶是家裡用水的大宗，所以應該盡量採用省水馬桶來節約用水。

( ) 92. 下列何種洗車方式無法節約用水？   (3)

(1)使用有開關的水管可以隨時控制出水

(2)用水桶及海綿抹布擦洗

(3)用水管強力沖洗

(4)利用機械自動洗車，洗車水處理循環使用。

( ) 93. 下列何種現象無法看出家裡有漏水的問題？   (1)

(1)水龍頭打開使用時，水表的指針持續在轉動

(2)牆面、地面或天花板忽然出現潮濕的現象

(3)馬桶裡的水常在晃動，或是沒辦法止水

(4)水費有大幅度增加。

( ) 94. 蓮蓬頭出水量過大時，下列何者無法達到省水？   (2)

(1)換裝有省水標章的低流量(5~10L/min)蓮蓬頭

(2)淋浴時水量開大，無需改變使用方法

(3)洗澡時間盡量縮短，塗抹肥皂時要把蓮蓬頭關起來

(4)調整熱水器水量到適中位置。

( ) 95. 自來水淨水步驟，何者為非？   (4)

(1)混凝 (2)沉澱 (3)過濾 (4)煮沸。

( ) 96. 為了取得良好的水資源，通常在河川的哪一段興建水庫？   (1)

(1)上游 (2)中游 (3)下游 (4)下游出口。

( ) 97. 台灣是屬缺水地區，每人每年實際分配到可利用水量是世界平均值的約多少？   (1)

(1)六分之一 (2)二分之一 (3)四分之一 (4)五分之一。

( ) 98. 台灣年降雨量是世界平均值的 2.6 倍，卻仍屬缺水地區，原因何者為非？   (3)

(1)台灣由於山坡陡峻，以及颱風豪雨雨勢急促，大部分的降雨量皆迅速流入海洋

(2)降雨量在地域、季節分佈極不平均

(3)水庫蓋得太少

(4)台灣自來水水價過於便宜。

( ) 99. 電源插座堆積灰塵可能引起電氣意外火災，維護保養時的正確做法是？   (3)

(1)可以先用刷子刷去積塵

(2)直接用吹風機吹開灰塵就可以了

(3)應先關閉電源總開關箱內控制該插座的分路開關

(4)可以用金屬接點清潔劑噴在插座中去除銹蝕。

共同學科 題庫解析

工作項目 ① 機械製圖

一、相關知識內容

工作項目	技能種類	相關知識
機械製圖	(一)閱讀工作圖	1. 瞭解零件圖及裝配圖之閱讀法與繪製法。 2. 瞭解輔助視圖、剖視圖及習慣畫法。 3. 瞭解幾何公差及配合之基本概念。
	(二)標準機件畫法	瞭解齒輪、螺釘、螺帽、彈簧、軸承、鍵及銷等之習用表示法。
	(三)工作圖及草圖繪製	1. 瞭解工作圖及草圖繪製要領。 2. 瞭解尺度標註法。 3. 瞭解註記公差、加工符號、熔接符號及表面粗糙度之表示法。
	(四)電腦輔助三視圖繪製	1. 瞭解電腦繪圖應用軟體之基本操作方法及功用。 2. 瞭解各種指令之意義與功用。

二、精選必考試題

答

( )1. 依據 CNS 標準，下列何者屬於幾何公差之方向公差符號？　(1)⊥　(2)⊕　(3)◎　(4)▱。　(1)

解

型態	公差	公差性質	符號
單一形態	形狀公差	真直度	—
		真平度	▱
		真圓度	○
		圓柱度	⌀
單一或相關形態		曲線輪廓度	⌒
		曲面輪廓度	⌓
相關形態	方向公差	平行度	//
		垂直度	⊥
		傾斜度	∠
	定位公差	位置度	⊕
		同心度、同軸度	◎
		對稱度	≡
	偏轉度公差	圓偏轉度	↗
		總偏轉度	↗↗

( )2. 依據 CNS 中華民國國家標準，下列何者屬於幾何公差之形狀公差符號？　(1)∠　(2)//　(3)⌒　(4)≡。　(3)

解　詳見第 1 題。

( )3. 一般配合選用時，屬於留隙配合為　(1)H8/e8　(2)K7/h6　(3)H6/h6　(4)H7/s6。　(1)

解　孔 H8 為單向正公差、軸 g6 為單向負公差，兩者為留隙配合。

( )4. 工件圖面尺寸 $\phi 36^{+0.050}_{+0.025}$，經加工後檢查合格者為　(1)$\phi 36$　(2)$\phi 36.016$　(3)$\phi 36.038$　(4)$\phi 36.052$。　(3)

解　$\phi 36^{+0.050}_{+0.025}$ 是為單向公差，其合格尺寸為 36.025～36.050，因此僅 36.038 為合格。

( )5. 工件俯視圖如右圖所示，其半剖面應繪製為　(1)　(2)　(3)　(4)。　(1)

( )6. 工件視圖如右圖所示，依據箭頭方向，其輔助視圖為　(3)

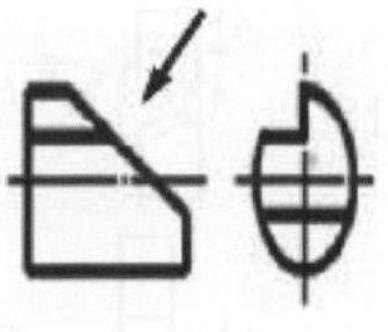

　　(1) 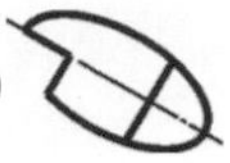 　　(2) 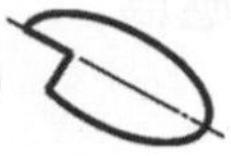 　　(3)  　　(4)  。

( )7. 依據 CNS 標準，內螺紋習用畫法如右圖所示 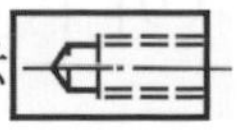 　，其右側視圖第三角畫法應為　(3)

　　(1)  　　(2)  　　(3)  　　(4)  。

( )8. 半圓鍵鍵座應標註圓心位置、直徑及何種尺度？　(1)角度　(2)寬度　(3)長度　(4)斜度。　(2)

( )9. 依據 CNS 標準，蝸桿的前視圖畫法為　(2)

　　(1)  　　(2)  　　(3) 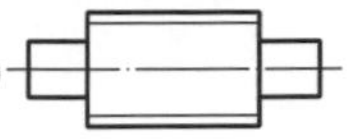 　　(4) 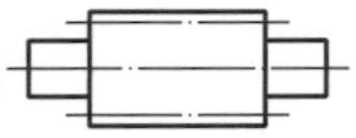 。

( )10. 依據 CNS 標準，滾珠軸承的一般表示法為　(1)

　　(1) 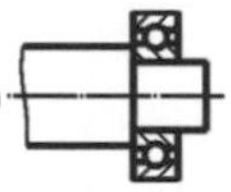 　　(2) 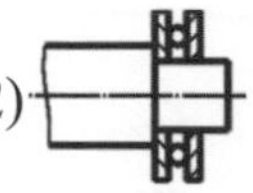 　　(3) 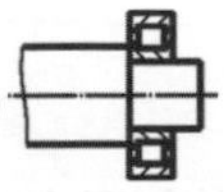 　　(4) 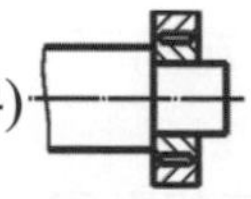 。

( )11. 依據 CNS 標準，正齒輪組合的習用表示法為　(1)

　　(1)  　　(2)  　　(3)  　　(4)  。

( )12. 依據 CNS 標準，內外螺紋組合的組合剖視圖畫法為　(2)

　　(1) 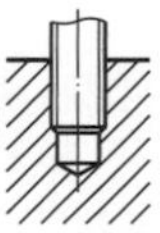 　　(2) 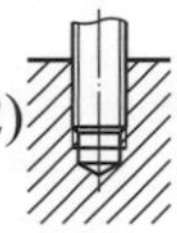 　　(3) 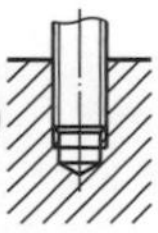 　　(4) 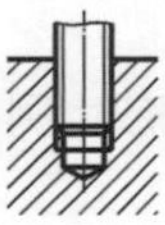 。

( )13. 依據 CNS 標準，渦形彈簧的簡易表示法為　(1) 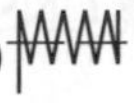 　(2)  　(3) 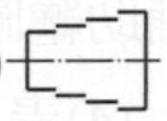 　(4)  。　(3)

( )14. 組合圖的件號線從零件引出時，在零件側端應加繪　(1)小圓圈　(2)箭頭　(3)小黑點　(3)
(4)件號。

( )15. 依據 CNS 標準，表面符號中基準長度的單位為　(1)m　(2)cm　(3)mm　(4)μm。　(3)

( )16. 依據 CNS 標準，粗糙度等級 N8 等同於中心線平均粗糙度　(1)12.5μm　(2)6.3μm　(3)3.2μm　(3)
(4)1.6μm。

解 粗糙度等級與中心線平均粗糙度之關係如下表所示

粗糙度等級	N12	N11	N10	N9	N8	N7	N6	N5	N4	N3	N2	N1	—
中心線平均粗糙度 (Ra)	50	25	12.5	6.3	3.2	1.6	0.8	0.4	0.2	0.1	0.05	0.025	0.0125

( )17. 依據 CNS 標準，熔接符號  　表示為　(1)點熔接　(2)全周熔接　(3)現場焊接　(4)縫熔接。　(2)

解 熔接符號：○表全周熔接，▶表現場熔接。

( ) 18. 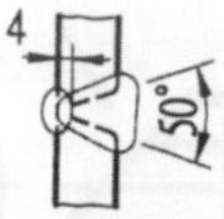 左圖為熔接道詳圖，依據 CNS 標準，其熔接符號應為 (3)

(1) 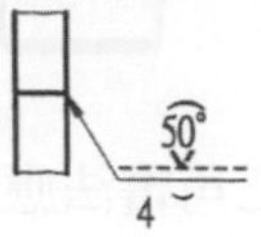 (2) 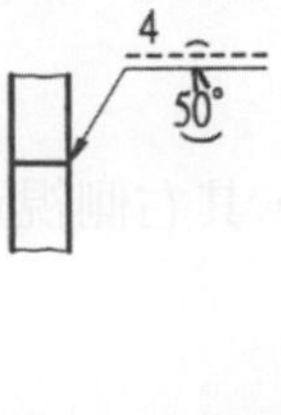 (3) 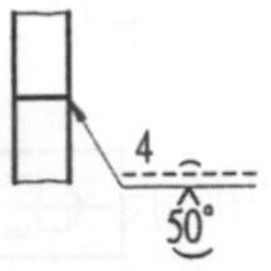 (4) 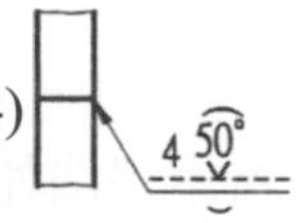 。

( ) 19. 若圓錐的長度為 30mm，錐度為 1：5，當大端半徑為 20mm，則小端半徑為 (1)10mm (2)12mm (3)15mm (4)17mm。 (4)

解　錐度定義 = $\dfrac{\text{兩端直徑差}}{\text{錐度長}}$

$T = \dfrac{1}{5} = \dfrac{20 \times 2 - d}{30}$，5(40 − d) = 30，200 − 5d = 30，d = 34。

題目是求半徑，故小端半徑 = $\dfrac{34}{2}$ = 17mm。

( ) 20. 以電腦輔助繪圖軟體作圖，從某起點畫一條到右下方 30 度、距離為 50 的斜線段，其終點座標需輸入 (1)@50, −30 (2)@30＜50 (3)@50＜30 (4)@50＜−30。 (4)

解　電腦輔助繪圖軟體座標指令，@代表相對座標，係指與目前位置的相對距離；＜代表 θ 角度。

( ) 21. 以電腦輔助繪圖軟體作圖，若要執行平移視窗，所需輸入的指令為 (1)MOVE (2)PAN (3)ZOOM (4)SCALE。 (2)

解　MOVE 搬移、ZOOM 螢幕縮放、SCALE 零件縮放比例。

( ) 22. 以電腦輔助繪圖軟體作圖，依據 CNS 標準，用來標註尺度的顏色為 (1)綠色 (2)紅色 (3)黃色 (4)青色。 (1)

解　一般電腦輔助繪圖，其圖層及顏色的定義大致如下：

輪廓線(白色)、隱藏線(紅色)、中心線(黃色)、標註線(綠色)、剖面線(青色)、圖框線(藍色)、文字註解(洋紅色)。

( ) 23. 視圖之虛線太多時，常改用下列何者表示？ (1)等角圖 (2)輔助視圖 (3)剖視圖 (4)展開圖。 (3)

( ) 24. 對物體作假想剖切，以了解其內部形狀時，表示割面位置的線，稱為 (1)剖面線 (2)割面線 (3)實線 (4)虛線。 (2)

解　對物體作假想剖切。以了解其內部形狀，假想之割切面稱為割面。割面在視圖中僅表示其呈現邊視圖的線，此線稱為『割面線』。

( ) 25. 輔助視圖是用以表示物體 (1)正面 (2)頂面 (3)底面 (4)傾斜面 的形狀。 (4)

( ) 26. 組合圖中，較常須剖切的機件是 (1)齒輪 (2)螺絲 (3)螺帽 (4)軸。 (1)

( ) 27. 剖視圖中的剖面線常繪成 (1)粗實線 (2)中線 (3)虛線 (4)細實線。 (4)

解　粗實線：可見輪廓線、圖框線。

虛線：中線、用於隱藏線。

細實線：尺度線、尺度界線、指線、剖面線、圓角消失之稜線…。

(　) 28. RP 兩字在輔助視圖中是代表　(1)垂直面　(2)水平面　(3)傾斜面　(4)參考平面。　　(4)

解　RP 是 Reference Plane 的縮寫，亦即參考平面；垂直面是以 VP 表示，水平面是以 HP 表示。

(　) 29. 半剖面圖是將物體　(1)$\frac{1}{2}$ 剖切　(2)$\frac{1}{4}$ 剖切　(3)$\frac{1}{6}$ 剖切　(4)$\frac{1}{8}$ 剖切。　　(2)

解　全剖面圖是物體從中切開(切除 $\frac{1}{2}$)，如圖(a)。半剖面圖是切除 $\frac{1}{4}$，如圖(b)。

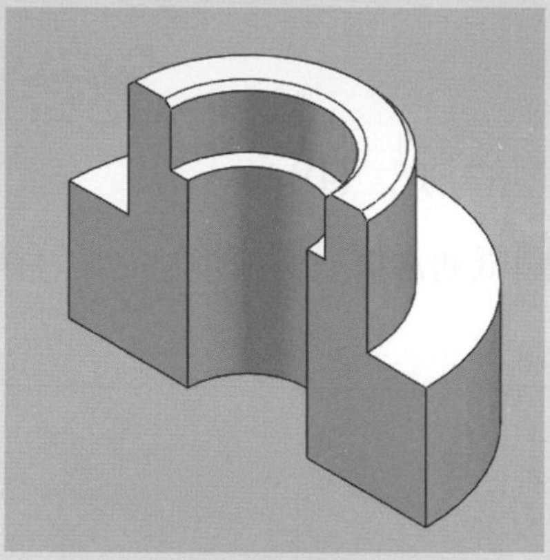

(a)全剖面 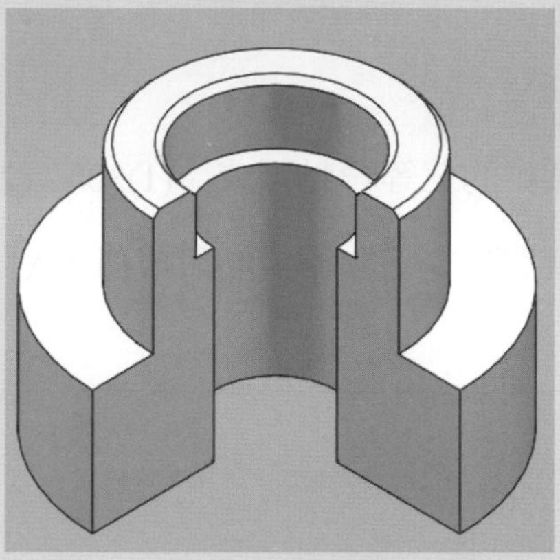　　　　　　　(b)半剖面

(　) 30. 孔與軸間有間隙的機件配合方式，稱為　(1)過渡配合　(2)過盈配合　(3)干涉配合　(4)留隙配合。　　(4)

(　) 31. 視圖上之幾何公差符號 "//" 係表示　(1)真直度　(2)真平度　(3)平行度　(4)平面度。　　(3)

解　詳見第 1 題。

(　) 32. 視圖上之幾何公差符號 "◎" 係表示　(1)平行度　(2)真圓度　(3)對稱度　(4)同心度。　　(4)

解　詳見第 1 題。

(　) 33. 設計尺寸時，只給予一個上偏差值或下偏差值的公差，稱為　(1)單向公差　(2)雙向公差　(3)通用公差　(4)位置公差。　　(1)

解　單向公差又稱 "同側公差"，是由標稱尺度於同側加或減一變量所成之公差，例如：$30^{+0.06}_{+0.02}$。

(　) 34. 壓縮彈簧在零件圖上的總長度是指　(1)安裝長度　(2)自由長度　(3)工作長度　(4)壓實長度。　　(2)

(　) 35. 工程製圖國家標準之規定，真圓度的符號是　(1)⌀/　(2)◎　(3)○　(4)⊕。　　(3)

(　) 36. 標註 M8×1.0 的螺釘，其中 8 是代表　(1)節徑　(2)內徑　(3)外徑　(4)螺距。　　(3)

解　M8×1.0 代表螺紋公稱直徑為 8mm，節距為 1mm。

(　) 37. 螺紋上標註 M60×2，係表示　(1)節徑 60mm，螺距 2mm　(2)外徑 60mm，第二級配合　(3)外徑 60mm，螺距 2mm　(4)節徑 60mm，第二級配合。　　(3)

解　M60×2 代表螺紋公稱直徑為 60mm，節距為 2mm；螺紋標註中可以不標示者：右旋(R.H)，單線，粗牙節距，3 級螺紋等級。

(　) 38. 軸之平面圖上某部位加畫細實線之對角線,即表示該處　(1)應刻對角線　(2)裝配時需注意　(3)兩端對稱　(4)加工為平面。　　(4)

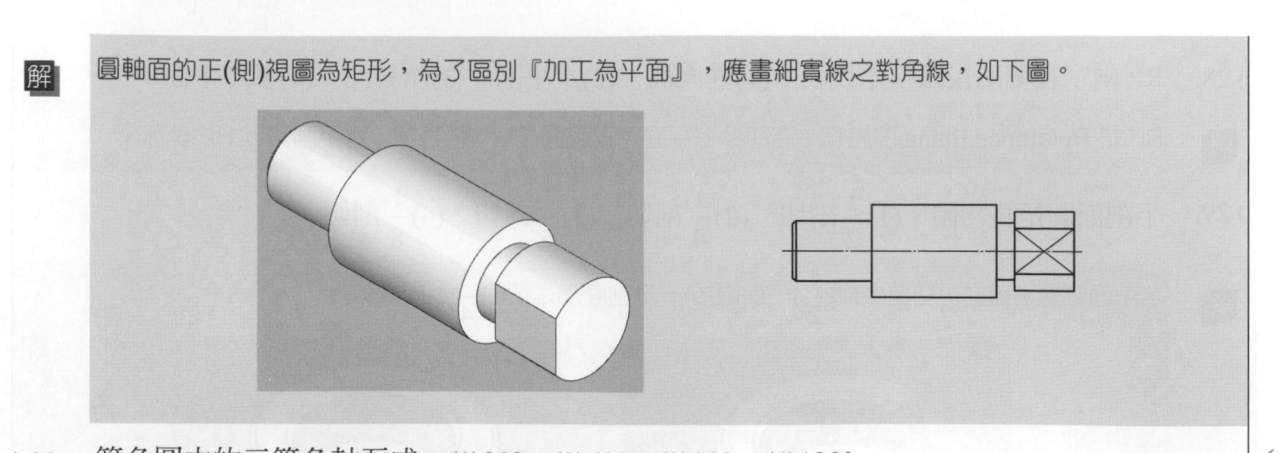

解　圓軸面的正(側)視圖為矩形，為了區別『加工為平面』，應畫細實線之對角線，如下圖。

(　) 39. 等角圖中的三等角軸互成　(1)30°　(2)60°　(3)90°　(4)120°。　　　　(4)

(　) 40. 為方便置於文書夾中或裝訂成冊，A1 的圖紙通常折成何種規格？　(1)A4　(2)A3　(3)A2　(1)
(4)A1。

工作項目② 行業數學

一、相關知識內容

工作項目	技能種類	相關知識
行業數學	(一)代數	1. 瞭解代數之基本概念。 2. 瞭解等式之意義與應用。 3. 瞭解一元一次、二元一次方程式之基本概念與作法。 4. 瞭解因式分解與一元二次方程式之基本概念與作法。
	(二)三角函數	1. 瞭解角、銳角與三角函數之基本概念。 2. 瞭解簡易三角恆等式之意義及運算。 3. 瞭解三角函數值表之意義及應用。 4. 瞭解正、餘弦定律及應用。
	(三)速度	1. 瞭解速度之基本概念。 2. 瞭解切削量、切削速度與進給率之意義及計算。

二、精選必考試題

答

((3))1. 有一矩形的長度為$(5x + 4)$，寬為$(x - 3)$，若其周長為 50cm，則此矩形之面積為　(1)$12cm^2$ (2)$18cm^2$　(3)$24cm^2$　(4)$36cm^2$。

解
$2(5x+4)+2(x-3)=50$
$\Rightarrow 10x+8+2x-6=50$
$\Rightarrow 12x=48$
$\Rightarrow x=4$
故知該矩形之邊長為 24、1，矩形之面積$=24\times1=24$。

((2))2. 方程式$9x + 2 = 12x - 7$的解為 $x =$　(1)-3　(2)3　(3)-1　(4)1。

解　原式移項：$2+7=12x-9x$，$9=3x$，$x=3$。

((3))3. 下列何者為一元二次方程式？　(1)$x^2 - 2x + 1$　(2)$2x + y - 3 = 0$　(3)$x(x - 2) = 4$　(4)$x^2 + 2x + 3 = x^2 + 1$。

解　所謂一元二次方程式是指一個未知數，且未知數最高次方為二。

((4))4. 若方程式$3x - 2y = x - 4y = 5$，則$2x - 3y =$　(1)-1　(2)2　(3)4　(4)5。

解　將方程式視為二方程式，即$3x - 2y = 5$；$x - 4y = 5$，解聯立方程式得$x = 1$，$y = -1$，代入
$2x - 3y = 2(1) - 3(-1) = 5$。

((3))5. 有一個三角形的高為底長之$\frac{1}{2}$，如果高為 x cm，則此三角形之面積為　(1)$x\ cm^2$　(2)$2x\ cm^2$　(3)$x^2\ cm^2$　(4)$\frac{x^2}{4}\ cm^2$。

解 三角形之面積=$\dfrac{底 \times 高}{2}$。

若高為 x cm，則底=$2x$ cm；依三角形之面積=$\dfrac{底 \times 高}{2}=\dfrac{2x \times x}{2}=x^2$ cm^2。

( ) 6. 多項式 $2x^2-5x+2$ 可經因式分解為　(1)$(2x-1)(x-2)$　(2)$(x+2)(2x+1)$　(1)
(3)$(2x+1)(x-2)$　(4)$(2x-1)(x+2)$。

解 可將答案中的多項式乘開，利用前前、後後、裡裡、外外依序乘開，唯(1)$(2x-1)(x-2)=2x^2-5x+2$。

( ) 7. 有一濃度為 80%的酒精溶液若干公升，若加入 20 公升的水後，酒精濃度變為 60%，則原　(2)
有酒精溶液為　(1)30 公升　(2)60 公升　(3)90 公升　(4)120 公升。

解 設原有酒精溶液為 X 公升，則 $\dfrac{X \cdot \dfrac{8}{10}}{X+20}=\dfrac{6}{10}$，交叉相乘後可得 10(0.8X)＝6X＋120，則 X＝60 公升。

( ) 8. 若方程式$(x-3)(2x+1)=0$，則 $2x+1$ 之值為　(1)7　(2)2　(3)0　(4)7 或 0。　(4)

解 由方程式可知：x=3 或 $-\dfrac{1}{2}$；將 x=3 或 $-\dfrac{1}{2}$ 分別帶入 $2x+1$，則 $2x+1$=7 或 0。

( ) 9. 求一元二次方程式 $2x^2+1=5x-1$ 之解為　(1)$x=\dfrac{1}{2}$ 或 x = 2　(2)$x=\pm 1$　(3)$x=\pm 2$　(1)
(4)x = 1 或 $-\dfrac{1}{2}$。

解 $2x^2+1=5x-1$ 移項得→ $2x^2-5x+2=0$，因式分解$(2x-1)(x-2)=0$，得 $x=\dfrac{1}{2}$ 或 x = 2。

( ) 10. 若，$\dfrac{3}{2}x+1=\dfrac{5}{4}$ 則 $1-2x$ 之值等於　(1)2　(2)$\dfrac{2}{3}$　(3)$\dfrac{1}{2}$　(4)$\dfrac{3}{4}$。　(2)

解 將等式兩邊各乘以 4，則等式變為 6x + 4 = 5；x=$\dfrac{1}{6}$；將 x=$\dfrac{1}{6}$ 帶入 $1-2x=1-2\times\dfrac{1}{6}=1-\dfrac{1}{3}=\dfrac{2}{3}$。

( ) 11. 一個二位數，其個位數字與十位數字的和為 9，若將個位數字與十位數字對調，則所得到　(4)
的新數比原數少 9，則原數是多少？　(1)36　(2)63　(3)45　(4)54。

解 設個位數 x、十位數 y，則 $\begin{cases} x+y=9 \\ (10x+y)=(10y+x)-9 \end{cases}$ 兩式聯立，得 x = 4、y = 5，原數 = 54、新數 = 45。

( ) 12. 解下列一次方程式 $\dfrac{1}{2}x-\dfrac{1}{3}x=\dfrac{1}{5}$，則 x=　(1)$\dfrac{1}{2}$　(2)$\dfrac{2}{3}$　(3)$\dfrac{3}{5}$　(4)$\dfrac{6}{5}$。　(4)

解 方程式變為 $\dfrac{1}{6}x=\dfrac{1}{5}$；則 $x=\dfrac{6}{5}$。

( ) 13. 有一梯形上底為$(2x+3)$cm、下底為$(5x-1)$cm、高為 8cm，若此梯形的面積為 36cm^2，則　(1)
x =　(1)1　(2)2　(3)3　(4)4。

解 梯形的面積=$\dfrac{(上底+下底)\times 高}{2}$，由題目知 $\dfrac{[(2x+3)+(5x-1)]\times 8}{2}$=36，28x+8=36，28x=28，則 x=1。

( ) 14. 已知，$6-a=2$，$b-a=6$，$\dfrac{b}{2}-c=3$，$d-3c=1$，則 $d=$?　(1)5　(2)7　(3)9　(4)13。　(2)

解 由 $6-a=2$ 可知 a = 4；將 a = 4 帶入 $b-a=6$，則 b－4 = 6，可知 b = 10；再將 b = 10 帶入 $\dfrac{b}{2}-c=3$，

則 5－c = 3，可知 c = 2；再將 c = 2 帶入 $d-3c=1$，則 d－6 = 1，可知 d = 7。

(　) 15. 將多項式 $2xy + 5x + 4y + 10$ 因式分解，可以得到　(1)$(2x + 2)(y + 5)$　(2)$(2y + 2)(x + 5)$　(3)
$(3)(2y + 5)(x + 2)$　$(4)(2x + 5)(y + 2)$。

> 解　多項式 2xy+5x+4y+10=x(2y+5)+2(2y+5)………先利用結合律，將共同的因式提出；
> 多項式 x(2y+5)+2(2y+5)= (2y+5)(x+2)…………再利用一次結合律，將共同的因式提出。

(　) 16. 列何者為銳角？　(1)$-\pi$　(2)$\dfrac{3\pi}{4}$　(3)$\dfrac{\pi}{2}$　(4)$\dfrac{\pi}{3}$。　(4)

> 解　銳角是小於 90° 的角，因 $\pi = 180°$，$\dfrac{\pi}{3} = \dfrac{180°}{3} = 60°$ 為銳角。

(　) 17. 已知 $\triangle ABC$ 為一個直角三角形，其中 $\angle C = 90°$，$\angle A$ 為較大的銳角，兩股長分別為 5、12，　(2)
則 $\sin A =$　(1)$\dfrac{5}{12}$　(2)$\dfrac{12}{13}$　(3)$\dfrac{5}{13}$　(4)$\dfrac{12}{5}$。

> 解　常用的直角三角形邊長比如圖所示，請牢記。
>
>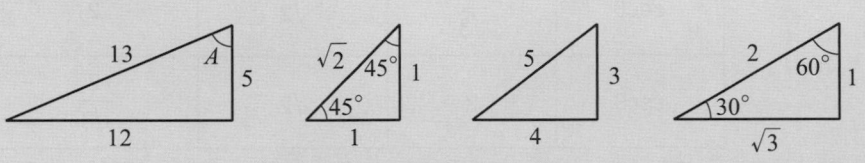
>
> 依題目所示，如第 1 圖所示，$\sin A = \dfrac{\text{對邊}}{\text{斜邊}} = \dfrac{12}{13}$。

(　) 18. $\sin 30° \times \cos 30° \times \tan 30° \times \cot 30° \times \sec 30°$ 的值等於　(1)$\dfrac{1}{2}$　(2)$\dfrac{\sqrt{2}}{2}$　(3)$\dfrac{\sqrt{3}}{2}$　(4)1。　(1)

> 解　$= \dfrac{1}{2} \times \dfrac{\sqrt{3}}{2} \times \dfrac{1}{\sqrt{3}} \times \dfrac{\sqrt{3}}{1} \times \dfrac{2}{\sqrt{3}} = \dfrac{1}{2}$。

(　) 19. 直角三角形 ABC 中，$\angle C = 90°$、$\angle A = 30°$，求 $(\sin B)^2 + (\cos B)^2$ 的值等於　(1)$\dfrac{1}{2}$　(2)$\dfrac{\sqrt{2}}{2}$　(4)
$(3)\dfrac{\sqrt{3}}{2}$　(4)1。

> 解　1. 由三角函數公式可知：$(\sin B)^2 + (\cos B)^2 = 1$；
> 2. 萬一沒有背公式，可依題意推知 $\angle B = 180° - 90° - 30° = 60°$；
> 　所以 $(\sin B)^2 + (\cos B)^2 = (\sin 60°)^2 + (\cos 60°)^2 = (\dfrac{\sqrt{3}}{2})^2 + (\dfrac{1}{2})^2 = \dfrac{3}{4} + \dfrac{1}{4} = 1$。

(　) 20. 直角三角形 ABC 中，$\angle C = 90°$、$\tan A = \dfrac{3}{4}$，求 $\dfrac{\sin A}{1 - \cot A}$ 的值等於　(1)$-\dfrac{9}{5}$　(2)$\dfrac{7}{3}$　(3)$-\dfrac{12}{5}$　(1)
$(4)\dfrac{9}{4}$。

> 解　$\dfrac{\sin A}{1 - \cot A} = \dfrac{\dfrac{3}{5}}{1 - \dfrac{4}{3}} = \dfrac{\dfrac{3}{5}}{-\dfrac{1}{3}} = \dfrac{3}{5} \times \dfrac{-3}{1} = -\dfrac{9}{5}$。

(　) 21. $\sin 30° \cos 60° + \cos 30° \sin 60° =$　(1)0　(2)-1　(3)1　(4)2。　(3)

> 解　$\sin 30° \cos 60° + \cos 30° \sin 60° = (\dfrac{1}{2} \times \dfrac{1}{2}) + (\dfrac{\sqrt{3}}{2} \times \dfrac{\sqrt{3}}{2}) = \dfrac{1}{4} + \dfrac{3}{4} = 1$。

(　) 22. $\dfrac{2}{\sqrt{3}} \cos 30° - \sin 30° + \cos 60° - \tan 45° + \dfrac{\sqrt{3}}{2} \cot 60° =$　(1)0　(2)$\dfrac{1}{2}$　(3)$\dfrac{\sqrt{3}}{2}$　(4)1。　(2)

解 特別角之三角函數值如表所示，∴原式 $= (\frac{2}{\sqrt{3}} \times \frac{\sqrt{3}}{2}) - \frac{1}{2} + \frac{1}{2} - 1 + (\frac{\sqrt{3}}{2} \times \frac{1}{\sqrt{3}}) = \frac{1}{2}$。

三角函數	θ=30°	θ=45°	θ=60°
sinθ	$\frac{1}{2}$	$\frac{1}{\sqrt{2}}$	$\frac{\sqrt{3}}{2}$
cosθ	$\frac{\sqrt{3}}{2}$	$\frac{1}{\sqrt{2}}$	$\frac{1}{2}$
tanθ	$\frac{1}{\sqrt{3}}$	1	$\sqrt{3}$
cotθ	$\sqrt{3}$	1	$\frac{1}{\sqrt{3}}$
secθ	$\frac{2}{\sqrt{3}}$	$\sqrt{2}$	2
cscθ	2	$\sqrt{2}$	$\frac{2}{\sqrt{3}}$

( ) 23. 直角三角形 ABC 中，∠A 為銳角且 $\sec A = \frac{2}{\sqrt{3}}$，求 $\frac{\cos A}{1 - \sin A}$ 的值等於　(1) $\frac{1}{2}$　(2) $\frac{\sqrt{2}}{2}$ (4)
(3) $\frac{4}{\sqrt{3}}$　(4) $\sqrt{3}$。

解 由 $\sec A = \frac{2}{\sqrt{3}}$ 可以推知該直角三角形之∠A＝30°；所以 $\frac{\cos A}{1 - \sin A} = \frac{\cos 30°}{1 - \sin 30°} = \frac{\frac{\sqrt{3}}{2}}{1 - \frac{1}{2}} = \frac{\sqrt{3}}{2} \times \frac{2}{1} = \sqrt{3}$。

( ) 24. 直角三角形 ABC 中，∠C ＝ 90°、∠A ＝ 45°，求 sinA ＋ cosB ＝　(1)1　(2) $\sqrt{2}$　(3)2 (2)
(4) $2\sqrt{2}$。

解 直角三角形 ABC，∠C＝90°，∠A＝45° 如右下圖所示。
由三角形內角和等於 180°，知∠B＝45°，
sin A ＋ cos B ＝ sin 45° ＋ cos 45°
$= \frac{1}{\sqrt{2}} + \frac{1}{\sqrt{2}}$
$= \frac{\sqrt{2}}{2} + \frac{\sqrt{2}}{2}$
$= \sqrt{2}$

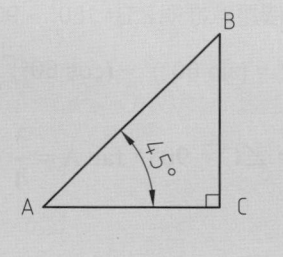

( ) 25. 設 θ 為任一角，則下列有關三角函數的關係，何者有誤？　(1)sin (−θ) ＝ − sinθ　(2)cos (−θ) (3)
＝ cos θ　(3)sin(π − θ) ＝ − sin θ　(4)cos(π − θ) ＝ − cos θ。

解 (3)sin(π − θ)=sin θ；π =180°，180°− θ 座落於第 II 象限，第 II 象限的正弦值為正。

( ) 26. 利用正弦定律，若△ABC 中，∠C=120°，∠B=30°，$\overline{AC}$=5，求 $\overline{AB}$　(1) $5\sqrt{3}$　(2) $\frac{20}{\sqrt{3}}$ (1)
(3) $10\sqrt{3}$　(4)10。

解 △ABC 如圖所示，$\overline{AB} = (5 \times \frac{\sqrt{3}}{2}) \times 2 = 5\sqrt{3}$。

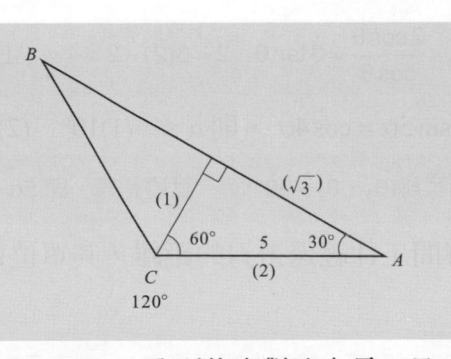

( ) 27. 利用餘弦定理，若△ABC 中，a、b、c 分別代表對邊之長，且 a = 2，b = 3，c = 4，則 cosA = (1)$\frac{11}{12}$ (2)$\frac{9}{13}$ (3)$\frac{5}{12}$ (4)$\frac{21}{24}$ 。 **(4)**

解 餘弦定理 $\cos A = \frac{b^2 + c^2 - a^2}{2bc} = \frac{3^2 + 4^2 - 2^2}{2 \times 4 \times 3} = \frac{21}{24}$ 。

( ) 28. 有一個氣球在距離 A 同學 10m 處的距離由地面垂直等速上升，經過 10sec 後，A 同學看到氣球的角度剛好為仰角 60 度，則此氣球上升的速度為 (1) $\sqrt{2}$ m/sec (2) $\sqrt{3}$ m/sec (3) $2\sqrt{2}$ m/sec (4) $3\sqrt{3}$ m/sec 。 **(2)**

解 題意如右下圖所示，由直角三角形得知邊長比為 $1 : \sqrt{3} : 2$。
因底邊 10 公尺，高度為 $10\sqrt{3}$ 公尺。
速度 = $\frac{位移}{時間} = \frac{10\sqrt{3}}{10} = \sqrt{3}$ m/sec 。

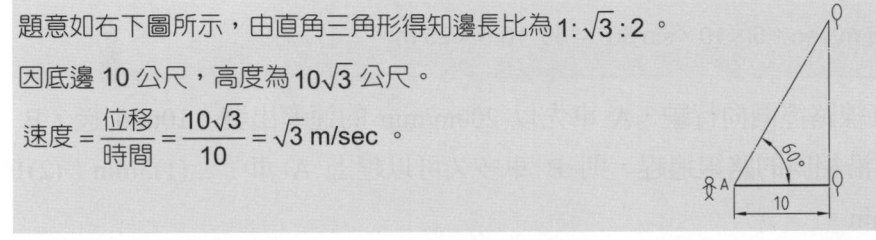

( ) 29. 15×15mm 之正方形，其外接圓直徑為 (1)18.25mm (2)21.21mm (3)25.25mm (4)31.31mm。 **(2)**

解 正方形的對角線恰等於外接圓直徑，而正方形的對角線= $15\sqrt{2}$ =21.21mm。

( ) 30. 單邊長為 40mm 的正六角形，其外接圓半徑為 (1)40mm (2)47mm (3)52mm (4)55mm。 **(1)**

解 將正六角形的頂點連線對連，可得 6 個小的正三角形，如下圖所示。而此正六角形的外接圓半徑恰等於小的正六角形的邊長= 40mm。

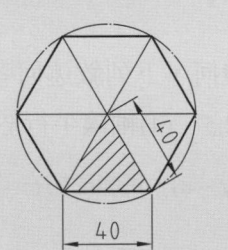

( ) 31. 若 $\sin\theta = \frac{3}{5}$，則 $5 - 5\cos^2\theta$ = (1)$\frac{9}{5}$ (2)$\frac{5}{4}$ (3)$\frac{3}{5}$ (4)$\frac{12}{5}$ 。 **(1)**

解 由 $\sin\theta = \frac{3}{5}$ 可知該直角三角形各邊為 3、4、5，因此 $\cos\theta = \frac{4}{5}$
則 $5 - 5\cos^2\theta = 5 - 5(\frac{4}{5})^2 = 5 - 5(\frac{16}{25}) = \frac{9}{5}$ 。

( ) 32. 若 $\sqrt{2}\cos\theta - \tan45° = 0$，則 θ = (1)30° (2)45° (3)60° (4)90° 。 **(2)**

解 因 $\tan45° = 1$，所以 $\sqrt{2}\cos\theta = 1$，$\cos\theta = \frac{1}{\sqrt{2}}$，得 θ = 45° 。

( ) 33. 已知 $\tan\theta = 2$，利用三角恆等式，則 $\frac{3\sin\theta - 2\cos\theta}{\cos\theta}$ = (1)$\frac{1}{2}$ (2)1 (3)2 (4)4 。 **(4)**

解 $\dfrac{3\sin\theta - 2\cos\theta}{\cos\theta} = \dfrac{3\sin\theta}{\cos\theta} - \dfrac{2\cos\theta}{\cos\theta} = 3\tan\theta - 2 = 3(2) - 2 = 4$ （註：$\dfrac{\sin\theta}{\cos\theta} = \tan\theta$）。

( ) 34. 若 α 代表角度，已知 $\sin 5\alpha = \cos 4\alpha$，則 α =　(1)10°　(2)12°　(3)15°　(4)18°。 (1)

解 $\sin\theta_1$ 與 $\cos\theta_2$ 之角度為互餘（$\theta_1 + \theta_2 = 90°$）時，其值相等。即 $5\alpha + 4\alpha = 90°$，$9\alpha = 90°$，$\alpha = 10°$。

( ) 35. 切削速度係指單位時間工件經過刀刃的距離，其單位通常表示為　(1)mm/rev　(2)rpm　(3)m/min　(4)m/sec²。 (3)

解 銑床進給率(又稱切削速度)是以每分鐘工件移動多少 mm 表示(mm/min)、車床進給率是以工件迴轉一圈，車刀移動多少 mm 表示(mm/rev)。

( ) 36. 車削工件時，工件旋轉一圈，刀具所前進的距離，稱為　(1)主軸轉速　(2)迴轉速度　(3)切削速度　(4)進給。 (4)

解 同上題。

( ) 37. 有一輛汽車以 18km/h 的等速度，沿 30 度的斜坡向上行駛 10 秒，則此一汽車所爬行的直線高度為　(1)18m　(2)25m　(3)36m　(4)50m。 (2)

解 $18\text{km/h} \times \dfrac{1000}{60 \times 60} = 5$ m/sec；$5 \times 10 \times \sin 30° = 50 \times 0.5 = 25$ m。

( ) 38. A、B 兩車沿一直線路徑同向行駛，A 車先以 200m/min 的速率出發，10min 後，B 車以 300m/min 的速率沿相同的路線追趕，則 B 車多久可以趕上 A 車？　(1)5min　(2)10min　(3)15min　(4)20min。 (4)

解 200m/min × 10min = 2000m；2000 + 200x = 300x，100x = 2000，則 x = 20 min。

( ) 39. 雞加兔共 55 隻，合計共有 160 隻腳，則兔有　(1)10 隻　(2)15 隻　(3)20 隻　(4)25 隻。 (4)

解 設兔有 x 隻，則雞有(55 − x)隻，方程式為：4(x) + 2(55 − x) = 160，得 x = 25。

( ) 40. 設 x 表任意一奇數，則下列何者必為偶數？　(1)x＋5　(2)2x＋3　(3)3x＋8　(4)x²。 (1)

解 奇數＋奇數＝偶數。

( ) 41. 方程式 $x^2 - 2x + 6y - 5 = 0$ 之幾何，下列敘述何者正確？　(1)頂點座標(1, 1)　(2)焦點座標(1, − 0.5)　(3)準線方程式 y = 2.5　(4)軸線平行於 x 軸。 (123)

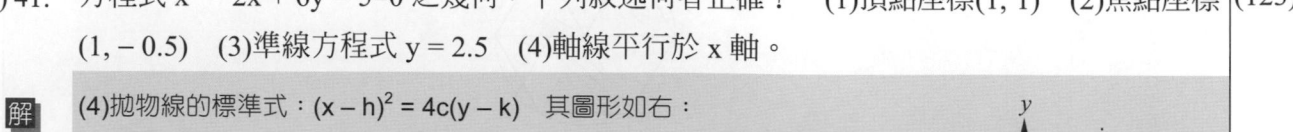

解 (4)拋物線的標準式：$(x - h)^2 = 4c(y - k)$　其圖形如右：

頂點(h, k)

焦點(h, k + c)

準線 y = k − c

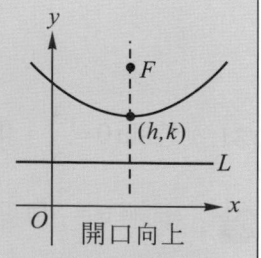

原方程式 $x^2 - 2x + 6y - 5 = 0$，經整理

$x^2 - 2x - 5 = -6y \Rightarrow (x - 1)^2 - 6 = -6y$

$\Rightarrow (x - 1)^2 = -6y + 6 \Rightarrow (x - 1)^2 = 4(-\dfrac{6}{4})(y - 1)$，

可知 h = 1、k = 1、$c = -\dfrac{3}{2} = -1.5$；所以頂點(h, k) = (1, 1)，焦點(h, k + c) = (1, − 0.5)，

準線方程式 y = k − c $\Rightarrow$ y = 2.5，由圖可知該拋物線的軸線平行於 y 軸。

( ) 42. 下列公式何者正確？　(1) $\sin 2x = 2 \sin x \cos x$　(2) $\cos 2x = 1 + 2 \sin x$　(134)

(3) $1 + \tan^2 x = \sec^2 x$　(4) $\sin^2 x + \cos^2 x = 1$。

解 (2) $\cos 2x = 1 + 2 \sin x$，判斷此為餘弦二倍角公式，正確的餘弦二倍角公式

$\cos 2x = 2 \cos^2 x - 1 = 1 - 2 \sin^2 x = \cos^2 x - \sin^2 x$。

( ) 43. 一組三角板可畫出下列何種角度？　(1)15°　(2)75°　(3)105°　(4)125°。　(123)

解 (4)三角板只能畫出 15°倍數的角度，125°並非 15°的倍數。

( ) 44. 如右圖所示有一直徑 Xmm 之圓棒，欲切削成對邊為 12mm 之正六邊　(14)

形，則下列何者比較節省材料？

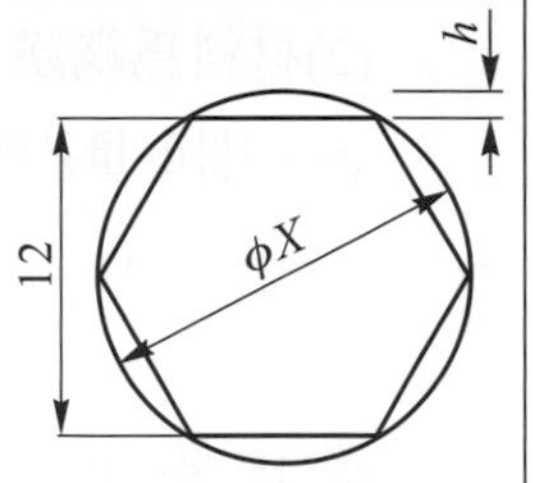

(1)X = 13.86

(2)X = 12.26

(3)h = 0.98

(4)h = 0.93。

解 如右圖，

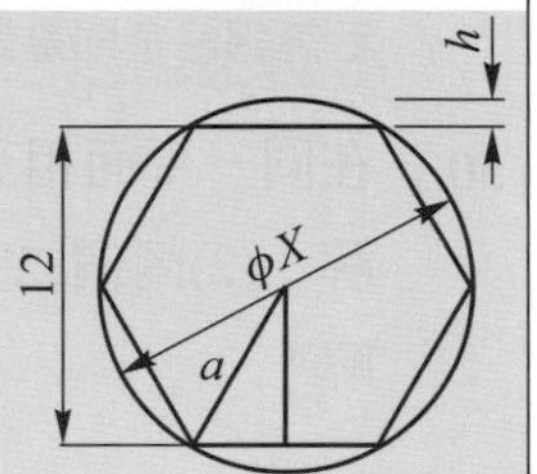

$\sin 60° = \dfrac{6}{a}$，$\dfrac{\sqrt{3}}{2} = \dfrac{6}{a}$，$a = \dfrac{12}{\sqrt{3}}$；

而 $x = 2a = 2 \times \dfrac{12}{\sqrt{3}} = \dfrac{24}{\sqrt{3}} = \dfrac{24\sqrt{3}}{3} = 8\sqrt{3} = 13.86$mm。

( ) 45. 二次函數 $y = ax^2 + bx + c$ 的圖形如圖所示，下列何者正確？　(23)

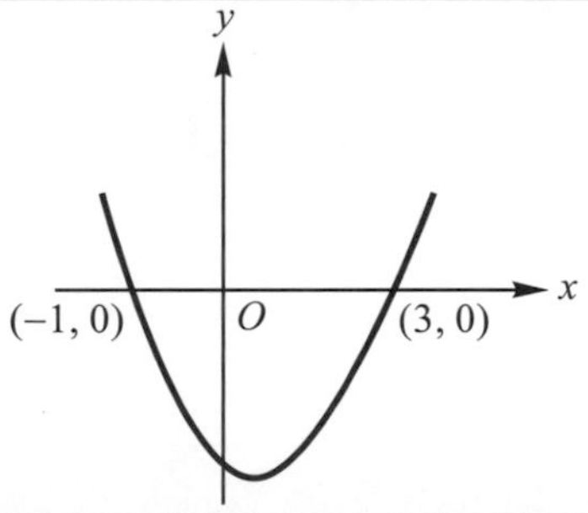

(1)a < 0

(2)b < 0

(3)c < 0

(4)b² − 4ac < 0。

解 將圖形經過的兩點(− 1, 0)及(3, 0)帶入方程式，則 $y = (x + 1)(x - 3) = 0$，$y = x^2 - 2x - 3 = 0$，可知 $a = 1$

(> 0)、b = − 2 (< 0)、c = − 3 (< 0)，$b^2 - 4ac = (-2)^2 - 4(1)(-3) = 16$ (> 0)。

( ) 46. 解出不等式 $1 \le |2x - 1| < 5$，下列何者正確？　(1) $-2 < x \le 0$　(2) $0 < x \le 2$　(3) $1 \le x < 3$　(13)

(4) $-3 \le x < 1$。

解 由於|2x − 1|含絕對值，故須分正負二組解：

① $1 \le 2x - 1 < 5$，同時+ 1 可得 $2 \le 2x < 6$，再同時÷2 可得 $1 \le x < 3$。

② $1 \le - (2x - 1) < 5$，$1 \le 1 - 2x < 5$，同時− 1 可得 $0 \le - 2x < 4$，同時×(− 1)可得 $0 \ge x > - 2$

整理後得$- 2 < x \le 0$。

( ) 47. 下列敘述，何者正確？　(1)若 a, b，都是無理數，則 a + b 是無理數　(2)若 a, b 都是無理　(134)

數，則 ab 是無理數　(3)若 a 是有理數，b 是無理數，則 a + b 是無理數　(4)若 a + b，a − b

都是有理數，則 a + b 都是有理數。

解 常見的無理數有大部分的平方根、π 和 e（其中後兩者同時為超越數）等。

(2)若 a, b 都是無理數，則 ab 有可能是有理數，例如 $\sqrt{3} \times \sqrt{3} = 3$。

(　) 48. 若 $180° < \theta < 270°$ 且 $\sin\theta = -\dfrac{5}{13}$，下列何者正確？　(1) $\cos\theta = -\dfrac{12}{13}$　(2) $\cos(180° + \theta) = \dfrac{12}{13}$ 　(124)

(3) $\tan(180° - \theta) = \dfrac{5}{12}$　(4) $\dfrac{\sin\theta}{1 - \cos\theta} = -\dfrac{1}{5}$。

解　(3)$\tan(180° - \theta)$，由於 $180° < \theta < 270°$，可見 θ 座落於第 III 象限；假設 α 為一銳角($0° < \alpha < 90°$)，則 $\theta = 180° + \alpha$，則 $\tan(180° - \theta) = \tan[180° - (180° + \theta)] = \tan(-\theta) = -\dfrac{5}{12}$。

(　) 49. 有一材料長 1m×寬 10cm×厚 10mm，下列何者正確？　(1)材料為鋼鐵，則重量約為 7.8kg　(13)
(2)材料為鋼鐵，則重量約為 8.9kg　(3)材料為鋁合金，則重量約為 2.7kg　(4)材料為鋁合金，則重量約為 7.1 kg。(比重：鋼 7.8，鋁 2.7)

解　『比重』為某一物體的重量和同體積 4℃的水之重量比，如 4℃時水的密度為 1000kg/m³；亦即鋼 1 m³ 為 7.8×10^3 kg、鋁 1m³ 為 2.7×10^3 kg。
該材料長= 1m、寬= 10cm = 0.1m、厚= 10mm = 0.01m，其體積為 $1 \times 0.1 \times 0.01 = 0.001$m³。
若為鋼鐵則重量= $0.001 \times 1000 \times 7.8 = 7.8$kg。
若為鋁合金則重量= $0.001 \times 1000 \times 2.7 = 2.7$kg。

(　) 50. 在同一平面相交的兩圓弧，可用下列何種方法解得交點座標？　(1)兩個二元二次方程式求解　(2)兩個二元一次方程式求解　(3)兩個極座標方程式求解　(4)兩個一元二次方程式求解。　(13)

工作項目③ 精密量測

一、相關知識內容

工作項目	技能種類	相關知識
精密量測	(一)厚薄規	瞭解厚薄規之規格及使用。
	(二)游標卡尺	瞭解附錶游標卡尺及直讀式游標卡尺之構造、使用與讀法。
	(三)缸徑規、內分厘卡	瞭解附錶游標卡尺及直讀式游標卡尺之構造、使用與讀法。
	(四)水平儀、組合角尺	瞭解水平儀及組合角尺之構造、使用與讀法。
	(五)限規	瞭解塞規、環規及卡規之通過與不通過識別。
	(六)槓桿式量錶、精密高度規	瞭解槓桿式量錶配合精密高度規度量工件高度之要領。
	(七)正弦規	1. 瞭解三角函數在正弦規之應用。 2. 瞭解正弦規配合塊規及量錶度量角度之方法。
	(八)光學比測儀	瞭解光學比測儀之構造及使用。
	(九)塊規	瞭解塊規之規格、使用法及維護。

二、精選必考試題

答

( ) 1. 常用厚薄規的材質是 (1)塑膠 (2)銅 (3)鋼 (4)鋁。 (3)

解 厚薄規如下圖所示，是以一組不同厚度的鋼片組成，厚薄規上的數字是表示厚度，用於量測間隙大小。

( ) 2. 使用整組式厚薄規的目的之一是 (1)量測間隙用 (2)當墊片用 (3)量測長度用 (4)量測寬度用。 (1)

( ) 3. 厚薄規上的數字是表示其 (1)厚度 (2)寬度 (3)長度 (4)公差。 (1)

( ) 4. 使用厚薄規量測時，正確手感為 (1)鬆 (2)緊 (3)適度鬆緊 (4)無關鬆緊。 (3)

( ) 5. 若取本尺 9mm 長作為游尺的長度，並將此長度 10 等分，則此游標尺的最小讀數為 (1)0.02mm (2)0.05mm (3)0.1mm (4)0.5mm。 (3)

解 題意之刻劃如下圖所示，游標卡尺精度＝本尺刻度－游尺刻度＝ $1 - \dfrac{9}{10} = \dfrac{1}{10} = 0.1\text{mm}$ 。

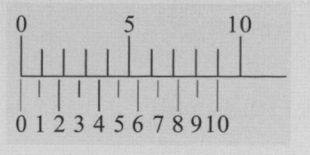

(2) 6. 若取本尺 39mm 長作爲游尺的長度，並將此長度 20 等分，則此游標尺的最小讀數爲 (1)0.02mm (2)0.05mm (3)0.1mm (4)0.5mm。 **(2)**

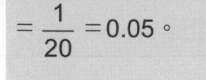 題意之刻劃如下圖所示，游標卡尺精度＝本尺刻度－游尺刻度＝$1-\dfrac{39}{20}$(負值)，本尺改取 2 格＝$2-\dfrac{39}{20}$＝$\dfrac{1}{20}$＝0.05。

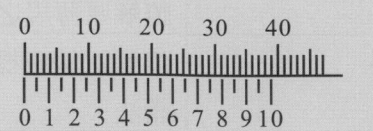

(4) 7. 一般游標卡尺不適合直接量測 (1)外徑尺度 (2)內孔尺度 (3)階級尺度 (4)斜度。 **(4)**

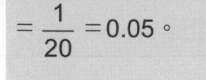 游標卡尺功用：量測外徑、內徑、階級、深度與協助劃線，游標卡尺各部位名稱如圖所示。

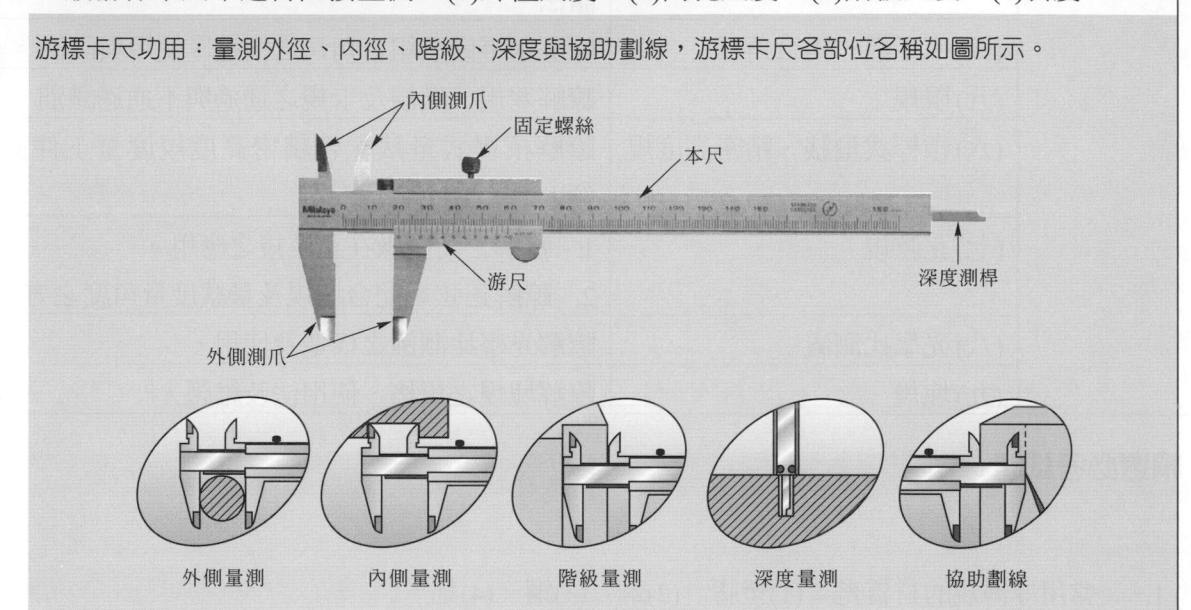

內側測爪　　固定螺絲　　本尺

游尺　　深度測桿

外側測爪

外側量測　　內側量測　　階級量測　　深度量測　　協助劃線

(1) 8. 游標卡尺的外測爪長度約 40mm、厚度約 2.8mm，內測爪長度約 16mm，下列何者錯誤 (1)無法量測直徑大於 80mm 圓柱 (2)無法量測圓柱槽寬大於 2.8mm，槽徑大於 80mm (3)無法量測內階級孔的孔深位置大於 16mm 者 (4)用本尺與游尺端部量測工件的段差，比深度測桿量測準確。 **(1)**

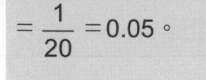 游標卡尺各選項說明如下圖所示，直徑大於 80mm 圓柱，游標卡尺可在端面處傾斜測量直徑，如圖(a)。

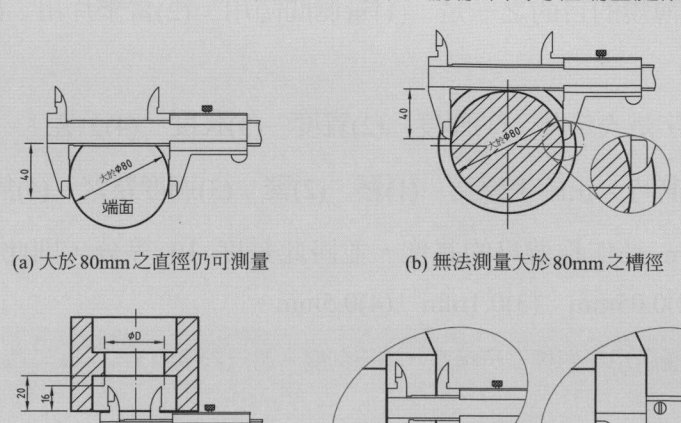

(a) 大於80mm之直徑仍可測量　　(b) 無法測量大於80mm之槽徑

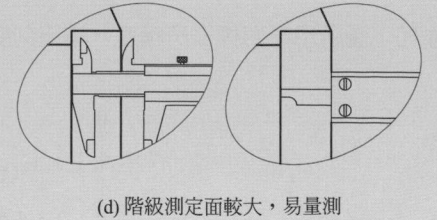

(c) 無法測得深度大於16mm之內徑　　(d) 階級測定面較大，易量測

( ) 9. 有一游標卡尺,取本尺的 9mm 長,在游尺上分 10 等分;量測時,若游尺從基準算起的第
5 條刻度線與本尺的 23mm 對齊,則尺寸讀值為 (1)23.4mm (2)19.4mm (3)23.5mm
(4)19.5mm。 （2）

解 游標卡尺精度 $= 1 - \dfrac{9}{10} = \dfrac{1}{10} = 0.1mm$。依題意:游尺從基準算起的第 5 條刻度線(4 格)與本尺的 23mm

對齊。該游標卡尺刻劃情形如下圖(a)(b)所示。

整數為游尺「0」所指示之本尺刻劃:「23」退回 4 格＝19。

小數由游尺判讀,依題意:第 5 條刻度線對齊(表示第 4 格)＝0.1×4＝0.4。

尺寸讀值為 19＋0.4＝19.4mm。

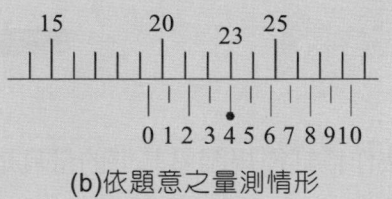

(a)精度 0.1mm 游標卡尺刻劃情形　　　　　　(b)依題意之量測情形

( ) 10. 以游標卡尺量測時,下列情況何者不影響讀值準確度? (1)游尺鬆動 (2)未正視游尺刻
度 (3)量測力偏大 (4)使用前擦拭乾淨。 （4）

( ) 11. 游標卡尺的游尺刻度方法中,較易讀取者是以本尺 (1)12mm 等分成 25 格 (2)19mm 等
分成 20 格 (3)24mm 等分成 25 格 (4)39mm 等分成 20 格。 （4）

解 游尺愈長,刻度間距愈大,愈容易判讀。

( ) 12. 以游標卡尺量測 10±0.02 mm 之尺寸,宜選擇精度規格至少為 （4）
(1) $\dfrac{1}{10}$ mm (2) $\dfrac{1}{20}$ mm (3) $\dfrac{1}{40}$ mm (4) $\dfrac{1}{50}$ mm。

( ) 13. 游標卡尺兩外測爪無法密合而形成一個角度時,宜先採用的補正策略為 (1)正常現象,
不用補正 (2)調整游尺的滑動間隙 (3)將游尺的外測爪扳回原位置 (4)機械加工游尺的
外測爪。 （2）

解 兩外測爪密合形成一個角度表示游尺間隙過大,導致外測爪未密合。應調整游尺上方螺絲,減少滑動間
隙。

( ) 14. 以游標卡尺量測內孔直徑四次,得到之尺寸分別為 21.33、21.34、21.34、21.36mm,若內
測爪完全接觸孔徑,則正確尺寸為 (1)21.33mm (2)21.34mm (3)21.35mm
(4)21.36mm。 （4）

解 游標卡尺量測內孔應取最大值,量測外徑應取最小值。

( ) 15. 如右圖,以一般游標尺量測 A、B、C、D,並計算兩孔中心之
距離,下列不適合的方法為 （4）
(1) $\dfrac{A+B}{2}$
(2)B + 10
(3)A − 10
(4)C + D。

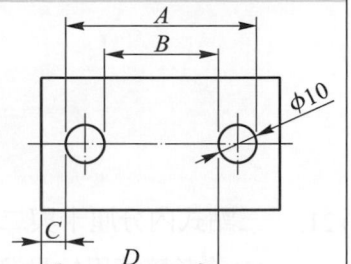

> **解** 選項(4)應為 D－C 才正確。

(　) 16. 以游標卡尺量測凹槽寬度三次，得到尺寸分別爲 21.34、21.36、21.36 mm，若內測爪完全接觸溝壁，則正確尺寸爲　(1)21.33mm　(2)21.34mm　(3)21.35mm　(4)21.36mm。　(2)

> **解** 游標卡尺量測內孔應取最大值，量測外徑或凹槽應取最小值。

(　) 17. 一般缸徑規適合量測　(1)深度　(2)外徑　(3)深孔徑　(4)內溝槽徑。　(3)

> **解** 缸徑規用於深孔之直徑量測，缸徑規及使用情形如圖所示。
>
> 眼睛
> 視線

(　) 18. 無法作爲缸徑規歸零基準的量具是　(1)外分厘卡　(2)環規　(3)精密高度規　(4)深度分厘卡。　(4)

> **解** 深度分厘卡如下圖所示，測量深度之用，無法歸零缸徑規。

(　) 19. 使用缸徑規量測時，測桿的一端當圓心，另端沿軸向微量擺動的目的是　(1)找最小讀值　(2)避開切屑　(3)測試缸徑規的穩定度　(4)找最大讀值。　(1)

> **解** 缸徑規量測見 17 題，缸徑規量測時一端沿軸向微量擺動的目是找最小讀值，如下圖。

(　) 20. 使用缸徑規量測時，測桿的一端當圓心，另端沿徑向微量擺動的目的是　(1)找最小讀值　(2)避開切屑　(3)測試缸徑規的穩定度　(4)找最大讀值。　(4)

> **解** 缸徑規以一端為圓心，另一端沿徑向微量擺動的目的是找到孔徑的最大值，如下圖所示。
>
>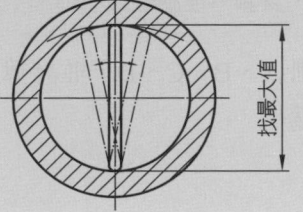
>
> 找最大值

(　) 21. 三點式內分厘卡與二點式內分厘卡的比較，下列何者較正確　(1)前者較穩　(2)後者較準　(3)前者較適用於量測溝槽　(4)後者較適用於量測內孔。　(1)

解 三點式內分厘卡有三個測點，可穩固的測量內孔直徑，但無法量測溝槽寬度。二點式內分厘卡僅兩個測點，可量測溝槽寬度、內孔直徑，唯需較高的量測技術。

( ) 22. 下列何者適合量測孔壁至邊緣的距離？ (1)一般分厘卡 (2)萬能分厘卡 (3)盤式分厘卡 (4)輪轂分厘卡。 (2)

解 萬能分厘卡如圖所示，砧座有扁平狀、圓柱狀。若更換成圓柱即可測得孔壁至邊緣的距離。

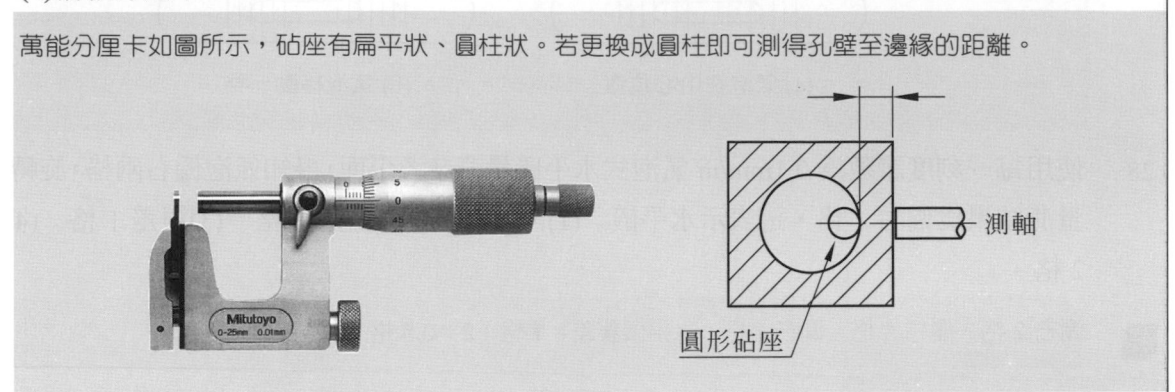

測軸

圓形砧座

( ) 23. 使用兩點式內分厘卡量測時，前後左右的擺動，其目的是 (1)避開雜物 (2)習慣動作 (3)使測爪與工件減少接觸 (4)找正確的尺寸。 (4)

( ) 24. 清理分厘卡方法，下列何者正確？ (1)用壓縮空氣清理污物 (2)拆除襯筒清理內部 (3)用清潔的布擦拭油污，再塗防銹油 (4)使用機台的切削油噴洗。 (3)

( ) 25. 氣泡式水平儀的每一刻度讀數為 0.01 mm/m，若量測某平面得知氣泡偏一格，則表示該平面傾斜約 (1)1 秒 (2)2 秒 (3)3 秒 (4)4 秒。 (2)

解 由右圖知，三角函數 $\tan\theta = \dfrac{對邊}{鄰邊}$。

當 θ 很小時，$\tan\theta \fallingdotseq \theta$ (註：θ 弳度)

故傾斜角 $\theta = \dfrac{0.01}{1000}$ (弳度)

弳度換成角度 $= \dfrac{0.01}{1000} \times \dfrac{180°}{\pi} = 0.00057°$

$= 0.00057° \times 3600 = 2.05$ 秒　　(註：1 度 ＝ 60 分 ＝ 3600 秒)

( ) 26. 氣泡式水平儀每一刻度為 2mm 長，並以 1 刻度表示角度 1 秒，則水平儀玻璃管的彎曲半徑為 (1)51.566m (2)103.132m (3)206.285m (4)412.529m。 (4)

解 弧長公式＝半徑×圓心角 ($S = R \times \theta$)　　註：θ 為「弳度」

弳度＝角度(°)$\times \dfrac{\pi}{180°}$

題意：1 秒換算成弳度

$\Rightarrow 1$ 秒 $= \dfrac{1}{3600}$ 度 $= \dfrac{1}{3600} \times \dfrac{\pi}{180} = \dfrac{\pi}{3600 \times 180}$ 弳度

依題意，每一刻度 2mm，即表示弧長為 2mm，

由公式 $S = R \times \theta$，

$2 = R \times \left(\dfrac{\pi}{3600 \times 180} \right)$

$R = 2 \times \left(\dfrac{3600 \times 180}{\pi} \right) = 412529$ mm ＝ 412.529 m。

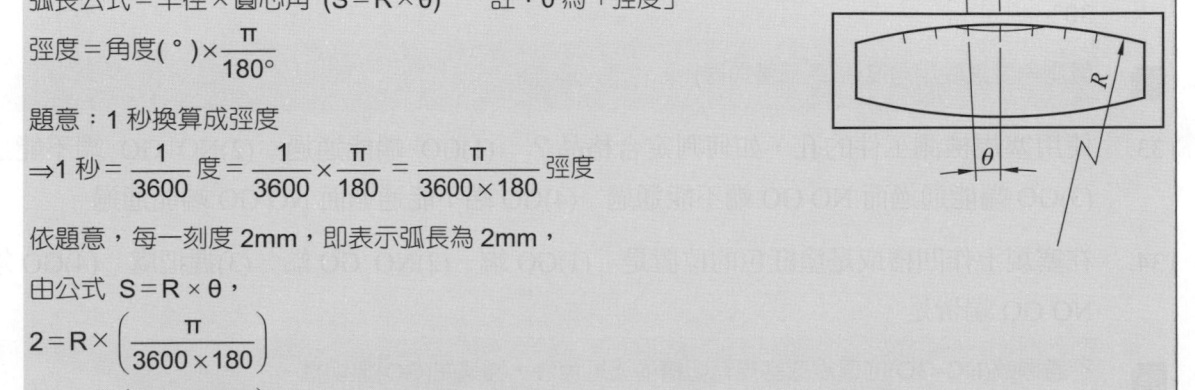

( ) 27. 使用每一刻度讀數為 0.01 mm/m 的氣泡式水平儀量測，若氣泡移動一格，則表示 1m 長的 平面兩端高度差 (1)0.01 mm (2)0.02 mm (3)0.04 mm (4)0.1 mm。 　(1)

解 讀數 0.01mm/m 表氣泡每移動一格，被測平面每 1 公尺兩端高度差 0.01mm。玻璃管刻劃如圖所示。

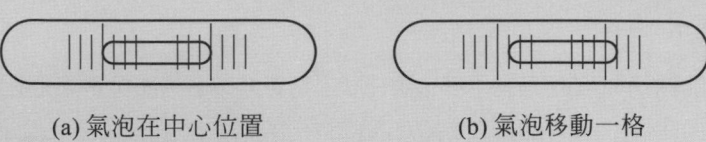

(a) 氣泡在中心位置　　　　　　(b) 氣泡移動一格

( ) 28. 使用每一刻度讀數為 0.1mm/m 氣泡式水平儀量測參考平面，得知氣泡偏右兩格，旋轉 180° 量測結果為偏右 1 格，這表示水平儀 (1)無誤差 (2)誤差 0.5 格 (3)誤差 1 格 (4)誤差 2 格。 　(2)

解 偏右 2 格－偏右 1 格＝偏右 1 格，水平儀誤差＝1 格÷2＝0.5 格。

( ) 29. 下列何者不屬於組合角尺之元件 (1)直角規 (2)中心規 (3)節距規 (4)角度規。 　(3)

解 組合角尺構件有鋼尺、直角規、角度規(量角器)、中心規共四件，最小讀數 1°，組合角尺如下圖所示。

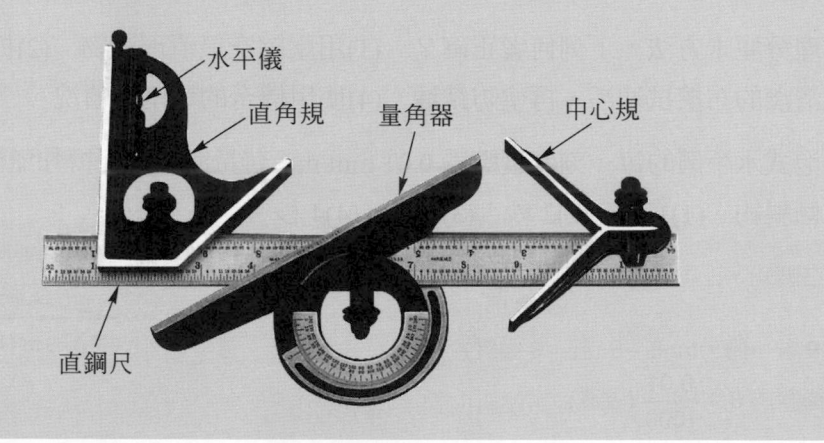

水平儀
直角規　量角器　中心規
直鋼尺

( ) 30. 組合角尺不適用於 (1)畫 45°線 (2)求圓桿中心 (3)量測直角 (4)量測角度 30±0.1°。 　(4)

解 組合角尺最小讀數 1°，無法量出±0.1°。

( ) 31. 組合角尺可量測角度的最小讀數為 (1)0.1° (2)0.5° (3)1° (4)2°。 　(3)

( ) 32. 組合角尺的直角規不適用於 (1)量測直角 (2)量測角度 45° (3)量測水平 (4)量測角度 30°。 　(4)

解 量測角度應使用角度規(或稱量角器)。

( ) 33. 使用塞規檢測工件的孔，如何判定合格品？ (1)GO 端能通過 (2)NO GO 端不能通過 (3)GO 端能通過而 NO GO 端不能通過 (4)GO 端不能通過而 NO GO 端能通過。 　(3)

( ) 34. 在塞規上作凹槽或是塗紅色的位置是 (1)GO 端 (2)NO GO 端 (3)握把處 (4)GO 端及 NO GO 端皆是。 　(2)

解 不通過端(NO-GO)的環規或塞規有切槽並塗紅色漆，通過端(GO)無切槽。

( ) 35. 下列敘述何者正確？ (1)各種量規的 GO 端尺寸均大於 NO GO 端 (2)卡規的 GO 端尺寸 大於 NO GO 端 (3)塞規的 GO 端尺寸大於 NO GO 端 (4)各種量規的 GO 端尺寸均小於 NO GO 端。 **(2)**

> 解 塞規檢驗孔徑，GO 端尺寸小於 NO GO 端；環規(樣圈)檢驗軸徑、卡規檢驗軸徑或外尺寸，GO 端尺寸 大於 NO GO 端。

( ) 36. 內錐度量規可檢驗 (1)錐度 (2)內錐孔徑 (3)錐度和內錐孔徑 (4)錐度總長度。 **(3)**

> 解 內錐度量規劃記通過與不通過端，其標線位置亦可計算出內錐孔徑，因此錐度和內錐孔徑皆可檢驗。

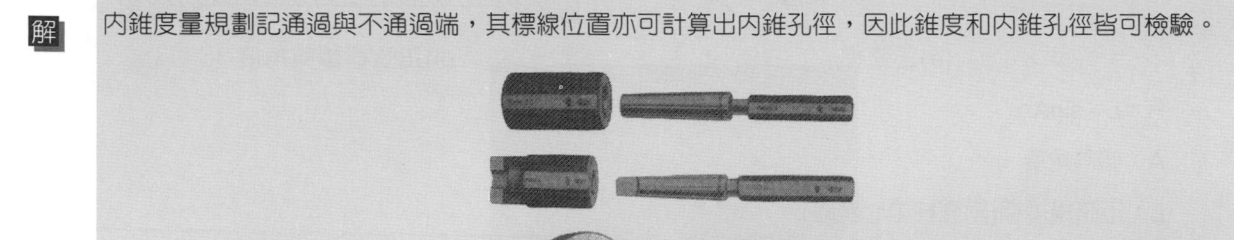

( ) 37. 將錐度工件塗上紅丹後，再套入內錐度量規並旋轉 $\frac{1}{4}$ 圈，其目的是要檢驗 (1)錐度的接 觸率 (2)錐度的真圓度 (3)內錐孔徑 (4)錐度總長度。 **(1)**

( ) 38. 精密高度規的螺桿節距及圓周等分數 (1)0.5 mm、500 刻度 (2)0.5 mm、1000 刻度 (3)1 mm、500 刻度 (4)2 mm、1000 刻度。 **(1)**

> 解 精密高度規螺桿節距 0.5mm、圓周等分數 500 刻度，精度達 1μm。精密高度規如下圖所示。

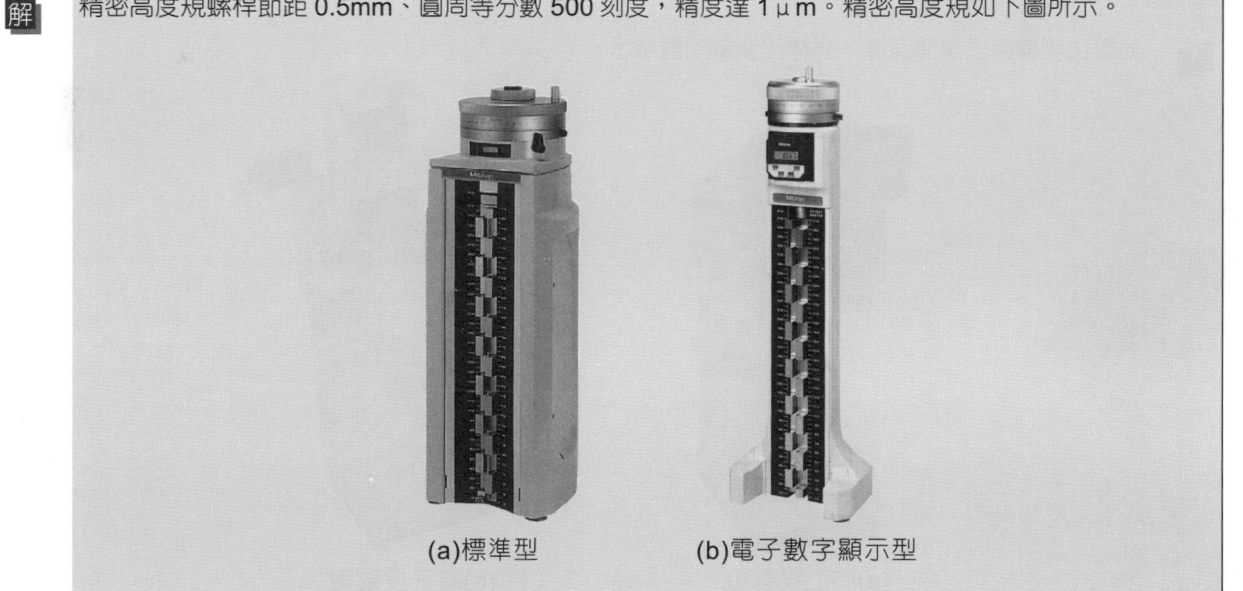

(a)標準型　　　　　(b)電子數字顯示型

( ) 39. 以 100mm 正弦桿量測右圖所示工件的斜度，則塊規累積尺寸為 (1)58.339mm (2)60.000mm (3)60.339mm (4)65.000mm。 **(2)**

> 解 $H = L \times \sin A = 100 \times (\frac{3}{5}) = 60mm$。

( ) 40. 以 100mm 正弦規量測角度 40 度，則塊規累積尺寸為 (1)64.279mm (2)76.604mm (3)83.100mm (4)119.175mm。(sin40° = 0.64279，cos40° = 0.76604，tan40° = 0.83100，cot40° = 1.19175) **(1)**

解

(a)正弦桿   (b)正弦桿傾斜角度

$H = L \times \sin A$

A：傾斜角度

L：正弦規規格(兩圓柱中心距離)

$H = L \times \sin A = 100 \times \sin 40° = 100 \times 0.64279 = 64.279$ mm。

( )41. 以外分厘卡量測自製正弦規的兩圓柱間最大外側尺寸得 75.00mm，圓柱直徑為 15.00mm，則正弦規公式中的長度要代入　(1)60mm　(2)67.5mm　(3)75mm　(4)90mm。　(1)

解 $H = L \times \sin A$

A：傾斜角度

L：兩圓柱中心距離(mm)，依題目中心距離 = 75 − 15 = 60mm。

( )42. 下列何者不適合以光學比測儀量測？　(1)長度　(2)角度　(3)螺紋牙角　(4)深度。　(4)

解 光學比測儀無法量測深度，光學比測儀如圖所示。

(a)向上投射型   (b)向下投射型

( )43. 欲堆疊塊規尺寸為 62.123mm，則優先考慮的塊規尺寸為　(1)0.023mm　(2)0.123mm　(3)1.003mm　(4)60mm。　(3)

解 選取塊規尺寸應由小到大、堆疊塊規應由大到小。

依題意塊規的選取，依序為：1.003、1.02、1.10、9、50mm。

( )44. 直讀式游標卡尺係利用下列何者之放大原理？　(1)磁帶　(2)游標　(3)螺紋　(4)齒輪系。　(1)

( )45. 水平儀玻璃管內裝的液體是　(1)醚　(2)水　(3)透明油　(4)酒精。　(1)

( ) 46. 組合角尺上的量角器,本尺上之刻度為 (1)5 分 (2)10 分 (3)0.5 度 (4)1 度。 (4)

( ) 47. 下列何者不是組合角尺的構件? (1)鋼尺 (2)分規 (3)角度規 (4)中心規。 (2)

解 組合角尺構件有鋼尺、直角規、角度規(量角器)、中心規共四件,如第 29 題之圖所示。

( ) 48. 通常檢驗工件孔徑的限規是 (1)塞規 (2)環規 (3)樣圈 (4)卡規。 (1)

解 塞規檢驗孔徑、環規(樣圈)檢驗軸徑、卡規檢驗軸徑或外尺寸。

( ) 49. 槓桿式量錶之測桿可調擺的角度是 (1)60 (2)90 (3)180 (4)240 度。 (4)

解 槓桿式量錶之測桿可調擺的角度 240°,如下圖所示。

(a) 槓桿量錶 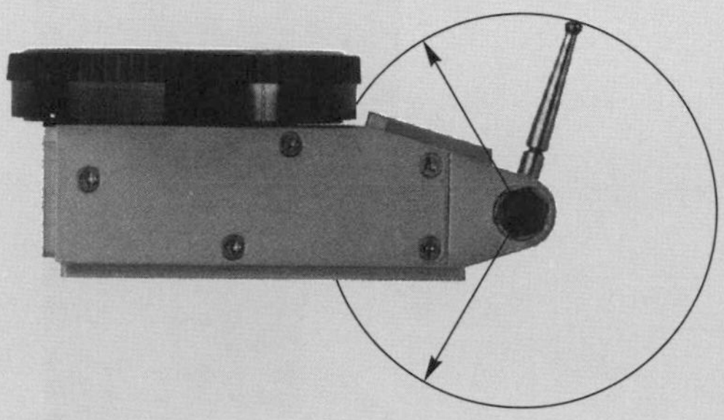 　　　　(b) 槓桿量錶測桿可作240° 調節

( ) 50. 槓桿式量表裝於萬向夾具,再固定於下列何種工具機的刀架,可量測工件的內錐度 (2)
(1)立式銑床 (2)車床 (3)臥式銑床 (4)平面磨床。

( ) 51. 正弦規配合塊規係用於量測工件之 (1)深度 (2)外徑 (3)孔徑 (4)角度。 (4)

解 正弦規放置在平板上,一側以塊規墊高可量測工件之角度或錐度,如下圖所示。

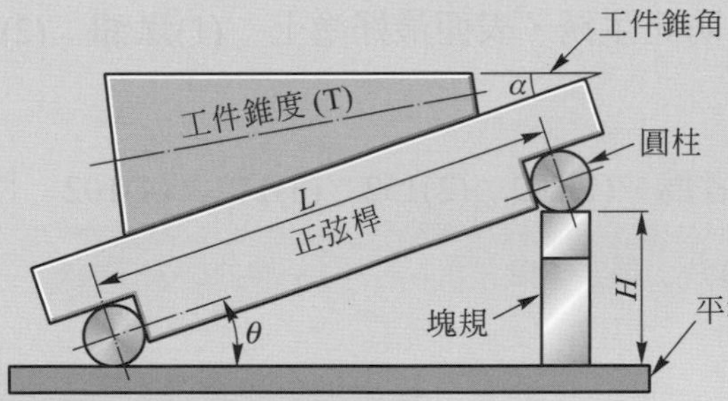

(a) 正弦桿組合圖例 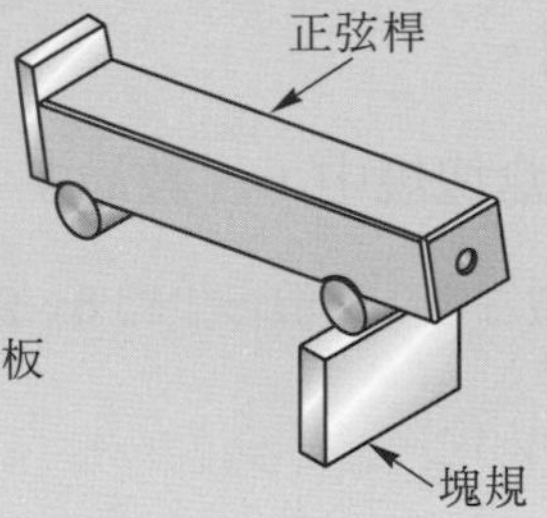 　　　　(b) 立體圖例

( ) 52. 利用正弦規量測工件角度時,要配合的量具是 (1)半圓形量角器 (2)萬能量角器 (3)塊 (3)
規 (4)組合角尺。

解 正弦規放置在平板上,一邊以塊規墊高而成傾斜狀。

( ) 53. 正弦規配合塊規用於量測工件角度時,所應用的三角函數是 (1)tan (2)sin (3)cos (2)
(4)cot。

解 塊規高度 $H = L \times sinA$,(sin 正弦、cos 餘弦、tan 正切、cot 餘切)。

( ) 54. 下列何者是正弦規的長度規格 (1)50 或 150 mm (2)75 或 150mm (3)100 或 200mm (3)
(4)150 或 300 mm。

( ) 55. 正弦規在小於何種角度使用較合適? (1)90 度 (2)75 度 (3)60 度 (4)45 度。 (4)

( ) 56. 光學比測儀無法直接量測螺絲的 (1)牙角 (2)牙深 (3)節徑 (4)外徑。 (3)

解 光學比測儀度無法量螺紋的節徑(節圓直徑)。

( ) 57. 桌上型光學比測儀量測機件輪廓時，所採用的照明光軸是 (1)向上型 (2)向下型 (3)橫 (1)
向型 (4)縱向型。

解 向上型光學比測儀，如下圖所示。

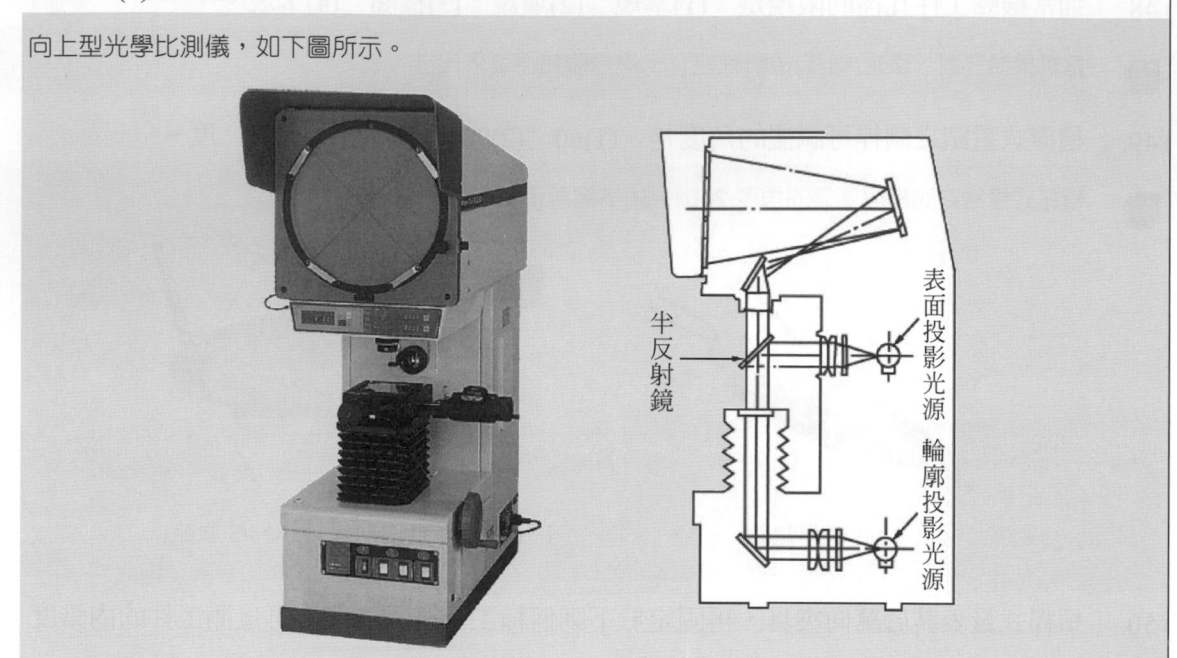

( ) 58. 光學比測儀量測工件角度所使用的部位是 (1)投影透鏡 (2)裝物台 (3)兩頂心座 (4)
(4)投影螢幕。

( ) 59. 金屬塊規長時間保存，爲了防止生銹，表面最好塗上 (1)煤油 (2)凡士林 (3)乳化油 (2)
(4)汽油。

( ) 60. 通常一盒塊規中，片數最多者爲 (1)202 (2)152 (3)112 (4)102 片。 (3)

解 盒裝塊規片數：一般最少約 8～9 片、最多 112 片。

( ) 61. 用於現場檢驗或組合尺寸所使用的塊規等級是 (1)00 級 (2)0 級 (3)1 級 (4)2 級。 (3)

解 塊規等級、精度與用途如下表：

塊規等級	25mm 長允許誤差值	用 途
00 級(AA 級)	±0.05 μm	光學量測實驗或學術研究用
0 級(A 級)	±0.10 μm(00 級的 2 倍)	工具檢驗室的測定儀器檢驗
1 級(B 級)	±0.20 μm(0 級的 2 倍)	工具室或現場機械、儀器之檢驗
2 級(C 級)	±0.40 μm(1 級的 2 倍)	現場機械工作用，如現場量具檢驗、劃線或刀具設定

( ) 62. 缸徑規量測工件孔徑時，與孔壁接觸的測爪數目為　(1)4 個　(2)3 個　(3)2 個　(4)1 個。 (3)

解 缸徑規用於深孔之直徑量測，缸徑規及使用情形如圖所示。

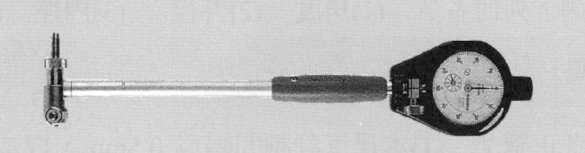

( ) 63. 設置卡板基準尺寸的量具是　(1)游標卡尺　(2)環規　(3)鋼尺　(4)塊規。 (4)

解 卡板或卡規基準尺寸以塊規設置，使用情形如圖所示。

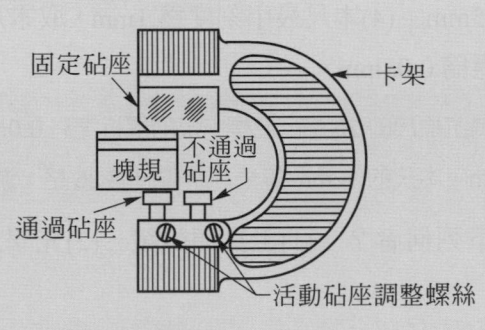

( ) 64. 一般精密高度規可達的量測精度是　(1)$\frac{1}{20}$ mm　(2)$\frac{1}{50}$ mm　(3)$\frac{1}{100}$ mm　(4)$\frac{1}{1000}$ mm。 (4)

解 一般游標高度規精度 0.02mm，精密高度規精度 1μm。精密高度規如第 38 題詳解。

( ) 65. 一般分厘卡之敘述，下列何者不正確？　(1)螺桿節距為 0.5mm　(2)襯筒主標線一格為 1mm　(3)套筒分成 100 格　(4)每轉套筒 1 格代表心軸前進 0.01mm。 (23)

解 分厘卡內部構造如下圖所示，公制分厘卡螺桿節距為 0.5mm、襯筒主標線一格為 0.5mm、套筒分成 50 格，每轉套筒 1 格，代表心軸前進 0.01mm。

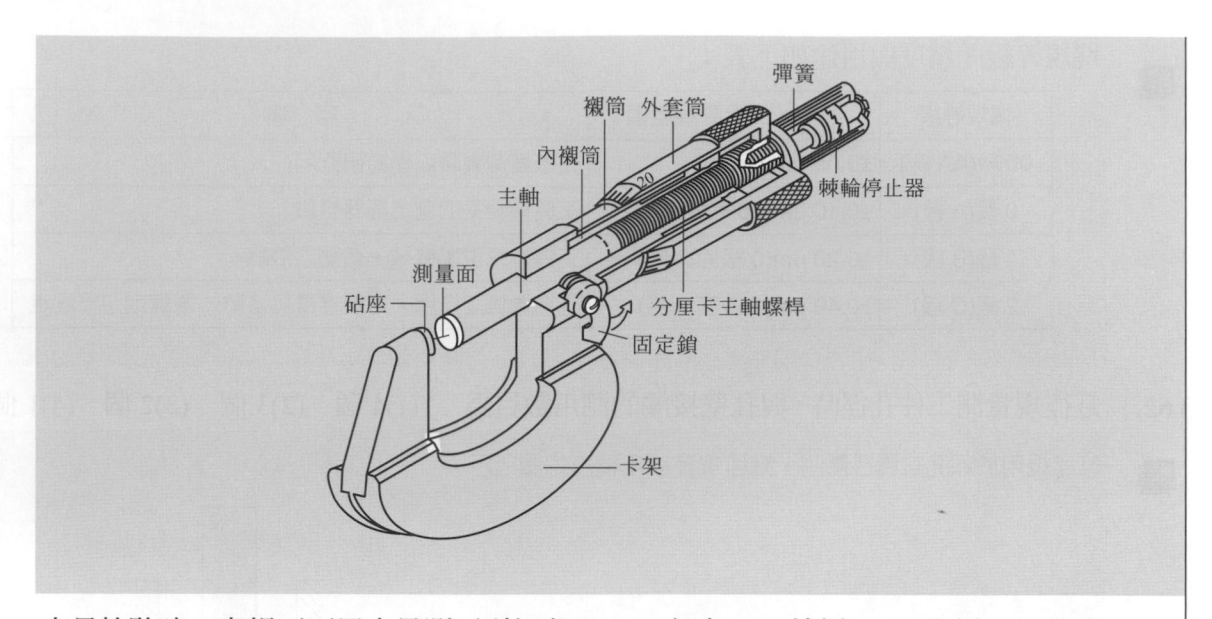

( ) 66. 大量檢驗時，卡規不可用來量測下列何者？ (1)角度 (2)外徑 (3)內徑 (4)錐度。 (134)

> 解 檢驗錐度應使用錐度塞規或錐度環規。

( ) 67. 游標卡尺的刻劃設計，下列何者正確？ (1)本尺每刻劃間隔為 0.5mm，取本尺 12mm(即 (14) 24 格)分為 25 等分，則此本尺與副尺每一刻劃值之差為 0.02mm (2)本尺的 20mm 等於為 游標尺的 19 格，游標尺的解析度為 0.05mm (3)本尺的 12mm 等分為游標尺的 25 格，游 標尺的解析度為 0.05mm (4)本尺最小刻度為 1mm，取本尺 39 等分作為游尺 20 等分，此 游標尺之最小讀數應為 0.05mm。

> 解 (2)本尺的 19mm 等於為游標尺的 20 格，游標卡尺的解析度為 0.05mm。
>
> (3)每刻劃間隔為 0.5mm，本尺的 12mm 等分為游標尺的 25 格，游標卡尺的解析度為 0.02mm。

( ) 68. 檢驗塊規需要用到下列何者？ (1)工具顯微鏡 (2)光學比測儀 (3)氦氣燈 (4)光學平 (34) 鏡。

> 解 檢驗塊規是以光學平鏡在氦氣燈的單色光下，藉光的干涉原理產生色帶，瞭解塊規或分厘卡兩砧座平面 度。

( ) 69. 量規量測工件之敘述，下列何者正確？ (1)塞規之通端與不通端都無法通過時，則該工 (13) 件之尺寸太小 (2)錐度塞規之小端接觸到紅丹，則錐孔之錐度太小 (3)塞規之通過端比 不通過端長 (4)環規用於量測孔徑。

> 解 (2)錐度塞規之小端接觸到紅丹，則錐孔之錐度太大，如下圖所示。
>
> (4)環規用於量測外徑。

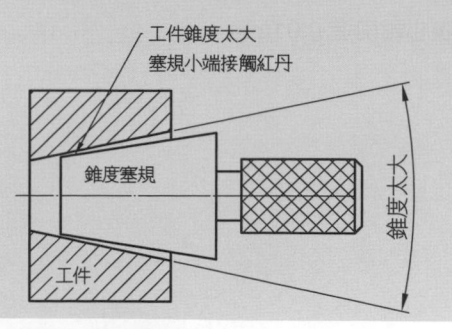

( ) 70. 兩頂心座、槓桿量錶與平板組合可量測下列何者？ (1)垂直度 (2)偏擺度 (3)平面度 (24) (4)同心度。

解 同心度或偏擺度量測示意圖，如下圖所示。

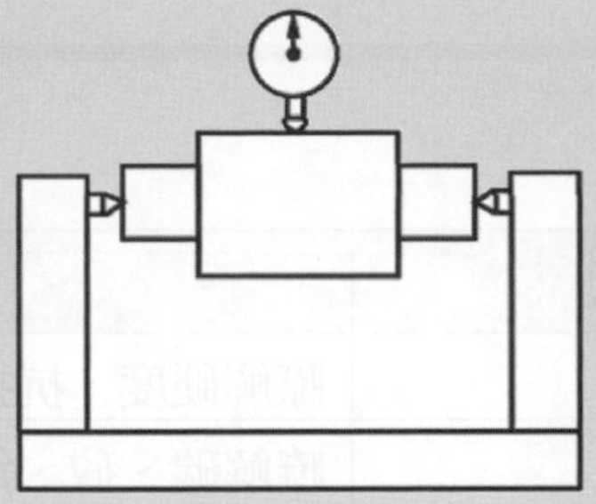

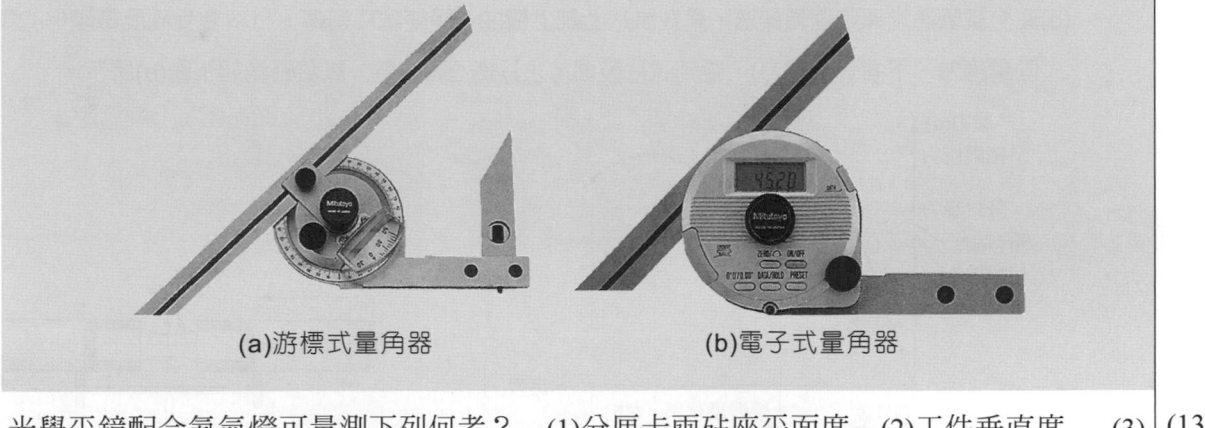

( ) 71. 一般游標卡尺可直接量測工件之 (1)深度 (2)外徑 (3)內徑 (4)偏心值。 (123)

解 一般游標卡用途：1.外徑量測 2.內徑量測 3.深度量測 4.階級量測 5.協助劃線。如下圖所示。

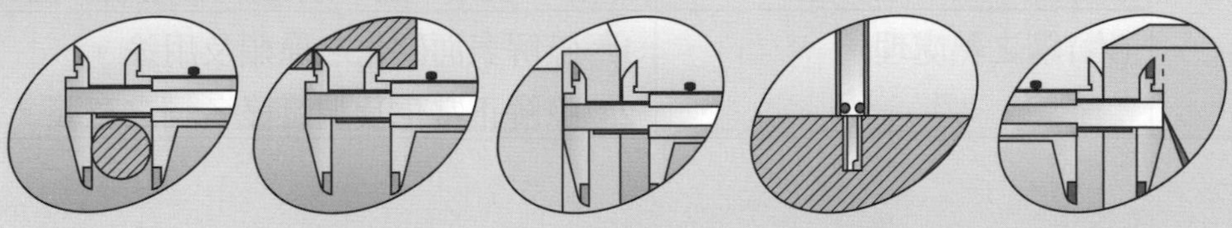

| 外徑量測 | 內徑量測 | 階級量測 | 深度量測 | 協助劃線 |

( ) 72. 萬能量角器可應用下列何者？ (1)量測角度 (2)量測外徑 (3)劃線求圓柱中心 (4)量 (13)
測深度。

解 萬能量角器如下圖所示。

量測外徑應使用游標卡尺、分厘卡等量具。

量測深度應使用游標卡尺、深度分厘卡或組合角尺等。

(a)游標式量角器　　　　　(b)電子式量角器

( ) 73. 光學平鏡配合氦氣燈可量測下列何者？ (1)分厘卡兩砧座平面度 (2)工件垂直度 (3) (13)
塊規平面度 (4)工件平行度。

解 見第 68 題。

( ) 74. 下列何者可量測工件之凹槽寬度？ (1)一般游標卡尺 (2)塊規 (3)精密高度規 (4)環 (123)
規。

解 (4)環規用於量測外徑，無法凹槽寬度。

工作項目 ④ 金屬材料

一、相關知識內容

工作項目	技能種類	相關知識
金屬材料	(一) 材料試驗	瞭解硬度、抗拉、衝擊、潛變及疲勞等名詞之意義。
	(二) 碳鋼	瞭解碳、矽、錳、磷及硫五種元素對碳鋼之影響。
	(三) 鑄鐵	瞭解灰口鑄鐵及延性鑄鐵之性質與用途。
	(四) 合金鋼	瞭解構造合金鋼及工具合金鋼之種類、性質與用途。
	(五) 鋁、銅、鎂合金	瞭解一般鋁、銅、鎂合金之種類、性質與用途。
	(六) 鋼之熱處理	1. 瞭解表面硬化之種類及用途。 2. 瞭解正常化及調質等名詞之意義。

二、精選必考試題

答

( ) 1.　拉伸試驗無法求得下列那一項性質？　(1)延性　(2)抗拉強度　(3)疲勞強度　(4)降伏強度。　(3)

解　(a)軟鋼拉伸試驗的應力-應變圖如下圖(a)所示，其目的在測得材料的強度、延性、比例限度、彈性限度、降伏強度、極限應力、應變等。

(b)疲勞試驗通常採用迴轉樑法，是在試片上加上彎曲力矩使試片迴轉，材料會受到反覆變化的負荷(上面壓應力、下面受拉應力)，直到試片破壞，求其總迴轉次數。試驗略圖如下圖(b)所示。

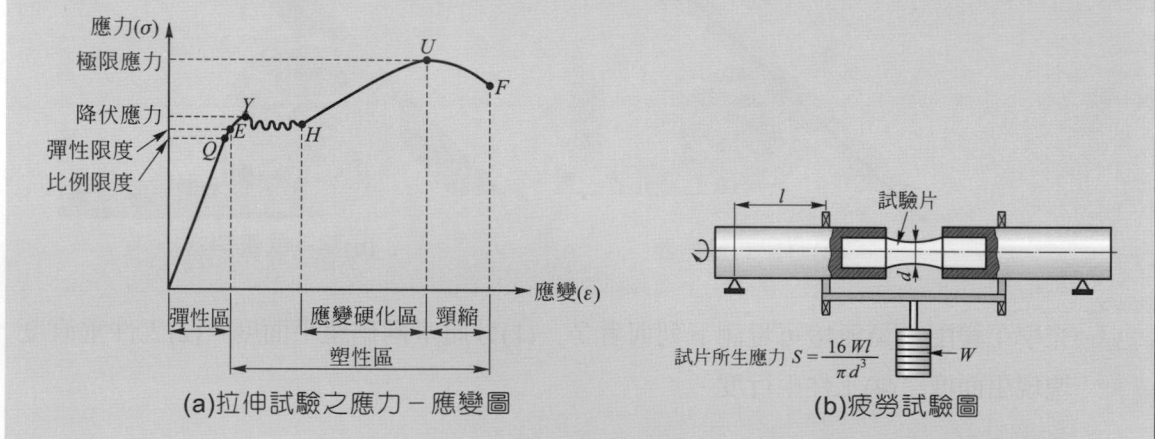

(a)拉伸試驗之應力－應變圖　　　(b)疲勞試驗圖

試片所生應力 $S = \dfrac{16\,Wl}{\pi\,d^3}$

( ) 2.　一般在下列何種材料之拉伸曲線，可觀察到明顯的降伏現象？　(1)陶瓷　(2)鋁合金　(3)低碳鋼　(4)銅合金。　(3)

解　拉伸試驗之應力與應變圖，低碳鋼如圖(a)，有明顯的降伏現象，脆性材料如圖(b)，沒有明顯的降伏現象。

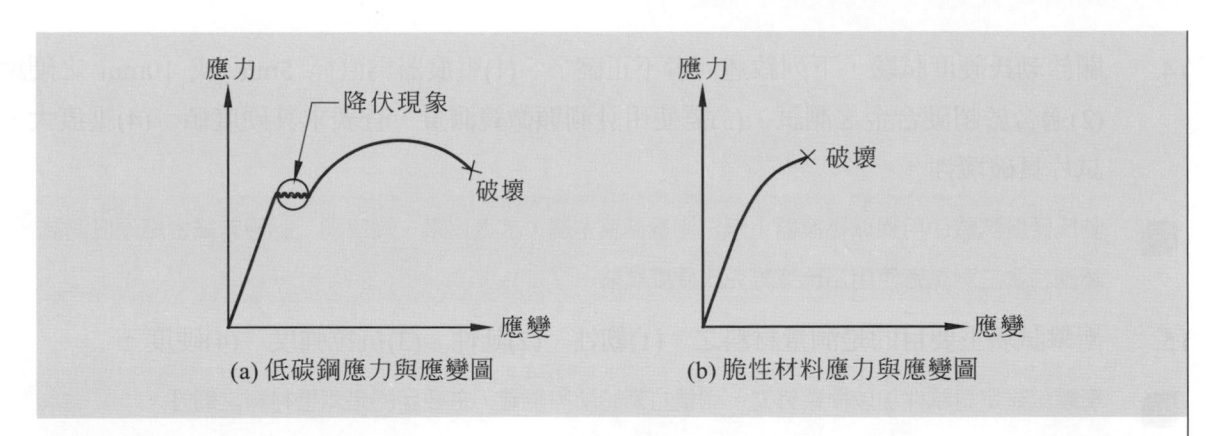

(a) 低碳鋼應力與應變圖 　　　　　(b) 脆性材料應力與應變圖

(　) 3. 對角 136° 之金鋼石方錐體壓痕器，以一定荷重壓入試片表面，使其產生方錐形壓痕的硬　(4)
度試驗法為　(1)勃氏　(2)洛氏　(3)蕭氏　(4)維克氏。

解　(a)維克氏硬度簡稱 Hv，其試驗原理是以對角 136° 之金鋼石方錐體為壓痕器，以一定荷重壓入試片表面，使試片產生方錐形壓痕。以荷重除以壓痕表面積所得的商稱為維克氏硬度值。136° 之金鋼石方錐壓痕器如下圖所示。

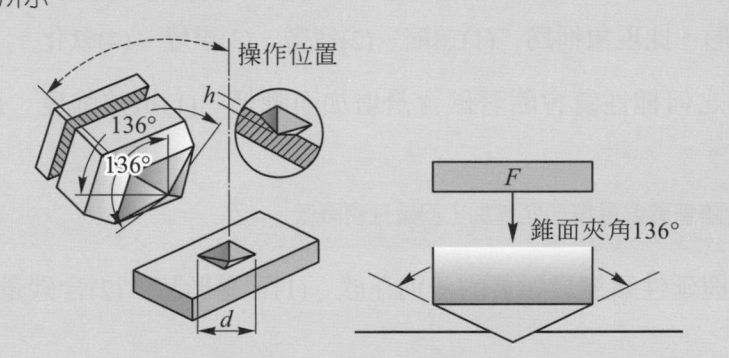

(b)勃氏硬度試驗法：鋼球以一定負荷壓入試片，使試片發生球面壓痕，以所加荷重除壓痕面積算出勃氏硬度值(簡稱 BHN 或 HB)。

(c)洛氏硬度試驗法：以 1/16" 小鋼球或 120° 金剛石圓錐體以一定負荷壓入試片表面，使試片發生壓痕，由壓痕深度表示硬度。常用者有：

HRB：壓痕器 1/16" 小鋼球、負荷 100kg，適宜軟鋼或非鐵金屬。

HRC：壓痕器 120° 鑽石圓錐、負荷 150kg，適宜淬火鋼材。

(d)蕭氏硬度試驗法：以尖端嵌有金剛石之小錘(2.36g)，裝在玻璃管內，小錘由一定高度(254mm)落下撞擊試片表面，由反跳高度算出表示硬度值(簡稱 HS)。

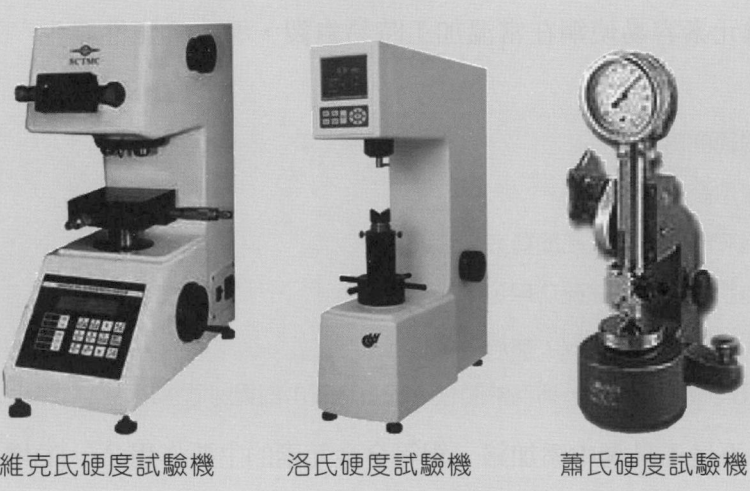

維克氏硬度試驗機　　　　洛氏硬度試驗機　　　　蕭氏硬度試驗機

( ) 4. 關於勃氏硬度試驗，下列敘述何者不正確？　(1)壓痕器為直徑 5mm 或 10mm 之硬鋼球　(2)適合於超硬合金之測試　(3)需使用計測顯微鏡測量，查表求其硬度值　(4)壓痕大，對試片具破壞性。　(2)

> **解**　勃氏硬度試驗使用鋼球壓痕器，無法測量硬質金屬，故適宜鐵、鋼或銅、鋁等非鐵金屬硬度測試。
> 超硬合金之測試應使用洛氏或維克氏硬度試驗。

( ) 5. 衝擊試驗主要目的是測量材料之　(1)韌性　(2)延性　(3)抗拉強度　(4)硬度。　(1)

> **解**　衝擊試驗是對試件加以衝擊外力，測量打斷時所需能量，主要目的是測量材料之韌性。

( ) 6. 汽車之車軸經常承受反覆變化之應力作用，即使應力低於材料之降伏強度，車軸也會發生破壞，此現象稱為　(1)潛變　(2)疲勞　(3)衝擊　(4)頸縮。　(2)

> **解**　受反覆變化之應力而致破壞者，稱為疲勞破壞，如第 1 題詳解。

( ) 7. 材料在高溫時，雖然所受之荷重固定，且低於一般拉伸試驗所得的彈性限，也會使材料繼續產生變形，此現象稱為　(1)頸縮　(2)疲勞　(3)潛變　(4)軟化。　(3)

( ) 8. 亞共析鋼之何種性質會隨著碳含量增加而降低　(1)抗拉強度　(2)硬度　(3)降伏強度　(4)伸長率。　(4)

> **解**　碳鋼的硬度隨著碳含量增加而增加，但延性會降低。

( ) 9. 灰口鑄鐵與延性鑄鐵最顯著的差別在於　(1)石墨形狀　(2)含碳量　(3)鑄件大小　(4)基地組織。　(1)

> **解**　(a)灰口鑄鐵：碳以石墨狀態存在，游離於鐵中，為普通鑄鐵，質地柔軟、易於加工。
> (b)延性鑄鐵：鑄造時加入 Mg、Ce 鈰等球化劑，使之變成球狀之石墨組織，獲得良好之延性及韌性。

( ) 10. 車床的底座常用灰口鑄鐵來製造，係由於其何種性質優異？　(1)強度　(2)延性　(3)制震性　(4)韌性。　(3)

> **解**　如上題詳解，灰口鑄鐵含有石墨，質地柔軟，具有優良的吸震能力。

( ) 11. 延性鑄鐵其石墨為球狀，主要是在鑄鐵熔液中添加少量之何種合金為球化劑？　(1)鈦　(2)鋁　(3)銅　(4)鎂。　(4)

( ) 12. 下列何種元素容易使鋼在常溫加工時易龜裂，導致冷脆性發生　(1)硫　(2)磷　(3)矽　(4)錳。　(2)

> **解**　各種元素對鋼的影響：
> 碳：含碳量愈高，硬度愈高。
> 矽：改善鋼液的流動性，易於鑄造。
> 錳：可做為脫氧劑，有除硫功用，增加淬火效果。
> 磷：常溫加工時易使鋼龜裂，稱為常溫脆性。
> 硫：高溫鍛造時易生裂痕，稱為熱脆性，硫為雜質中對鋼的危害最大。

( ) 13. 下列何者不是工具鋼中添加鉻、鉬等合金元素的主要作用？　(1)增加硬化能　(2)增加耐磨耗性　(3)增加回火時的軟化抵抗　(4)增加脆性。　(4)

(　) 14. 一般高強度低合金鋼之機械性質優良,可用於橋樑、車輛,係屬於　(1)構造用合金鋼　(2) 　　(1)
合金工具鋼　(3)耐蝕鋼　(4)耐衝擊工具鋼。

(　) 15. 在鋼料中,添加何種微量元素可以改善其切削性?　(1)銅　(2)鉛　(3)鎂　(4)鋅。　　(2)

解　在鋼料中添加「硫、鉛」可改善切削性。

(　) 16. 18-4-1 高速鋼中,代表含量 18% 之元素為　(1)鉻　(2)鎳　(3)鎢　(4)釩。　　(3)

解　18-4-1 高速鋼合金元素含量:鎢 18%、4%鉻、1%釩。

(　) 17. SKD11 為冷加工用衝模材料,係屬於　(1)構造合金鋼　(2)合金工具鋼　(3)耐蝕鋼　(4) 　　(2)
高強度低合金鋼。

解　CNS 編號:
第一部分為材質,S 代表「鋼」、F 代表「鐵」。
第二部分兩種不同表示法:
(1)標準名稱或製品用途,如薄板(P)、管(T)、線材(W)、鍛造(F)、鑄造(C)、工具(K)…。
(2)主要合金元素或含碳量。
第三部分為材料種類編號,或最小抗拉強度。
題意:SKD11:S→鋼;K→工具用鋼;D→模具用(Die)。常用於衝模材料有 SKD11 與 SKD61。

(　) 18. 下列表面硬化法中,那一種不會改變鋼料化學成分,只改變表面層組織?　(1)滲碳法　(2) 　　(4)
氮化法　(3)硼化法　(4)高週波硬化法。

解　(a)表面硬化法中,滲入元素以改變材料表面化學成分稱為化學法。
　　未改變材料表面化學成分稱為物理法。
　　滲碳法、氮化法、硼化法都滲入元素以改變材料表面化學成分。
(b)高週波硬化法、火焰硬化法、電解熱淬火硬化均未改變材料表面化學成分。

(　) 19. 把鋼料加熱至 A3 線或 Acm 線上方約 30~50℃,保持適當時間然後在空氣中冷卻的作法稱 　　(3)
為　(1)完全退火　(2)軟化退火　(3)正常化　(4)弛力退火。

解　正常化是把亞共析鋼加熱至 Ac3 線上方 30～50℃、共析鋼及過共析鋼加熱至 Acm 線上方 30～50℃,
保持一段時間使成為均勻之沃斯田鐵組織後,再由爐中取出,置於空氣中冷卻之操作。目的可使材料結
晶細化提高機械性質。碳鋼正常化溫度如下圖所示。

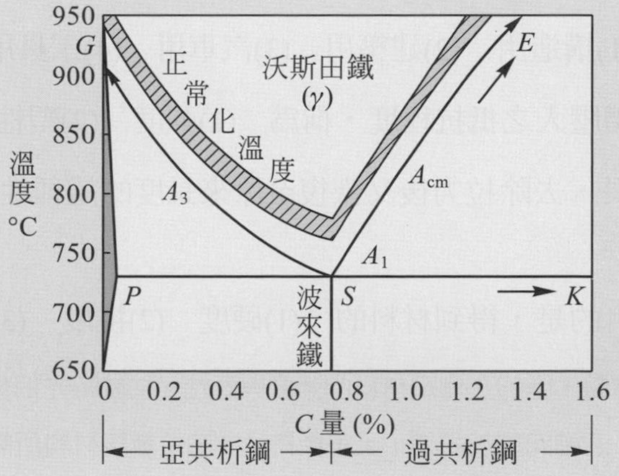

( ) 20. 能改善鋼料表層之耐磨耗性，而內部仍具有強韌性的熱處理方法為 (1)滲碳法 (2)正常化 (3)調質處理 (4)油淬法。 **(1)**

> 解 滲碳法是把含碳量 0.2%以下之低碳鋼機件，在高溫下把「碳」滲入表面，使機件表層生成沃斯田鐵後，取出急速冷卻，增進表層硬度，而心部仍保有適當強度與韌性的熱處理方法。

( ) 21. 七三黃銅延展性佳，主要是銅中約含 30%之 (1)錫 (2)鋁 (3)鋅 (4)鎂。 **(3)**

> 解 (a)黃銅是「銅-鋅」的合金。所謂七三黃銅是銅佔 70%、鋅佔 30%。
> (b)青銅是「銅-錫」合金。

( ) 22. 下列何種材料常利用時效硬化來提昇其強度 (1)碳鋼 (2)鋅合金 (3)銅合金 (4)鋁合金。 **(4)**

> 解 時效硬化是專門針對熱處理型鋁合金所做的一種硬化方法。

( ) 23. 下列那一種合金之比重最小，可應用於 3C 產品之外殼？ (1)鋁 (2)銅 (3)鎂 (4)鎳。 **(3)**

> 解 各種金屬比重如下表，以「鎂」的比重最小，鎂合金常用於筆記型電腦外殼之製造。
>
> | 材料 | 比重 |
> | --- | --- |
> | 鋁 | 2.7 |
> | 銅 | 8.65～8.9 |
> | 鎂 | 1.74 |
> | 鎳 | 8.9 |

( ) 24. 依據 CNS9612 合金編號 2014(杜拉鋁)為常用航空材料，其化學成分主要為 (1)Al-Si-Mg (2)Al-Cu-Mg-Mn (3)Al-Zn-Mg (4)Al-Mg-Ni。 **(2)**

> 解 杜拉鋁為鍛造用鋁合金，主要成分除鋁外，含銅(Cu) 3.5～4.5%、鎂(Mg) 0.12～1.0%、錳(Mn) 0.4～1.0%，杜拉鋁在低溫時可增大強度，適用於航空材料。

( ) 25. 下列四種元素中，危害碳鋼之抗拉強度最大者為 (1)矽 (2)錳 (3)鎂 (4)硫。 **(4)**

> 解 各種元素對鋼的影響：
> 矽：改善鋼液的流動性，易於鑄造。
> 錳：可做為脫氧劑，有除硫功用，增加淬火效果。
> 硫：高溫鍛造時易生裂痕，稱為熱脆性，硫為雜質中對鋼的危害最大。

( ) 26. 一般用於製造鑿子的材料是 (1)高碳鋼 (2)高速鋼 (3)高錳鋼 (4)高鎳鋼。 **(1)**

( ) 27. 高速鋼是一種 (1)構造用 (2)建築用 (3)汽車用 (4)工具用 合金鋼。 **(4)**

( ) 28. 物體對抗另一物體壓入之抵抗程度，稱為 (1)強度 (2)塑性 (3)硬度 (4)彈性。 **(3)**

( ) 29. 鋼料受拉力會伸長，去除拉力後又恢復至原來長度的這種性質，稱為 (1)彈性 (2)延性 (3)展性 (4)塑性。 **(1)**

( ) 30. 抗拉試驗的直接目的是，得到材料的 (1)硬度 (2)撓度 (3)強度 (4)勁度。 **(3)**

> 解 抗拉試驗又稱拉伸試驗，目的在測定材料的強度與延性。試驗時先把材料切削成規定形狀，再將試片安裝在拉伸試驗機上，沿軸向施加拉力，至拉斷為止。由拉斷該材料所需荷重和試片的變形量，求出材料的強度與延性。試片外形與萬能材料試驗機如下圖所示。

規格(mm)

萬能材料試驗機

( ) 31. 疲勞破壞最可能的原因是 (1)反覆應力 (2)反覆硬度 (3)施力不均 (4)工件尺寸過大。 (1)

( ) 32. 展性鑄鐵中的石墨形狀為 (1)球狀 (2)片狀 (3)針狀 (4)不規則塊狀。 (4)

( ) 33. 延性鑄鐵中的石墨形狀為 (1)球狀 (2)片狀 (3)針狀 (4)不規則塊狀。 (1)

( ) 34. 鑄造銅軸承所使用的材料是 (1)黃銅 (2)純銅 (3)青銅 (4)鈹銅。 (3)

> **解** 軸承用青銅含錫量約在 12%~15%之間，適於鐵路車軸等須低速重負荷的軸承。若作為高速旋轉軸承另加入 5%~30%之鉛，具潤滑作用。

( ) 35. 可改善黃銅切削性的元素是 (1)鋅 (2)錳 (3)鉛 (4)鐵。 (3)

> **解** 黃銅含鉛可降低抗拉強度與伸長率，主要目的是增加切削性。

( ) 36. 可降低鋁合金比重，並增加其抗衝擊性的元素為 (1)矽 (2)銅 (3)鎂 (4)鋅。 (3)

( ) 37. 高碳鋼調質的主要目的在 (1)增加硬度 (2)減少硬度 (3)增加耐磨性 (4)增加韌性。 (4)

> **解** 通常將淬火及高溫回火的熱處理稱為調質處理，其目的在獲得最佳的強度與韌性。

( ) 38. 淬火的鋼料經升溫到約 500℃後，再進行冷卻的操作方法，稱為 (1)退火 (2)回火 (3)球化 (4)正常化。 (2)

> **解** 低溫回火：將淬火後的鋼料再加熱至 150~200℃後空冷，消除內應力。
> 高溫回火：將淬火後的鋼料再加熱至 500℃後空冷，使鋼料韌性增加。

( ) 39. 滲碳處理屬於下列何種方法 (1)回火 (2)退火 (3)表面硬化 (4)正常化。 (3)

> **解** 滲碳處理是將含碳量低於 0.2%的低碳鋼機件，在高溫下把碳滲入表面，增加表面硬度的方法。

( ) 40. 碳鋼低溫回火熱處理具有下列何種功效？ (1)增加硬度 (2)減少脆性 (3)增加含碳量 (4)減少含碳量。 (2)

( ) 41. 退火熱處理具有下列何種功效 (1)硬化鋼料 (2)增加含碳量 (3)減少含碳量 (4)軟化鋼料。 (4)

> **解** 退火：使鋼軟化易於加工
> 淬火：使鋼變硬而脆，強度增加。
> 回火：經淬火之鋼料質硬而脆，將其加熱至 A1 變態溫度以下，消除內應力，增加韌性。
> 表面處理：增加鋼材表面硬度、耐磨性、耐腐蝕或增加美觀等等。

( )42. 一般低碳鋼最常用的表面硬化法是　(1)滲碳硬化　(2)氮化硬化　(3)高週波硬化　(4)火焰硬化。　(1)

( )43. 關於差排移動之敘述，下列何者正確？　(1)差排移動會造成塑性變形　(2)差排沿原子最密堆積面移動　(3)晶界有助差排移動　(4)單晶材料會有差排存在。　(12)

> 解 差排(dislocation)：在材料科學中，指結晶格子內規則排列的原子結構之線缺陷，是金屬結晶體內成列或成面的原子發生的錯誤排列，如右圖所示。
> 差排會沿著原子最密堆積面滑動，該滑動使得金屬具有延展性，導致塑性變形以進行加工，製成各種形狀。藉著控制差排的運動，可產生不同強度的材料，以得到所需之機械性質。當差排的運動受阻礙會導致金屬應變硬化，須更大的外力才能再使差排滑動而產生進一步的塑性變形，也就是材料的強度與硬度均增高了。其中，晶界有阻擋差排的移動，單晶材料無差排存在。

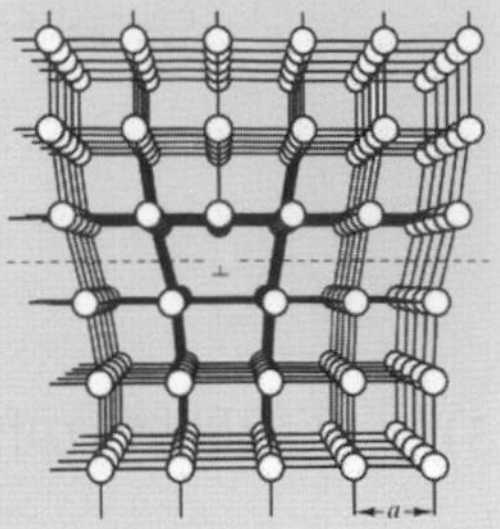

( )44. 下列有關金屬再結晶現象的敘述，何者正確？　(1)加工程度愈大，再結晶溫度愈低　(2)加工程度愈大，再結晶溫度愈高　(3)合金的熔點愈高，通常再結晶的溫度也愈高　(4)加工程度愈大，施以再結晶退火的效果愈佳。　(13)

> 解 (2)加工程度愈大，再結晶溫度愈低。
> (4)加工程度愈大，施以再結晶退火的效果愈差。

( )45. 下列有關金屬材料塑性變形的敘述，何者正確？　(1)發生塑性變形的方式主要包括滑動和雙晶二種　(2)差排沿原子最密堆積面移動　(3)雙晶塑性變形後，則呈現寬的雙晶帶　(4)晶界有助差排移動。　(123)

> 解 (4)晶界阻擋差排的移動。

( )46. 比強度定義下列何者不正確？　(1)抗拉強度/比熱　(2)抗拉強度/比重　(3)降伏強度/比例極限　(4)抗拉強度/伸長率。　(134)

( )47. 下列不銹鋼系，何者具有磁性？　(1)沃斯田鐵系　(2)肥粒鐵系　(3)麻田散鐵系　(4)低鎳析出硬化系。　(234)

( )48. 下列敘述，何者正確？　(1)鎂的抗腐蝕性和鋁相近　(2)純鎂的應變硬化效果很好　(3)鎂是六方密結構　(4)鎂的延性較鋁低。　(134)

> 解 (2)鎂的再結晶溫度150℃，常溫加工硬化大，提高溫度時(350℃～450℃)便易加工。鎂的彈性限低、伸長率小，不宜用作結構材料。

( )49. 有關可增加碳鋼硬化能之敘述，下列何者不正確？　(1)晶粒變細　(2)添加 Mn 元素　(3)加快其冷卻速率　(4)降低其含碳量。　(134)

> 解 (2)錳(Mn)在煉鋼過程中，錳與硫作用會生成硫化錳，形成熔渣是良好的去氧劑和脫硫劑。含錳 0.3～0.5%可增加鋼的韌性，且有較高的強度和硬度，提高鋼的淬火性，增加鋼的硬化能。

( )50. SCM 鋼之主要合金元素，下列何者不正確？　(1)C 與 Mn　(2)C 與 Mo　(3)Cr 與 Mo　(4)Cr 與 Mn。　(124)

> 解 SCM 鋼是鉻鉬鋼，主要合金元素是鉻(Cr)與鉬(Mo)。
> 註：Mn(錳)。材料編號詳見第 17 題。

( ) 51. 有關熱膨脹係數之敘述，下列何者會對其產生影響？ (1)原子間鍵結強度 (2)材料之熔點 (3)材料之尺寸 (4)原子振動。 (124)

( ) 52. 下列有關鋼鐵組織的敘述，何者正確？ (1)肥粒鐵之組織屬於強度小且硬度低者 (2)殘留沃斯田鐵置於常溫一段時間會發生膨脹現象 (3)麻田散鐵之組織屬於強度大且韌性佳者 (4)波來鐵之層狀組織會隨冷卻速度愈快而愈粗大。 (12)

解 (3)麻田散鐵極硬且脆、強度大，但缺乏延性、韌性。

(4)冷卻速度愈快得到的波來鐵組織愈細(細波來鐵)。

工作項目⑤ 機械工作法

一、相關知識內容

工作項目	技能種類	相關知識
機械工作法	(一) 機工場之主要工具機	1. 瞭解車床、銑床及磨床之基本規格與種類。 2. 瞭解車床、銑床及磨床之基本構造與加工原理。
	(二) 切削刀具	1. 瞭解車刀、銑刀、鑽頭與磨輪等刀具之材質、形式及選用。 2. 瞭解切削基本原理，知悉切屑形式及積屑成因。
	(三) 帶鋸機	1. 瞭解帶鋸機之構造、規格及用途。 2. 瞭解帶鋸條之規格及用途。 3. 瞭解帶鋸條之熔接及修整要領。

二、精選必考試題

答

( ) 1. 5mm 的六角扳手，其規格是　(1)六角形的對角長度　(2)六角形的對邊長度　(3)螺絲的節徑　(4)螺絲的外徑。　(2)

( ) 2. 下列有關使用固定扳手與活動扳手的敘述，何者錯誤？　(1)儘量用固定扳手　(2)對於不同尺寸螺絲頭，使用活動扳手鎖緊施力皆一樣　(3)固定扳手只能用於單一種螺絲頭尺寸　(4)活動扳手可用於六角頭及四角頭螺絲。　(2)

> **解** 因為活動扳手的柄長固定，對於不同尺寸螺絲頭應量力而為，小螺絲頭力道宜小，大螺絲頭力道可大。

( ) 3. 下列何者不是鑽床的規格之一？　(1)主軸中心至床柱的距離　(2)主軸端面到床台最低位置的距離　(3)主軸上下移動距離　(4)進刀手柄的迴轉圈數。　(4)

( ) 4. 高速鋼鑽頭鑽削低碳鋼工件，鑽頭的鑽唇角宜為　(1)90°　(2)100°　(3)118°　(4)135°。　(3)

> **解** 鑽頭的鑽尖各角度如下：

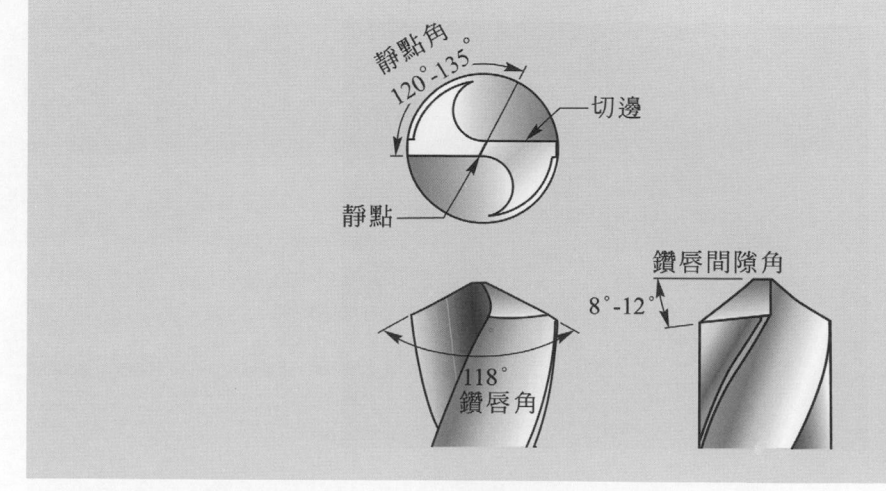

( ) 5. 造成往復式鋸床之鋸條折斷，下列何者較不可能？　(1)沒開動前鋸條接觸工件　(2)換新鋸條沿著已有的鋸路切入　(3)材料沒夾緊　(4)沒加切削劑。　(4)

解 切削劑主要目的是冷卻與潤滑。

沒加切削劑會降低鋸條的壽命,不是造成鋸條折斷的原因。

( ) 6. 鋸條磨損過快與下列何者較無關聯? (1)速度太快 (2)鋸切壓力偏小 (3)鋸齒反向安裝 (4)回程時,鋸條未抬起。 (2)

( ) 7. 車床一般不用於下列何種加工? (1)鑽頭的螺旋角 (2)螺絲 (3)圓桿的階級 (4)錐度。 (1)

解 鑽頭的螺旋槽(角)一般以銑床加工。

( ) 8. 銑床一般不用於下列何種加工? (1)平面 (2)溝槽 (3)T 槽 (4)壓花。 (4)

解 壓花通常以車床加工。

( ) 9. 下列何者不適用於改善積屑刀口的產生? (1)降低刀頂面摩擦力 (2)使用切削劑 (3)減少進給率 (4)刀具斜角減小。 (4)

解 刀具斜角減小,切屑流動不易,容易產生積屑刀口。

( ) 10. P10 與 P30 車刀片的選用條件,下列何者正確? (1)前者較適用於粗車 (2)後者較適用於高速車削 (3)前者較適用於有振動的車削條件 (4)後者較適用於重切削。 (4)

解 碳化鎢刀具的數字愈小,硬度愈高,耐磨耗性愈大,適合高速輕、精切削,如 P01、P10。

數字愈大,硬度愈低,韌性愈高,適合低速粗、重或有振動的切削,如 P30、P40。

( ) 11. M 與 K 類車刀片的選用條件,下列何者正確? (1)前者適用於車削低碳鋼 (2)後者適用於車削鑄鐵 (3)前者適用於車削石材 (4)後者適用於車削不銹鋼。 (2)

解 P 類:刀柄塗藍色,適宜切削碳鋼。

M 類:刀柄塗黃色,適宜切削不銹鋼。

K 類:切削不連續切屑之材料,如鑄鐵、石材及非鐵金屬。

號數愈小,碳化鎢刀具的硬度愈高、適宜精加工。號數愈大,韌性愈大、適宜粗加工。

( ) 12. 下列何者是使用切削劑的目的? (1)不影響刀具壽命 (2)有助於斷屑 (3)增加切削阻力 (4)降低工件及刀具溫度。 (4)

解 使用切削劑可降低工件及刀具溫度,增加刀具壽命,降低切削阻力,減少工作變形,提高加工精度。但無助於斷屑,若須斷屑宜在刀具上研磨斷屑槽或加裝斷屑器。

( ) 13. 以砂輪機磨碳化物刀具,一般採用的砂輪磨料代號是 (1)A (2)WA (3)C (4)GC。 (4)

解 1. 氧化鋁(A):用於磨削抗拉強度 $30\sim50kg/mm^2$ 之材料,如碳鋼、展性鑄鐵及合金鋼等。

2. 白色氧化鋁(WA):用於磨削抗拉強度 $50kg/mm^2$ 以上之高抗拉強度的材料,如高速鋼,淬火鋼、工具鋼等。

3. 碳化矽(C):用於磨削低抗拉強度$(30kg/mm^2$以下) 之材料,如鑄鐵、黃銅、鋁等。

4. 綠色碳化矽(GC):用於磨削超硬合金,如碳化鎢或超硬合金鋼等。

( ) 14. 車床之規格以 (1)旋徑 (2)床鞍型式 (3)刀座型式 (4)尾座大小表示。 (1)

解 車床規格以「最大旋徑」與「兩頂心間距離」表示。

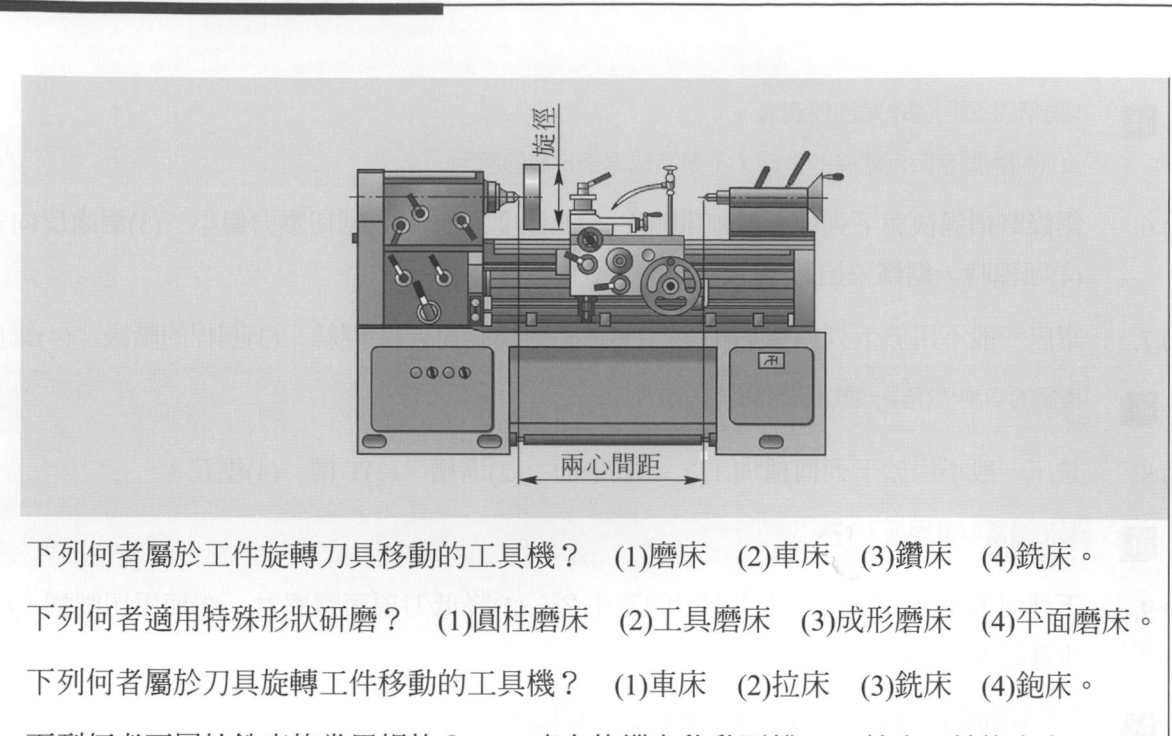

( ) 15. 下列何者屬於工件旋轉刀具移動的工具機？ (1)磨床 (2)車床 (3)鑽床 (4)銑床。 (2)

( ) 16. 下列何者適用特殊形狀研磨？ (1)圓柱磨床 (2)工具磨床 (3)成形磨床 (4)平面磨床。 (3)

( ) 17. 下列何者屬於刀具旋轉工件移動的工具機？ (1)車床 (2)拉床 (3)銑床 (4)鉋床。 (3)

( ) 18. 下列何者不屬於銑床的常用規格？ (1)床台的縱向移動距離 (2)銑床刀軸的大小 (3)可裝銑刀直徑的大小 (4)銑刀數量。 (4)

( ) 19. 下列何者不屬於車床之基本構造？ (1)車頭 (2)車刀 (3)傳動機構 (4)床台。 (2)

解 車刀為刀具，不是車床基本構造。

( ) 20. 一般車床導螺桿的牙形是 (1)方形 (2)V 形 (3)梯形 (4)鋸齒形。 (3)

( ) 21. 下列何者不屬於工具磨床的基本構造？ (1)傳動機構 (2)尾座 (3)磨輪 (4)機器頭座。 (3)

解 工具磨床如下圖所示。磨輪(砂輪)為切削刀具，不是工具磨床的基本構造。

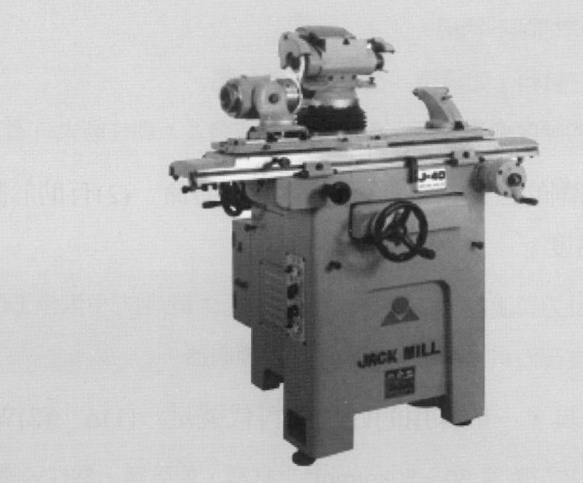

( ) 22. 傳統車床上，以手動方式促使刀具溜座縱向移動的裝置是 (1)離合器 (2)蝸桿與蝸輪 (3)導螺桿 (4)齒輪與齒條。 (4)

解 傳統車床的刀具溜座，如下圖所示。其縱向移動裝置是齒輪與齒條。

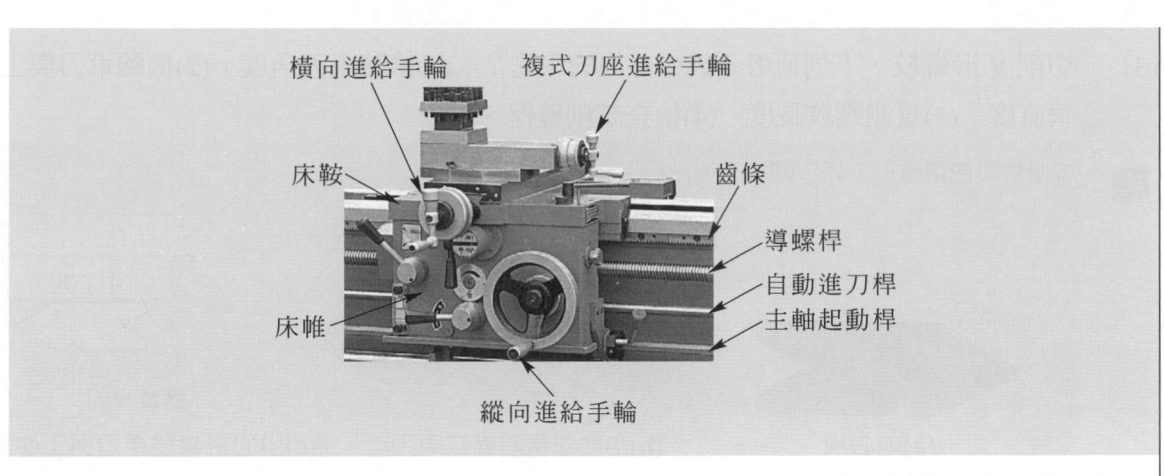

（　）23. 工件長 100mm 錐度部份長 64mm，兩端直徑 20mm 及 12mm，欲車製此錐度工件，其尾座偏置量應為　(1)6mm　(2)6.25mm　(3)6.5mm　(4)6.75mm。　(2)

解　$T = \dfrac{D-d}{L} = \dfrac{20-12}{64} = \dfrac{1}{8}$（L 是錐度長）：

尾座偏置偏置量：$S = \dfrac{TL}{2} = \dfrac{\frac{1}{8} \times 100}{2} = 6.25\ mm$　（L 是工件全長）。

（　）24. 車床尾座指示鑽深 20mm，而實測只有 12 mm，則不可能之原因為　(1)尾座滑動　(2)鑽頭未夾緊　(3)工件未夾緊　(4)鑽頭磨損。　(4)

解　鑽頭不可能磨損那麼多，而且鑽頭嚴重磨損就無法鑽削！

（　）25. 車床橫向進刀桿刻度環上，每一刻度之刀具移動量為 0.02mm，今工件從 ϕ30mm 車削至 ϕ25mm，則進刀桿應前進之刻度數為　(1)125 格　(2)150 格　(3)200 格　(4)250 格。　(1)

解　$\phi 30 - \phi 25 = \phi 5mm$（半徑 2.5mm）：
刀具移動量＝2.5÷0.02＝125 格。

（　）26. 螺旋齒輪常用下列何種工具機加工？　(1)立式銑床　(2)鉋床　(3)萬能銑床　(4)車床。　(3)

（　）27. 銑床分度頭(1：40)中，一分度板有 15、16、17、18、19、20 孔圈，若要銑削 32 齒之齒輪，每銑一齒則搖柄迴轉數為　(1)$1\dfrac{7}{15}$　(2)$1\dfrac{4}{16}$　(3)$1\dfrac{4}{17}$　(4)$1\dfrac{10}{20}$。　(2)

解　搖柄轉數 ＝ $\dfrac{40}{N} = \dfrac{40}{32} = 1\dfrac{8}{32} = 1\dfrac{4}{16}$。

（　）28. 有一平銑刀直徑為 100 mm，刀刃數為 8，每刃進給為 0.15 mm，如該主軸轉速 400 rpm，則進給率為　(1)240 mm/min　(2)480 mm/min　(3)960 mm/min　(4)1030 mm/min。　(2)

解　銑床進給率 F＝每刃進給量×刃數×主軸轉速＝0.15×8×400＝480 mm/min。

（　）29. 磨床磨削鑄鐵工件，宜選用何種代號之砂輪磨料？　(1)A　(2)WA　(3)GC　(4)C。　(4)

解　詳見第 13 題。

（　）30. 在車床上切削外錐度，經調整複式刀座至所需錐度並予以固定，若車刀刀尖高於工件中心線，則切削後之錐度會　(1)變大　(2)變小　(3)不變　(4)皆有可能。　(2)

解　車刀刀尖太高或太低都會使錐度值變小。

(　) 31.　切削 V 形螺紋，下列何者不爲中心規的用途？　(1)檢驗車刀角度　(2)檢驗車刀與工件的垂直度　(3)量測螺紋長度　(4)檢查試削導程。　(3)

解　中心規與使用情形，如下圖所示。

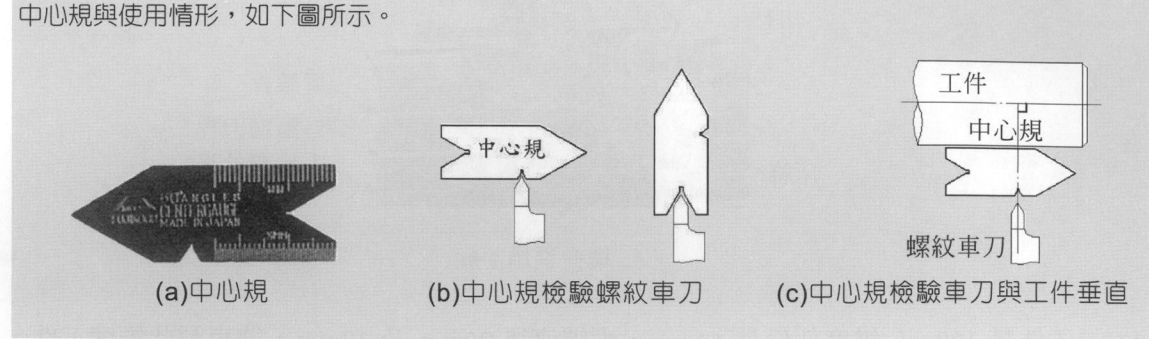

(a)中心規　　　　(b)中心規檢驗螺紋車刀　　　(c)中心規檢驗車刀與工件垂直

(　) 32.　18-4-1 高速鋼之成分爲　(1)18%C-4%W-1%V　(2)18%Cr-4%V-1%W　(3)18%Cr-4%W-1%V　(4)18%W-4%Cr-1%V。　(4)

(　) 33.　有一鑽石砂輪之標記符號爲 SD-120-J-100-B-N-30，其中 SD 及 120 代表　(1)磨料及粒度　(2)磨料及結合度　(3)粒度及結合度　(4)粒度及結合劑。　(1)

解　砂輪規格標記依序爲：磨料-粒度-結合度-組織-製法。
SD：人造鑽石磨料、120：磨料粒度 120 ＃。

(　) 34.　帶鋸機鋸條使用時，通常截取適當長度銲接後須進行何種處理？　(1)淬火　(2)表面硬化　(3)退火　(4)回火。　(4)

(　) 35.　磨輪之標註 A-70-M-8-V，其中"8"代表　(1)結合材料　(2)砂粒大小　(3)組織鬆密程度　(4)磨料種類。　(3)

解　磨輪之標註五因子依序爲：磨料-粒度-結合度-組織-製法。尺寸大小依序爲：外徑×厚度×孔徑。"8"代表組織的鬆密程度。

(　) 36.　銑刀軸規格 NO 50-25.4-B-457，其中"50"表示　(1)孔徑　(2)桿長　(3)錐度號碼　(4)硬度。　(3)

解　銑刀軸規格 NO 50-25.4-B-457 說明如下：
刀柄錐度號數 NT50-刀軸直徑 25.4mm-刀軸形式 B-刀軸長度 457mm，銑刀軸如下圖所示：

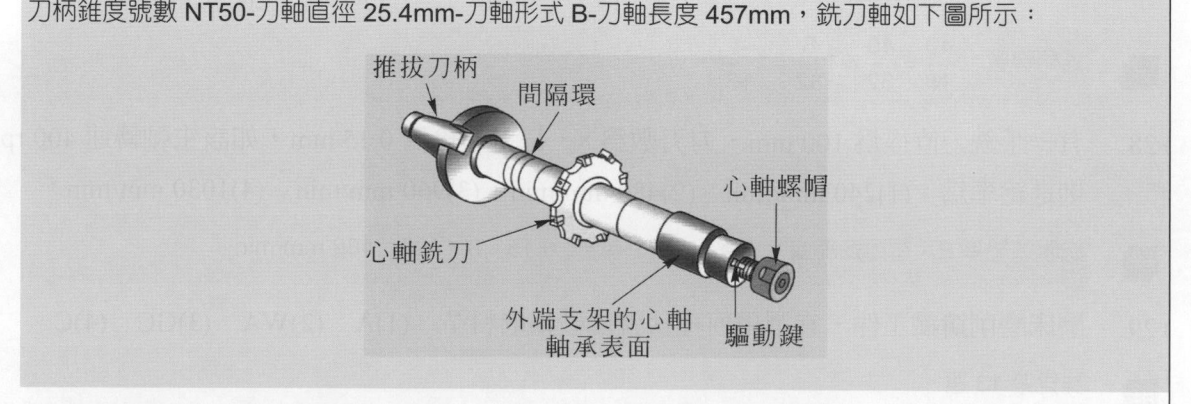

推拔刀柄
間隔環
心軸螺帽
心軸銑刀
外端支架的心軸軸承表面
驅動鍵

(　) 37.　下列有關車刀敘述，何者正確？　(1)右手車刀用於自左向右車削　(2)圓鼻車刀用於精車削　(3)右牙車刀僅須右側磨成側讓角　(4)切斷刀之前端較後端窄。　(2)

解 右手車刀與左手車刀如下圖(a)(b)所示。

右手車刀用於自右向左車削。

右牙車刀由刀具前端視之，僅左側須磨成側讓角，比導程角略大，避免刀腹與螺紋面產生摩擦如圖(c)。

切斷刀是前端寬、後端窄如圖(d)。

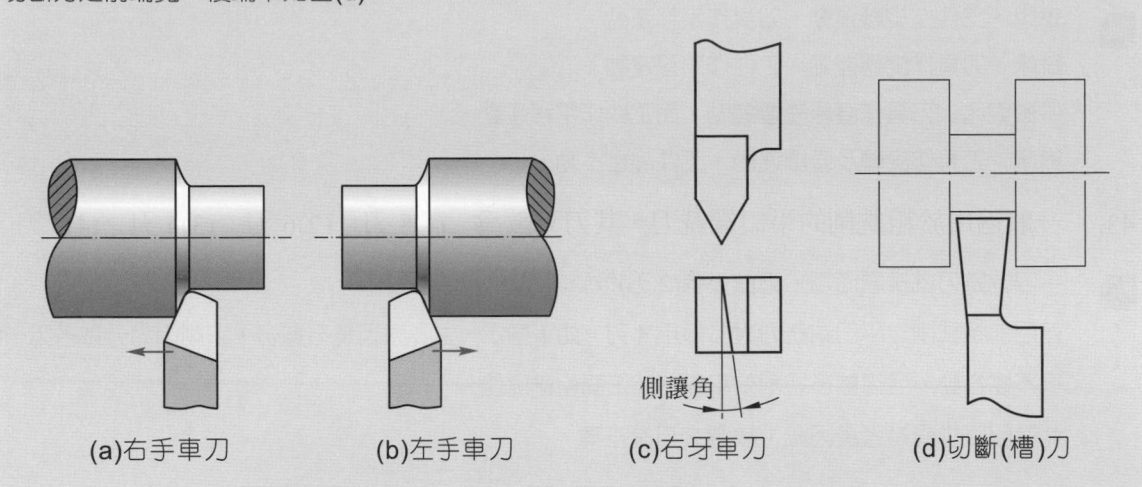

(a)右手車刀　　　　(b)左手車刀　　　　(c)右牙車刀　　　　(d)切斷(槽)刀

( ) 38. 車削圓桿時，工件表面粗糙發亮，下列何者較有可能？　(1)主軸轉速太慢　(2)刀尖高出工件中心線　(3)工件夾持偏心　(4)車刀鬆動。　(2)

解 刀尖高出工件中心則「前間隙角」變小，如下圖所示，工件表面有發亮的可能，但若刀尖高出太多會導致無法切削。

(a)主軸轉速太慢，切削速度不足，工件表面粗糙變差。

(b)工件夾持偏心與表面粗糙無關。

(c)車刀鬆動無法切削。

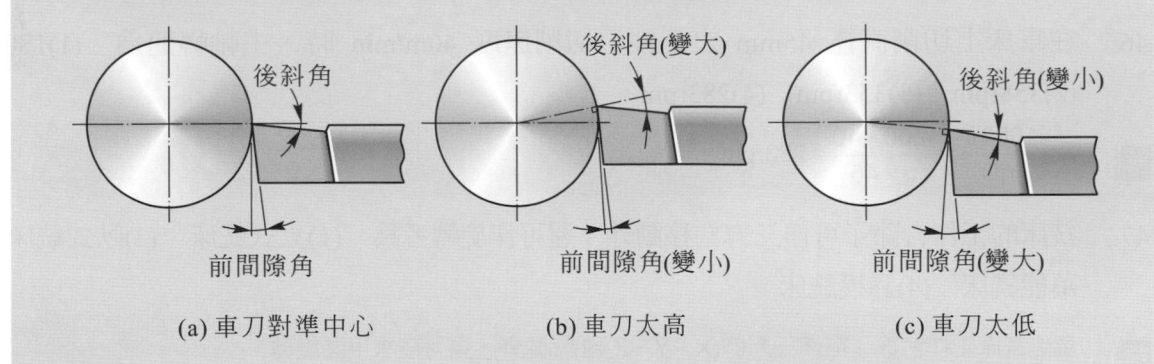

(a) 車刀對準中心　　　　(b) 車刀太高　　　　(c) 車刀太低

( ) 39. 車削錐形工件，為使錐度正確，車刀刀刃與工件中心應　(1)等高　(2)刀刃應略高　(3)刀刃應略低　(4)視材料而定。　(1)

解 車削錐形工件若刀刃未與工件中心等高(太高或太低)，均會使錐度值變小。為使錐度正確，刀刃與工件中心應等高。

( ) 40. 車床進給量單位為　(1)mm/min　(2)mm/rev　(3)cm/min　(4)cm/rev。　(2)

解 車床進給量：工件轉一圈，車刀移動多少公厘，其單位為 mm/rev。(rev：revolution 旋轉)

銑床進給量：銑刀每分鐘移動多少公厘，其單位為 mm/min。

( ) 41. 在車床上進行切斷時，產生振動的較可能原因為　(1)切斷的部分靠近夾頭　(2)車刀伸出太長　(3)工件夾得太緊　(4)車刀伸出太短。　(2)

> **解** 車刀伸出太長，刀柄強度不足易生振動。

( ) 42. 刀具作旋轉運動，而工件作平移運動的工具機是　(1)車床　(2)銑床　(3)牛頭鉋床　(4)鑽床。　**(2)**

> **解** 車床：工件作旋轉運動，刀具作平移運動。
> 銑床：刀具作旋轉運動，工件作平移運動。
> 牛頭鉋床：刀具作直線往復運動，而工件作平移運動。
> 鑽床：刀具作旋轉及直線運動，工件靜止不動。

( ) 43. 一般適用於粗銑削的平口端銑刀，其刀刃數為　(1)8刃　(2)6刃　(3)4刃　(4)2刃。　**(4)**

> **解** 平口端銑刀就排屑而言，刃數少者(2刃)排屑容易，適宜粗銑削。
> 但目前粗銑削之平口端銑刀大多採用4刃，如下圖示，主要原因是刃數多，切削阻力分散各刃，切削平穩不易抖動，且刃數多切削效率高、加工面粗糙度佳。
> 此題目以排屑為考量因素，故選2刃為答案。

( ) 44. 車削延性材料時，形成積屑刃口的主要原因是　(1)切削速度不恰當　(2)溫度太高　(3)壓力太小　(4)切削量太少。　**(1)**

( ) 45. 利用碳化物車刀粗車直徑40mm低碳鋼工件時，若主軸轉速為1,020rpm，則其切削速度為　(1)8m/min　(2)28m/min　(3)118m/min　(4)128m/min。　**(4)**

> **解** $V = \dfrac{\pi D N}{1000} = \dfrac{\pi \times 40 \times 1020}{1000} = 128$m/min。

( ) 46. 在車床上切削直徑45mm之工件，切削速度40m/min時，主軸轉速為　(1)1800rpm　(2)358rpm　(3)353rpm　(4)283rpm。　**(4)**

> **解** $N = \dfrac{1000V}{\pi D} = \dfrac{1000 \times 40}{\pi \times 45} = 283$rpm。

( ) 47. 銑床的工作台除了可作三方向移動外，還可作旋轉者為　(1)立式銑床　(2)臥式銑床　(3)萬能銑床　(4)靠模銑床。　**(3)**

> **解** 萬能銑床工作台除了可作三方向(X、Y、Z軸)移動外，還可在水平面旋轉。

( ) 48. 銑削平面時，若銑削量很大，宜選用　(1)端銑刀　(2)角銑刀　(3)面銑刀　(4)側銑刀。　**(3)**

( ) 49. 平銑刀重銑削平面時，宜選用的刀齒是　(1)齒數少的直齒　(2)齒數多的直齒　(3)條數少的螺旋齒　(4)條數多的螺旋齒。　**(3)**

> **解** 重銑削平面以刃數少之螺旋齒較適宜，因螺旋齒較平穩，銑削時震動小，又因刃數少排屑較容易。

( ) 50. 一般用於銑削正齒輪的銑床是　(1)立式銑床　(2)臥式銑床　(3)龍門銑床　(4)直式銑床。　**(2)**

> **解** 臥式銑床配合分度頭可銑削正齒輪。

( ) 51. 一般用於研磨銑刀的磨床是　(1)工具磨床　(2)外圓磨床　(3)平面磨床　(4)無心磨床。　**(1)**

解 工具磨床如下圖所示：

圖片來源：日美精機廠股份有限公司。

(　) 52. 最適合於多量少樣車削工件的是　(1)機力車床　(2)工具車床　(3)六角車床　(4)專用車床。 **(4)**

(　) 53. 一般在水泥牆上鑽孔時，宜選用的鑽頭材質是　(1)高碳鋼　(2)高速鋼　(3)碳化物　(4)陶瓷。 **(3)**

(　) 54. 鑽頭柄上刻有"HS"字樣者，其材質是　(1)高碳鋼　(2)高速鋼　(3)碳化物　(4)高錳鋼。 **(2)**

解 HS 或 HSS 為高速鋼(High Speed Steel)之縮寫。

(　) 55. 鑽削一般鋼料時，鑽頭鑽唇間隙角是　(1)3～7 度　(2)8～12 度　(3)13～17 度　(4)18～22 度。 **(2)**

解 鑽頭的鑽尖各角度詳見第 4 題。

(　) 56. 中心鑽頭的錐角是　(1)45 度　(2)60 度　(3)90 度　(4)120 度。 **(2)**

解 中心鑽頭如下圖所示，前端是小麻花鑽頭，鑽頂角 118 度；後方錐角為 60 度，供頂心支撐之用。

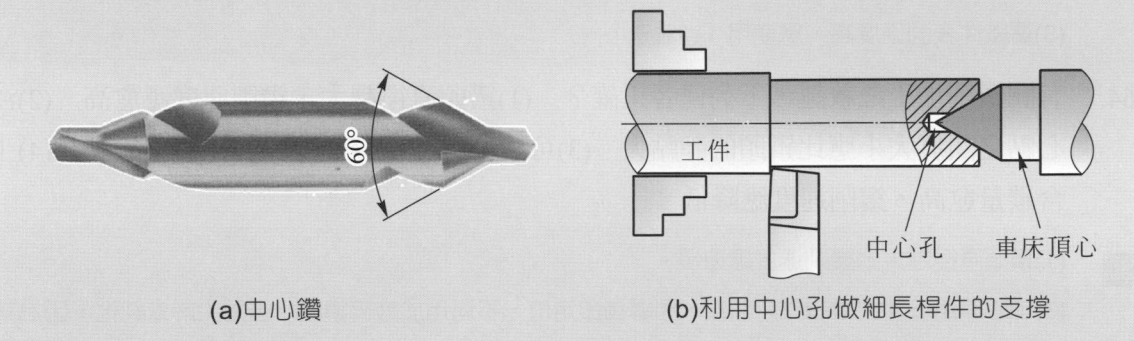

(a)中心鑽　　　　　　　　　　(b)利用中心孔做細長桿件的支撐

(　) 57. 平面磨削時，切削速度計算公式：$V = \pi DN$，其中的"N"表主軸轉速，則"D"為　(1)工件的外徑　(2)工件的內徑　(3)砂輪的外徑　(4)砂輪的內徑。 **(3)**

解 切削速度計算公式：V 是指切削速度；N 是指主軸轉速；D 在車床是指工件的外徑、在銑床或鑽床是指刀具直徑，在磨床是指砂輪直徑。

(　) 58. 切削強度高而硬脆的鋼料，其切屑易成　(1)連續形　(2)不連續形　(3)積屑刃口連續形　(4)積屑刃口不連續形。 **(2)**

解 硬脆材料延性差，切屑為不連續狀。

(　) 59. 切割不規則曲線的工件，應選用　(1)立式帶鋸機　(2)往復式鋸床　(3)金屬圓鋸機　(4)磨料圓鋸機。 (1)

> 解　立式帶鋸機用於切割不規則曲線的工件，如下圖所示：

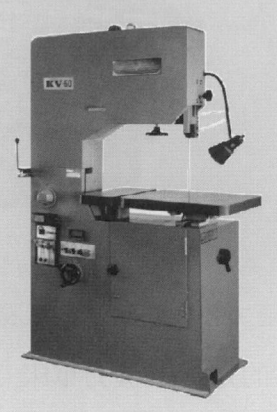

圖片來源：慶祥工業股份有限公司網頁。

(　) 60. 使用臥式帶鋸機鋸切直徑 75mm 的低碳鋼工件時，宜選用的鋸條為每 25.4mm 有　(1)6 齒　(2)8 齒　(3)10 齒　(4)12 齒。 (1)

(　) 61. 帶鋸條的接頭熔接宜採用　(1)對接　(2)搭接　(3)單蓋板式　(4)雙蓋板式。 (1)

(　) 62. 下列何者不屬於帶鋸條熔接的工作程序？　(1)剪切所需長度　(2)敲扁鋸條兩端　(3)磨平兩端　(4)熔接部位回火。 (2)

(　) 63. 下列加工方法何者不正確？　(1)刺沖打點可作為量具與圓規腳尖的支點　(2)研磨淬火鋼料時應使用碳化矽砂輪　(3)臥式銑削有鑄鐵件表面時，應使用順銑法　(4)切削延性材料時為容易形成連續切屑，車刀後斜角應加大。 (123)

> 解　(1)刺沖打點可作為量具與「分規」腳尖的支點。
> (2)研磨淬火鋼料時應使用「氧化鋁」或「白色氧化鋁」砂輪。
> (3)鑄鐵件表面硬度高，應使用「逆銑法」。

(　) 64. 有關鑽削加工之敘述，下列何者正確？　(1)鑽頭直徑越大，鑽削速度應愈高　(2)沖製中心點之凹痕大小應比鑽頭的靜點大　(3)可用中心沖敲碎已斷在工件中之鑽頭　(4)工件的含碳量愈高，鑽削速度應降低。 (24)

> 解　(1)鑽頭直徑越大，鑽削速度應愈慢。
> (3)中心沖用於沖製中心點之凹痕，引導鑽頭定位，不可用於敲碎鑽頭，否則尖端會鈍化，因為鑽頭材質為高速鋼，中心沖為工具鋼。

(　) 65. 下列有關切削刀具的敘述，何者正確？　(1)鑽石刀具不適合切削鐵系材料　(2)陶瓷刀具主要成分為氧化鋁，適合重切削或斷續切削　(3)碳化鎢刀具的耐熱性高於陶瓷刀具　(4)高速鋼刀具硬度宜大於 HRc50 以上。 (14)

> 解　(1)鑽石刀具不適合切削鐵系材料，因鑽石主要元素是碳，與鋼有很好的親和性，會使刀具損壞。
> (2)陶瓷刀具主要成分為氧化鋁，質硬且脆，適合高速輕切削、不適合粗重或斷續切削。
> (3)碳化鎢刀具的耐熱(1100℃)低於陶瓷刀具(1200℃)。
> (4)高速鋼刀具硬度約 HRc66-67。

( ) 66. 有關切削劑之使用，下列敘述何者錯誤？ (1)車床壓花應用水溶性切削劑 (2)非水溶性 (124)
切削劑主要目的為冷卻 (3)碳化鎢車刀在車削過程中已溫度升高時，不可突然對刀片噴
灑大量切削劑降溫 (4)水溶性切削劑主要目的為潤滑。

解 液體切削劑可分為水溶性與非水溶性(油性)。水溶性切削劑以「冷卻」為主要目的、油性切削劑以「潤
滑」為主要目的。
高速切削，溫度高，以冷卻為主，用水溶性切削劑。
低速切削，溫度低，以潤滑為主，用非水溶性(油性)切削劑。
(1)車床壓花為低速切削，用「非水溶性」切削劑。
(2)非水溶性切削劑主要目的為「潤滑」。
(3)碳化鎢車刀在車削過程中已溫度升高時，不可突然對刀片噴灑大量切削劑降溫，避免龜裂。
(4)水溶性切削劑主要目的為「冷卻」。

( ) 67. 對於熱作加工下列何種敘述正確？ (1)工件在退火溫度以下加工 (2)工件在回火溫度以 (34)
下加工 (3)工件在再結晶溫度以上加工 (4)可增加工件內部組織細微化及硬度與延展
性。

解 熱作是工件在「再結晶溫度」以上加工，冷作是工件在「再結晶溫度」以下加工。

( ) 68. 有關攻螺紋之敘述，下列何者正確？ (1)手攻攻盲孔牙宜使用第三攻完成最後精修 (13)
(2)對於貫穿孔的攻牙，必須使用第一攻、第二攻、第三攻的順序攻牙 (3)攻牙之前先倒
角，以導引螺絲攻進入 (4)機械攻牙可沿用鑽孔轉速。

解 (2)貫穿孔攻牙僅須使用第一攻。
(4)機械攻牙應使用低轉速，不可沿用鑽孔轉速。

( ) 69. 機械加工基準面通常選擇 (1)未加工表面 (2)複雜表面 (3)工作圖標註尺寸的基準面 (34)
(4)已加工後的表面。

( ) 70. 鑽頭選擇需考慮 (1)工件材質 (2)鑽頭材質 (3)鑽頭尺寸 (4)鑽床床台尺寸。 (123)

解 (4)床台尺寸與工件大小有關，與鑽頭無關。

( ) 71. 操作加工機械要注意 (1)機器的使用注意事項 (2)自身的安全防護 (3)機械的表面及顏 (124)
色 (4)工具及量具的正確使用方法。

解 (3)機械表面及顏色與操作加工無關。

( ) 72. 切削產生的熱量主要是通過下列何者傳導？ (1)切屑 (2)工件 (3)切削劑 (4)機械主 (123)
軸馬達。

工作項目⑥　機件原理

一、相關知識內容

工作項目	技能種類	相關知識
機件原理	(一)機械元件之認識及功用	1. 瞭解常用齒輪之種類、規格、各部名稱及用途。 2. 瞭解彈簧之種類及用途。
	(二)動力之傳動機構	1. 瞭解無段變速、皮帶輪及鏈輪之特點與用途。 2. 瞭解軸之連接裝置及應用。 3. 瞭解機械效率之意義。

二、精選必考試題

答

(　) 1. 下列何者不是彈簧之主要功能？　(1)吸收震動　(2)吸收衝擊力　(3)吸收熱能　(4)儲存機械能。　(3)

解　彈簧的功能為吸收震動、產生作用力、儲存能量、力的量測。

(　) 2. 下列何者不是彈簧常用的線材？　(1)琴鋼線　(2)不銹鋼線　(3)磷青銅線　(4)鑄鐵線。　(4)

解　鑄鐵質脆不適合製造彈簧。

(　) 3. 彈簧線圈平均直徑 20 mm，線徑 2 mm，其彈簧指數為　(1)18　(2)12　(3)10　(4)2。　(3)

解　彈簧指數係指線圈平均直徑與線徑之比，所以彈簧指數 = $\frac{20}{2}$ = 10。

(　) 4. 主要用以承受彎曲負載之彈簧為　(1)板片彈簧　(2)壓縮彈簧　(3)扭力彈簧　(4)扭力桿式彈簧。　(1)

解　板片彈簧又稱層疊彈簧。

(　) 5. 彈簧常數 55N/mm 之壓縮彈簧，施加 22 N 之力，其撓曲量為　(1)0.4 mm　(2)0.8 mm　(3)1.25mm　(4)2.5 mm。　(1)

解　彈簧常數 = $\frac{外力}{撓曲量}$，故 55 = $\frac{22}{X}$，X = $\frac{22}{55}$ = 0.4mm。

(　) 6. 壓縮彈簧之所有線圈相接觸時的長度為　(1)壓縮長度　(2)壓實長度　(3)自由長度　(4)作用長度。　(2)

解　壓縮彈簧之所有線圈相接觸時，亦即彈簧為壓緊的，為自由長度時所有線圈是不相接觸的。

(　) 7. 兩壓縮彈簧之彈簧常數分別為 20N/mm 及 60N/mm，串聯後之總彈簧常數為　(1)10N/mm　(2)15N/mm　(3)40N/mm　(4)80N/mm。　(2)

解　彈簧串聯，其彈簧常數 k = $\frac{k_1 \times k_2}{k_1 + k_2}$，故 k = $\frac{20 \times 60}{20 + 60}$ = $\frac{1200}{80}$ = 15N/mm。

(　) 8. 兩壓縮彈簧之彈簧常數分別為 30N/mm 及 50N/mm，並聯後之總彈簧常數為　(1)10N/mm　(2)15N/mm　(3)40N/mm　(4)80N/mm。　(4)

> **解** 彈簧並聯，其彈簧常數為各彈簧常數之和，故 k = k₁ + k₂ = 30 + 50 = 80N/mm。

( )9. 相對於正齒輪，下列何者不是螺旋齒輪之主要特點？　(1)較高噪音　(2)較高接觸比　(3)較高傳遞速度　(4)較高傳遞動力。　(1)

( )10. 漸開線正齒輪之漸開線起始點為齒輪之　(1)節圓　(2)基圓　(3)齒根圓　(4)滾動圓。　(2)

> **解** 漸開線齒輪外形曲線決定於基圓，漸開線始於基圓向外延伸，故基圓內部不可能有漸開線。

( )11. 齒數分別為 120 與 24、模數為 2 之兩內接齒輪囓合，其中心距離為　(1)80mm　(2)96mm　(3)120mm　(4)144mm。　(2)

> **解** 齒輪為內接，故中心距 $C = \dfrac{D_1 - D_2}{2} = \dfrac{M(T_1 - T_2)}{2} = \dfrac{2(120 - 24)}{2} = 96mm$。

( )12. 齒數分別為 120 與 24、模數為 3 之兩外接齒輪囓合，其中心距離為　(1)80mm　(2)96mm　(3)144mm　(4)216mm。　(4)

> **解** 齒輪為外接，故中心距 $C = \dfrac{D_1 + D_2}{2} = \dfrac{M(T_1 + T_2)}{2} = \dfrac{3(120 + 24)}{2} = 216mm$。

( )13. 下列何種齒輪適用於較大之減速比　(1)正齒輪　(2)螺旋齒輪　(3)斜齒輪　(4)蝸桿與蝸輪。　(4)

> **解** 蝸桿與蝸輪的傳動，其主要優點即是高減速比，其次是不易倒行、噪音小及用於兩軸垂直正交。

( )14. 螺旋角為 30°、周節為 26.594mm 之螺旋齒輪，其法向周節為　(1)23.031mm　(2)30.031mm　(3)46.062mm　(4)50.062mm。　(1)

> **解** 法周節=周節與螺旋角餘弦值相乘積；故法周節= 26.594 × cos 30° = 26.594 × 0.866 = 23.031mm。

( )15. 20°短齒制齒輪之齒冠高為模數之　(1)0.8　(2)1　(3)1.25　(4)1.5。　(1)

( )16. 依 CNS 標準，20°全齒深標準齒輪之齒根高度為模數之　(1)0.8　(2)1　(3)1.25　(4)1.5。　(3)

> **解** 20°全深齒制之齒根高度= 1.25M，20°短齒制之齒根高度= 1M。

( )17. 下列何者為不宜採用之常用齒輪模數值　(1)2.00　(2)2.25　(3)2.35　(4)2.75。　(3)

( )18. 齒冠圓與相囓合齒根圓間的距離，稱為　(1)背隙　(2)齒間隙　(3)齒間　(4)工作間隙。　(2)

( )19. 相鄰兩漸開線齒在節圓上的弧長，稱為　(1)基節　(2)周節　(3)徑節　(4)節圓。　(2)

( )20. 傳動機構之機械效率恆為　(1)小於 1　(2)大於 1　(3)等於 1　(4)等於 2。　(1)

( )21. 我國國家標準(CNS)採用公制齒輪壓力角是　(1)14.5 度　(2)15 度　(3)20 度　(4)22.5 度。　(3)

( )22. 兩囓合齒輪的一對輪齒，自接觸點開始直到節點止，齒輪所旋轉的角度，稱為　(1)作用角　(2)壓力角　(3)漸近角　(4)漸遠角。　(3)

( )23. 兩囓合齒輪之作用線與節圓公切線的夾角，稱為　(1)壓力角　(2)漸近角　(3)漸遠角　(4)作用角。　(1)

( )24. 下列何種齒輪囓合時，兩軸夾角大於 90°？　(1)直齒斜齒輪　(2)冠狀齒輪　(3)斜方齒輪　(4)人字齒輪。　(2)

( ) 25.	公制齒輪節圓直徑與齒數之比，稱為　(1)周節　(2)模數　(3)徑節　(4)工作深度。		(2)

( ) 26.　齒頂高與齒根高之和，稱為　(1)齒深　(2)工作深度　(3)齒寬　(4)齒厚。　　(1)

( ) 27.　欲使兩齒輪傳動時壓力角保持一定，齒輪輪齒的曲線應為　(1)螺旋線　(2)拋物線　(3)雙曲線　(4)漸開線。　　(4)

( ) 28.　兩內接漸開線正齒輪的特性為　(1)兩軸心相交成 45 度　(2)兩輪轉向相同　(3)不會發生嚙合干涉　(4)速比與齒數成正比。　　(2)

解　(1)兩軸心成平行；(3)容易發生嚙合干涉，產生過切現象；(4)速比與齒數成反比。

( ) 29.　一齒輪之齒數為 30，外徑為 128mm，則模數為　(1)3mm　(2)4mm　(3)30mm　(4)40mm。　　(2)

解　齒輪外徑及齒頂圓= M(T + 2)，128 = M(30 + 2)，M = 4mm。

( ) 30.　彈簧床使用的彈簧是　(1)拉伸彈簧　(2)扭轉彈簧　(3)葉片彈簧　(4)壓縮彈簧。　　(4)

解　彈簧床使用的彈簧為錐形壓縮彈簧，受力後小圈會收入大圈內，可減少彈簧體積。

( ) 31.　具有儲存能量功能的機件是　(1)鍵　(2)銷　(3)彈簧　(4)軸承。　　(3)

解　彈簧的功能為吸收震動、產生作用力、儲存能量、力的量測。

( ) 32.　一彈簧承受150N 之負荷，壓縮量為 15mm 時，則其彈簧常數應為　(1)0.1N/mm　(2)5N/mm　(3)10N/mm　(4)50N/mm。　　(3)

解　彈簧常數 $k = \dfrac{外力}{撓曲量} = \dfrac{F}{\delta} = \dfrac{150}{15} = 10$　N/mm。

( ) 33.　為了防止平皮帶從帶輪脫落，其輪面常製成　(1)完全平滑　(2)凹凸不平　(3)中間凹下　(4)中間凸出。　　(4)

( ) 34.　下列何種撓性傳動在負荷太大時，最容易產生滑移現象？　(1)皮帶輪　(2)鏈輪　(3)齒輪　(4)時規帶輪。　　(1)

解　三角皮帶是靠摩擦力傳動，容易產生滑移現象，其傳動速比較不穩定。

( ) 35.　距離較遠但速比需正確時，最佳的傳動方式是採用　(1)皮帶　(2)鏈條　(3)繩子　(4)鋼索。　　(2)

( ) 36.　鏈條與鏈輪的傳動方式是屬於　(1)剛性直接接觸　(2)剛性間接接觸　(3)撓性直接接觸　(4)撓性間接接觸。　　(4)

( ) 37.　以拉力傳遞的機件組合是　(1)齒輪組　(2)凸輪組　(3)摩擦輪組　(4)鏈條與鏈輪。　　(4)

解　(4)鏈條與鏈輪僅能傳達拉力，無法傳遞推力。

( ) 38.　一般卡車的傳動軸使用之接頭為　(1)歐丹連接器　(2)套筒連接器　(3)萬向接頭　(4)凸緣接頭。　　(3)

( ) 39.　歐丹聯軸器常用於下列何者之聯結？　(1)兩軸交角小於 5 度　(2)兩軸交角小於 30 度　(3)兩軸平行且軸心距小　(4)兩軸平行且軸心距大。　　(3)

( ) 40. 省時而費力之機構，其機械利益為　(1)大於 1　(2)等於 1　(3)小於 1　(4)大於等於 1。　(3)

解 省力者機械利益大，費力者機械利益小。

( ) 41. 在同一高度之斜面向上推物時，斜面愈長則愈　(1)省時省力　(2)費力費時　(3)省力費時　(4)費力省時。　(3)

解 斜面愈長代表斜面之 θ 角愈小，而機械利益 $M = \dfrac{W}{F} = \dfrac{1}{\sin\theta} = \csc\theta$，餘割函數 $\csc\theta$ 其 θ 愈小則函數值愈大，是故愈省力、費時。

( ) 42. 省力但費時之機構，其機械利益為　(1)大於 1　(2)等於 1　(3)小於 1　(4)等於 0。　(1)

解 省力者機械利益大，費力者機械利益小。

( ) 43. 公制 V 形螺紋的敘述，下列何者正確？　(1)牙頂為弧形　(2)牙角為 60°　(3)牙底為弧形　(4)節徑為公稱尺寸。　(23)

解 (1)公制 V 形螺紋之牙頂為平面、牙底為弧形；(4)公制 V 形螺紋之外徑為公稱尺寸。

( ) 44. 下列何者為螺絲的功用？　(1)結合機件　(2)傳達運動或輸送動力　(3)調整機件位置　(4)儲藏能量。　(123)

解 (4)儲藏能量為彈簧的功能。

( ) 45. 下列何者為帶頭斜鍵的功用？　(1)鎚擊後承受振動不致脫落　(2)防止軸上的機件沿軸向移動　(3)鉤狀頭部有利拆卸　(4)利用摩擦阻力傳達動力。　(123)

解 (4)帶頭斜鍵是利用剪力與壓力傳達動力，利用摩擦阻力傳達動力是鞍型鍵。

( ) 46. 下列何者為彈簧的主要功用？　(1)可儲存能量　(2)可吸收振動　(3)可量測力量的大小　(4)減小摩擦。　(123)

解 彈簧的功能為吸收震動、產生作用力、儲存能量、力的量測。

( ) 47. 可用於承受軸向推力的軸承為　(1)滾珠軸承　(2)滾針軸承　(3)斜滾柱軸承　(4)止推軸承。　(134)

解 (2)滾針軸承是滾子軸承的一種，其針狀滾子直徑約 2～5mm，屬於徑向軸承。

( ) 48. 連接兩個軸的敘述，下列何者為正確？　(1)永久性結合者稱為聯結器　(2)可迅速連結或脫離者稱為離合器　(3)歐式連結器用於兩軸心線平行且有一些偏位　(4)錐形離合器的半錐角一般為 5°。　(123)

解 (4)錐形離合器的半錐角一般為 8°~14°，以 12.5°為宜。

( ) 49. 英制三角皮帶的敘述，下列何者正確？　(1)常用規格有 A,B,C, D 及 E 五類　(2)A20 的三角皮帶是用於直徑 20 公分的皮帶輪　(3)滑動少　(4)適用於軸間距極小或極大的場合。　(13)

解 (2)A20 的三角皮帶是用於直徑 20″ (英吋)的皮帶輪。

解 (4)適用於兩軸間距較短、角速比較大，以至於接觸弧太短或接觸角較小之場合。

(　) 50. 鏈輪的敘述，下列何者正確？ (1)速比固定 (2)不易受熱及溼氣的影響 (3)兩軸不平行 (124)
可使用 (4)鬆邊的張力幾近於零。

> 解 (3)鏈輪適用於兩軸平行之場合。

(　) 51. 齒輪系的惰輪主要功能爲 (1)改變轉向 (2)帶動被動輪 (3)增加速比 (4)減少齒輪中 (12)
心距。

> 解 (3)惰輪無法改變速比。
> (4)惰輪通常會增加齒輪中心距。

(　) 52. 三角皮帶傳動的優點 (1)噪音小 (2)中心距離較大 (3)速比較固定 (4)轉速比都大於 (12)
8。

> 解 (3)三角皮帶是靠摩擦力傳動，容易產生滑移現象，其傳動速較不穩定。
> (4)三角皮帶之轉速比最大為 7。

工作項目 ⑦ 電腦概論

一、相關知識內容

工作項目	技能種類	相關知識
電腦概論	(一) 檔案管理	瞭解視窗系統檔案管理之基本概念
	(二) 應用軟體簡介	瞭解電腦輔助設計應用軟體之基本操作方法與功用。
	(三) 網際網路	瞭解連線上網、電子郵件、檔案傳輸之基本操作方法。

二、精選必考試題

答

( ) 1. 下列敘述何者錯誤？ (1)1Byte = 8bits (2)1KB = 2^{10}bytes (3)1MB = 2^{15}bytes (4)1GB = 2^{30}bytes。 — (3)

解 (3)1MB=2^{20}bytes；1KB=2^{10}bytes。

( ) 2. 不屬於建構網路的專用裝置為 (1)網路卡 (2)滑鼠 (3)IP 分享器 (4)路由器(Router)。 — (2)

( ) 3. 在 Outlook Express 中，「內送郵件伺服器」係指 (1)POP3 伺服器 (2)FTP 伺服器 (3)BBS 伺服器 (4)SMTP 伺服器。 — (1)

( ) 4. 下列敘述何者正確？ (1)Winzip 為電子郵件軟體 (2)Microsoft Access 為資料庫管理軟體 (3)SSL 為全球資訊網頁瀏覽器軟體 (4)Microsoft FrontPage 為檔案傳輸軟體。 — (2)

解 (1)Winzip 為檔案壓縮/解壓縮軟體；(3)SSL(Secure Sockets Layer) 是網頁伺服器和瀏覽器之間以加解密方式溝通的安全技術標準，這個溝通過程確保了所有在伺服器與瀏覽器之間通過資料的私密性與完整性；(4)Microsoft FrontPage 為網頁製作/設計軟體。

( ) 5. 傳輸媒體的有效傳輸距離最短，且易受地形地物之干擾者為 (1)同軸電纜 (2)紅外線 (3)光纖 (4)雙絞線。 — (2)

解 紅外線常受到本身功率及遮蔽地形物，其有效傳輸距離最短。

( ) 6. 資料在網路傳輸過程中，下列何者較適合防止被竊讀？ (1)防火牆 (2)加密 (3)廣告攔截 (4)無線網路。 — (2)

解 資料在網路傳輸過程中加密，可增其安全性，減少被竊讀的可能性，其加密位元數愈高，安全性就愈高。

( ) 7. 部份永久存於唯讀記憶體中之軟體稱為 (1)韌體 (2)軟體 (3)輔助記憶體 (4)硬體。 — (1)

( ) 8. 下列 URL(Uniform Resource Locator)格式，何者正確？ (1)http://abc.com/543/ (2)http:happy.edu:168 (3)ftp:\\ftp.chsen.net (4)happy@www.chsen.gov。 — (1)

( ) 9. 下列何者可能增加電腦病毒侵入機會？ (1)隨時備份檔案 (2)定期更新作業系統 (3)執行來路不明的程式 (4)視需要才連接網際網路。 — (3)

( ) 10. 下列網路傳輸設備中，可將網路訊號增強後再送出者為 (1)中繼器(Repeater) (2)橋接器(Bridge) (3)交換器(Switch) (4)路由器(Router)。 — (1)

解 中繼器是用來加強纜線上的訊號，把信號送得更遠，以延展網路長度。當電子訊號在電纜上傳送時，訊號強度會隨著傳遞長度的增加而遞減。因此需要中繼器將訊號重新加強以增加資料的傳送距離。

(　　) 11. 在電腦硬體的組成單元中，下列何者與算術邏輯單元(ALU)合稱為中央處理單元(CPU)？　(1)控制單元　(2)輸出單元　(3)儲存單元　(4)輸入單元。 (1)

(　　) 12. 在區域網路中，通常資料的傳輸是採用　(1)串列方式　(2)並列方式　(3)串列與並列混合方式　(4)不拘任何方式。 (1)

解 所謂串列方式，是將要傳輸的資料排列成串，一個接著一個逐一傳送，常用於遠距離的傳輸，例如 RS-232C 和 Ethernet 等。

(　　) 13. 資料通訊之傳輸速度單位為　(1)BPI　(2)BPS　(3)CPI　(4)CPS。 (2)

解 BPS 即是 Byte per second 的簡稱。而電腦一般都以 Bps 顯示速度，如 1Mbps 大約等同 128 KBps。

(　　) 14. 下列中英文專有名詞對照，何者錯誤？　(1)電子郵件：E-Mail　(2)網際網路：WWW　(3)廣域網路：LAN　(4)電子佈告欄：BBS。 (3)

解 LAN 是指區域網路，即 Local Area Network。

(　　) 15. 下列何者不屬於電腦網路之應用？　(1)檔案管理系統　(2)視訊會議　(3)電子郵件　(4)遠距教學。 (1)

解 檔案管理系統與電腦網路無關，僅屬於一般電腦資料處理。

(　　) 16. 下列有關使用電腦之敘述，何者正確？　(1)軟式磁片上之刮痕係電腦病毒所造成　(2)資料檔案與備份檔案不宜保存在同一電腦以策安全　(3)綠色電腦指可保護眼睛之綠色螢幕之電腦　(4)電腦實習課程可權宜使用盜版軟體，只要套數不得超過 40 份。 (2)

解 (1)軟式磁片上之刮痕係人為不當所造成；(3)綠色電腦是指一種安全、節能型電腦，它可將耗電量、原材料消耗以及對人體健康和環境危害減到最低；(4)電腦實習課程仍須合法使用授權軟體，以免觸犯智慧財產權。

(　　) 17. 最適合撰寫、編輯、擷取、儲存及列印各種文件資料的軟體為　(1)會計軟體　(2)文書處理軟體　(3)繪圖軟體　(4)通訊軟體。 (2)

(　　) 18. CAD 系統中所用的數位板(Digitizer)是屬於　(1)控制單元　(2)輸出單元　(3)記憶單元　(4)輸入單元。 (4)

解 數位板同於滑鼠、鍵盤，乃屬於輸入單元。

(　　) 19. 下列敘述何者錯誤？　(1)CAD 軟體若與現況需求不符而不用時，可轉贈他人　(2)首次啟用 CAD 軟體標註尺度前，應先設定符合 CNS 標準之尺度型式　(3)應依規定，每工作 2 小時至少應有 15 分鐘休息以保護繪圖員之視力　(4)CAD 軟體係用於機械設計，無法應用於電路設計。 (4)

解 (4)CAD 軟體係用於機械設計，也可應用於電路設計。

(　　) 20. CAD 軟體是屬於　(1)作業系統　(2)應用軟體　(3)編譯程式　(4)直譯程式。 (2)

( ) 21. 下列敘述何者錯誤？ (1)使用 CAD 後，對於傳統機械製圖的學習都是多餘的 (2)使用 CAD 可將圖形旋轉方向，並搬移至新的位置 (3)繪圖機與印表機是電腦的輸出裝置 (4)CAD 之座標系有多種。 **(1)**

> 解 (1)使用 CAD 後，對於傳統機械製圖的學習還是必需的。

( ) 22. 電腦輔助機械製圖若與傳統機械製圖相比，其應用上之最大優勢為 (1)繪製簡單形狀之工作圖 (2)圖形較易儲存及編修 (3)較易畫草圖 (4)設備價格較低。 **(2)**

( ) 23. 電腦輔助製圖通常簡稱為 (1)CAM (2)CAE (3)CAD (4)CAS。 **(3)**

> 解 (1)CAM：Computer Aided Manufacture，即電腦輔助製造。
> (2)CAE：Computer Aided Engineering，即電腦輔助工程。
> (3)CAD：Computer Aided Drawing，即電腦輔助製圖。
> (4)CAS：Computer Aided System，即電腦輔助系統。

( ) 24. 在 Windows XP 中，使用網路之公用繪圖機出圖時，應先設定 (1)服務 (2)網路印表機 (3)新增印表機 (4)網路 TCP/IP。 **(4)**

( ) 25. 在 Microsoft Word 2003 中，B4 大小的文件若要直接列印在 A4 紙張，應 (1)再重新排版為 A4 大小的文件，無法直接列印 (2)選取「一般工具列」按「列印」 (3)選取「檔案」/「列印」/在「配合紙張調整大小」選「A4」/再按「確定」 (4)選取「檔案」/「列印」/再按「確定」。 **(3)**

( ) 26. 在 Windows Vista 系統下，「控制台」中之「同步中心」具 (1)調整顯示器亮度、音量、電源選項及其他常用的攜帶型電腦設定功能 (2)設定 Windows Side Show 設定功能 (3)設定 Windows 資訊看板功能 (4)同步處理使用中的電腦與其他電腦、裝置及網路資料夾之間的資訊功能。 **(4)**

( ) 27. 在 Microsoft Power Point 2003 中，投影片方向要調整時，需 (1)選取「檔案/版面設定」 (2)選取「編輯/版面設定」 (3)選取「檔案/列印」 (4)選取「橫向」即可。 **(1)**

( ) 28. 下列何者較宜使用固定 IP 位址？ (1)網路競標 (2)網路訂票 (3)建立個人網站 (4)網路 ATM 轉帳。 **(3)**

> 解 個人網站最好使用固定 IP 位址，方便其他使用者的讀取。

( ) 29. 下列有關於雙核心 CPU 的敘述，何者正確？ (1)CPU 加入了 Hyper-Threading 技術 (2)利用平行運算技術以提高效能 (3)是 32 位元的 2 倍，即 64 位元 CPU (4)時脈是單核心 CPU 時脈的 2 倍。 **(2)**

( ) 30. 在 Microsoft Excel 2003 中，列印「活頁簿內所有工作表的內容」應選取 (1)列印「所有工作表的內容」 (2)「檔案/列印/列印範圍」之「全部」 (3)「檔案/列印/列印內容」之「整本活頁簿」 (4)「檔案/版面設定」之「工作表」。 **(3)**

( ) 31. 在 Windows XP 的「檔案總管」中，若將選自 D 磁碟中的資料夾拖曳至 E 磁碟中，則其執行 (1)複製 (2)搬移 (3)刪除 (4)剪下。 **(1)**

( ) 32. 電子郵件在傳輸時，下列何者有助於防止資料被竊取？　(1)加密　(2)副本　(3)壓縮　(4)回傳給本人。　(1)

> **解** 資料在網路傳輸過程中加密，可增其安全性，減少被竊讀的可能性，其加密位元數愈高，安全性就愈高。

( ) 33. Outlook Express 中，寄出郵件可保留一份在　(1)草稿　(2)寄件匣　(3)收件匣　(4)寄件備份。　(4)

( ) 34. 在 Windows XP 的「控制台/系統/硬體/裝置管理員」中，若裝置間互相發生嚴重衝突，則會在該裝置前面顯示　(1)$　(2)%　(3)？　(4)！。　(4)

( ) 35. 下列的 URL 表示法，何者錯誤？　(1)bss://www.labor.gov.tw/　(2)https://nice.ntou.edu.tw　(3)ftp://ftp.labor.gov.tw/　(4)mms://www.labor.gov.tw/labor.wma。　(1)

( ) 36. 在 Windows XP Professional 中，可以查詢目前系統的網路卡 IP 位址之指令為　(1)ipconfig　(2)config　(3)ping　(4)netstat。　(1)

( ) 37. 在 Microsoft Excel 2003 中，若將 B2 儲存格內所定義之公式「=A\$1+\$B2*C\$1」，複製至 C5 儲存格內，則在 C5 儲存格內所定義之公式可為　(1)「=A\$1+\$B5*C\$1」　(2)「=B\$1+\$B5*D\$1」　(3)「=B\$1+\$C5*D\$1」　(4)「=A\$2+\$B2*C\$5」。　(2)

( ) 38. 下列有關 Windows XP 之敘述，何者錯誤？　(1)HTTP 協定適合用於網路上的安全交易　(2)IE 能支援背景聲音為 MIDI 的音效　(3)Windows 2003 Server 作業系統預設管理者帳號為 administrator　(4)可使用附屬應用程式中的「記事本」編輯網頁。　(1)

> **解** (1)HTTP 協定是指超文字傳輸協定(英文：Hyper Text Transfer Protocol，縮寫：HTTP)是網際網路上應用最為廣泛的一種網路協議。

( ) 39. 下列有關電腦病毒之敘述，何者錯誤？　(1)有些電腦病毒能夠自行複製與傳播到其他程式中　(2)電腦病毒是一段附在電腦系統的程式碼，讓使用者不便　(3)所有的電腦病毒都只會破壞軟體，不會破壞硬體　(4)開機型病毒經常隱藏於磁片或磁碟的啟動磁區。　(3)

> **解** 有的電腦病毒都不只會破壞軟體，也會破壞硬體，例如硬式磁碟機、RAM 等，同樣也會有被破壞之虞。

( ) 40. 下列有關 Microsoft Office 2003 之敘述，何者錯誤？　(1)「字數統計」也將全形的標點符號計算成一個字數　(2)列印講義時，每一頁最多可以列印 9 張投影片　(3)Word 製作文件之預設的副檔名.PTT　(4)文件可以直接進行「簡體中文」與「繁體中文」的轉換。　(3)

> **解** (3)Word 製作文件之預設的副檔名為.DOC。

( ) 41. 下列有關「電子郵件信箱」的敘述，何者正確？　(1)使用者可自訂郵件夾　(2)移轉到垃圾箱之郵件無法回復　(3)不能同時發多個郵件帳號信箱　(4)寄出的郵件不可設定同時進行寄件備份。　(1)

> **解** (2)移轉到垃圾箱之郵件仍可回復，通常僅丟至垃圾桶，並非真的刪除。
> (3)是可以同時發多個郵件帳號信箱。
> (4)寄出的郵件可設定同時進行寄件備份。

( ) 42. Microsoft Word 文書處理軟體，要在表格中插入定位點操作可按何快速鍵　(1)Tab　(2)Ctrl+Tab　(3)Shift+Tab　(4)Alt+Tab。　(2)

工作項目 ⑧ 氣油壓概論

一、相關知識內容

工作項目	技能種類	相關知識
氣油壓概論	(一) 油壓基本原理	瞭解油壓之基本概念。
	(二) 油壓發生裝置	瞭解油壓幫浦之基本構造。
	(三) 油壓元件	1. 瞭解油壓元件之構造。 2. 瞭解油壓元件各部位名稱符號及功用。 3. 瞭解油壓元件工作法及工作安全。 4. 瞭解油壓設備之基本保養。

二、精選必考試題

答

( ) 1. 氣壓元件符號 ⬦⊟⊟⬦ ，係指 (1)乾燥器 (2)潤滑器 (3)調理組合 (4)冷卻器。　(3)

　解　調理組合又稱三點組合，符號如題目所示，由空氣濾清器、調壓閥、潤滑器三元件組成。

( ) 2. 液壓油以流量 25L/min 通過內徑 11mm 的油壓管，則其流速約爲 (1)4.3m/s (2)5.3m/s (3)6.3m/s (4)7.3m/s。　(1)

　解　流量＝油壓管面積×流速(即 Q＝A×V)。

　　單位換算：25 L/min＝25×1000 cm³/min＝25×1000/60 cm³/秒

　　$Q＝A×V \Rightarrow \dfrac{25×1000}{60}＝\dfrac{\pi×(1.1)^2}{4}×V$，V＝438 cm/s＝4.38 m/s。

( ) 3. 元件符號 ⊙─，係指 (1)單向定排量油壓馬達 (2)單向定排量油壓泵 (3)單向可變排量油壓泵 (4)單向可變排量油壓馬達。　(2)

　解　⊙＝單向定排量油壓馬達、⊘＝單向可變排量油壓馬達。

　　⊙＝單向定排量油壓泵、⊘＝單向可變排量油壓泵。

　　(註：小三角形指向圓心表示馬達、指向外表示油壓泵，有斜向箭頭表示可變)

( ) 4. 管路內的流體做均勻且有規律之流動時，稱爲 (1)亂流 (2)擾流 (3)順流 (4)層流。　(4)

( ) 5. 油壓元件符號 ⊟⇗⊟ ，係指 (1)單動缸 (2)雙動缸 (3)單動雙緩衝缸 (4)雙動雙緩衝缸。　(4)

　解　選項中的元件符號如下所示

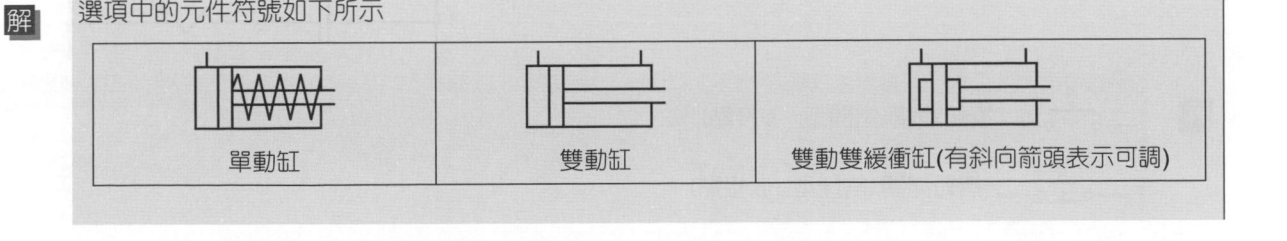

單動缸	雙動缸	雙動雙緩衝缸(有斜向箭頭表示可調)

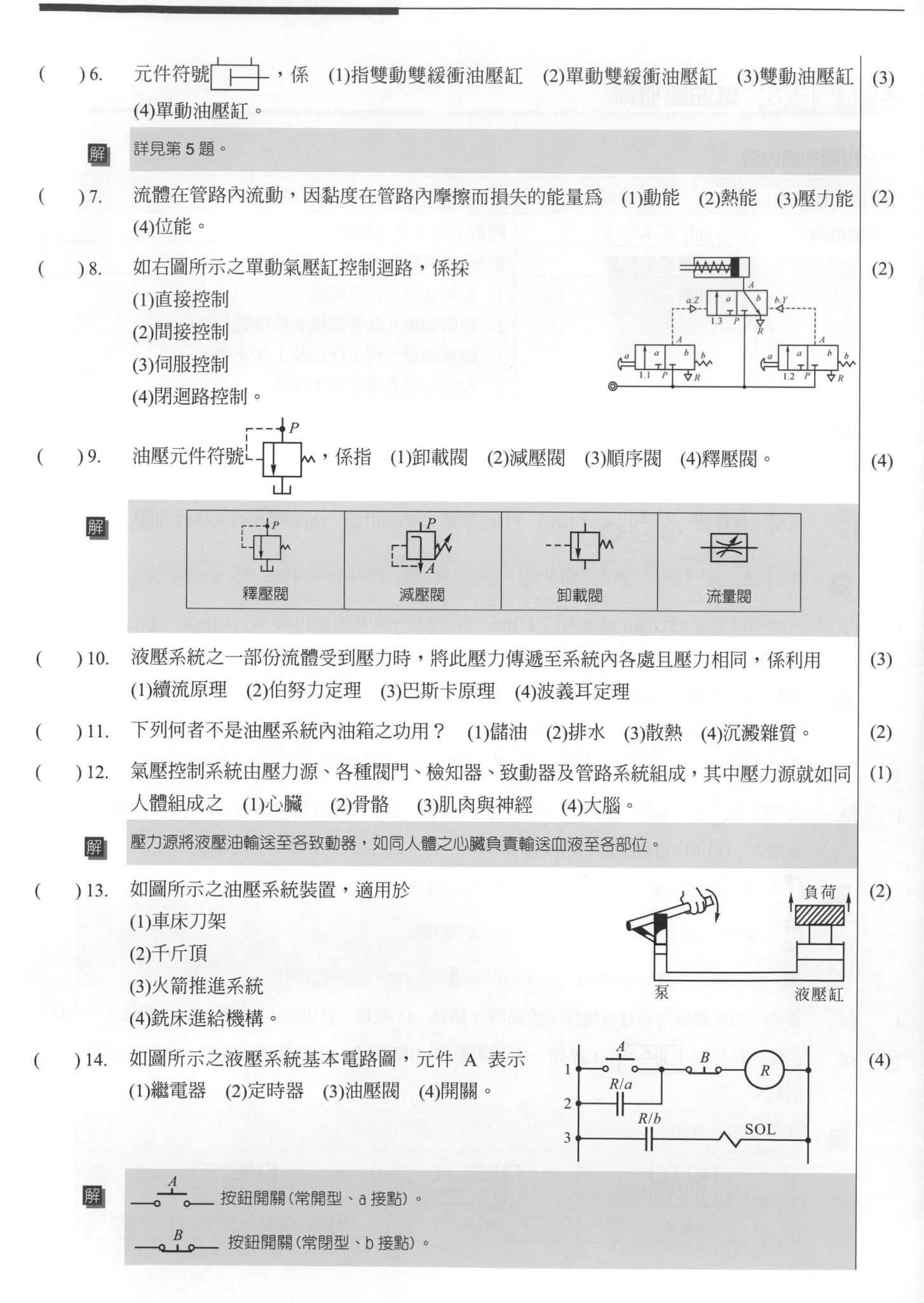

( ) 6. 元件符號 ，係 (1)指雙動雙緩衝油壓缸 (2)單動雙緩衝油壓缸 (3)雙動油壓缸 (3)
(4)單動油壓缸。

解 詳見第 5 題。

( ) 7. 流體在管路內流動,因黏度在管路內摩擦而損失的能量為 (1)動能 (2)熱能 (3)壓力能 (2)
(4)位能。

( ) 8. 如右圖所示之單動氣壓缸控制迴路,係採 (2)
(1)直接控制
(2)間接控制
(3)伺服控制
(4)閉迴路控制。

( ) 9. 油壓元件符號 ,係指 (1)卸載閥 (2)減壓閥 (3)順序閥 (4)釋壓閥。 (4)

解

| 釋壓閥 | 減壓閥 | 卸載閥 | 流量閥 |

( ) 10. 液壓系統之一部份流體受到壓力時,將此壓力傳遞至系統內各處且壓力相同,係利用 (3)
(1)續流原理 (2)伯努力定理 (3)巴斯卡原理 (4)波義耳定理

( ) 11. 下列何者不是油壓系統內油箱之功用? (1)儲油 (2)排水 (3)散熱 (4)沉澱雜質。 (2)

( ) 12. 氣壓控制系統由壓力源、各種閥門、檢知器、致動器及管路系統組成,其中壓力源就如同 (1)
人體組成之 (1)心臟 (2)骨骼 (3)肌肉與神經 (4)大腦。

解 壓力源將液壓油輸送至各致動器,如同人體之心臟負責輸送血液至各部位。

( ) 13. 如圖所示之油壓系統裝置,適用於 (2)
(1)車床刀架
(2)千斤頂
(3)火箭推進系統
(4)銑床進給機構。

( ) 14. 如圖所示之液壓系統基本電路圖,元件 A 表示 (4)
(1)繼電器 (2)定時器 (3)油壓閥 (4)開關。

解 按鈕開關(常開型、a 接點)。

按鈕開關(常閉型、b 接點)。

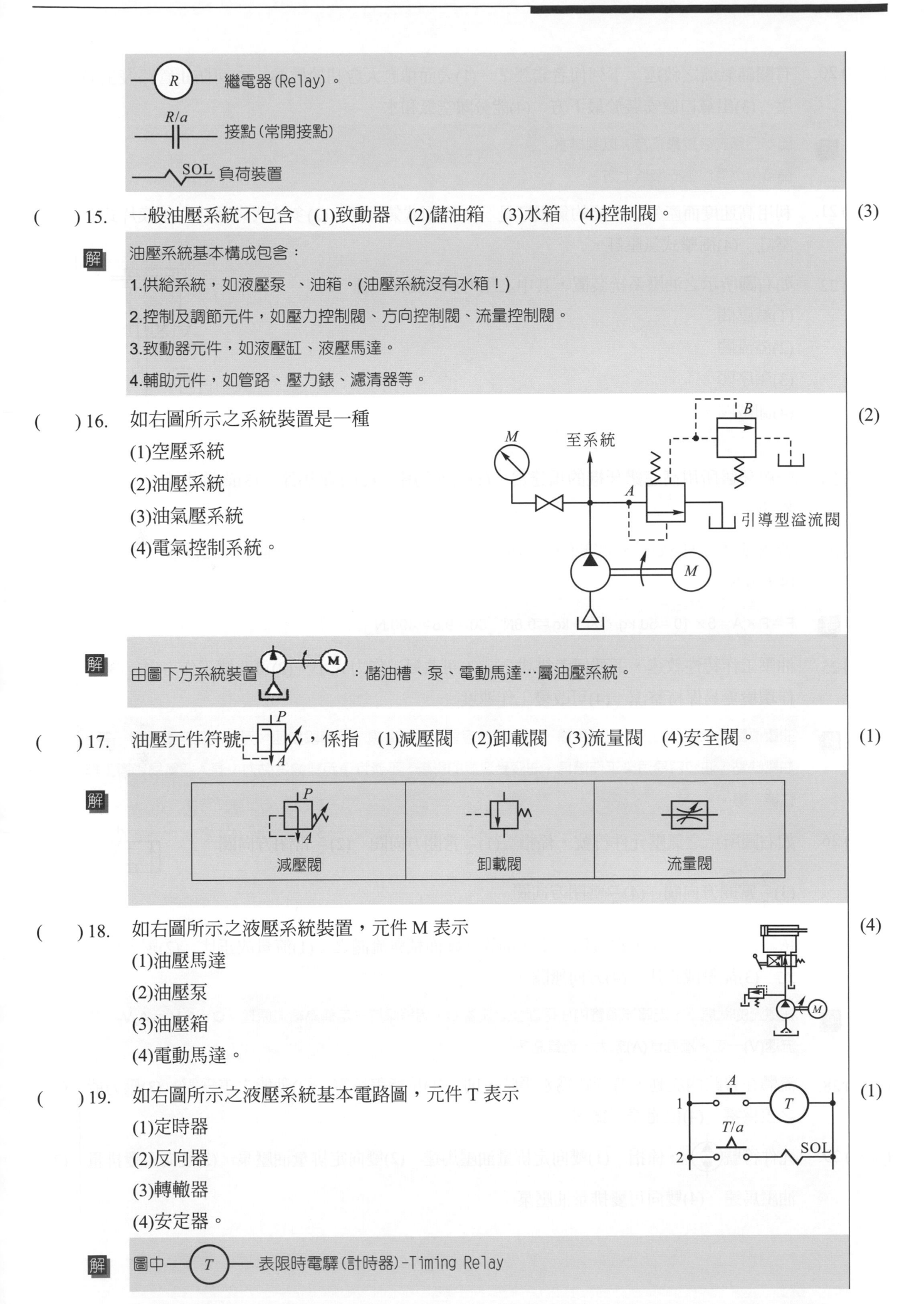

—（R）— 繼電器(Relay)。

R/a
—||— 接點(常開接點)

—〜SOL 負荷裝置

(　) 15. 一般油壓系統不包含　(1)致動器　(2)儲油箱　(3)水箱　(4)控制閥。　(3)

解 油壓系統基本構成包含：

1.供給系統，如液壓泵 、油箱。(油壓系統沒有水箱！)

2.控制及調節元件，如壓力控制閥、方向控制閥、流量控制閥。

3.致動器元件，如液壓缸、液壓馬達。

4.輔助元件，如管路、壓力錶、濾清器等。

(　) 16. 如右圖所示之系統裝置是一種

(1)空壓系統

(2)油壓系統

(3)油氣壓系統

(4)電氣控制系統。　(2)

至系統　B　引導型溢流閥

解 由圖下方系統裝置 ：儲油槽、泵、電動馬達…屬油壓系統。

(　) 17. 油壓元件符號，係指　(1)減壓閥　(2)卸載閥　(3)流量閥　(4)安全閥。　(1)

解

減壓閥	卸載閥	流量閥

(　) 18. 如右圖所示之液壓系統裝置，元件 M 表示

(1)油壓馬達

(2)油壓泵

(3)油壓箱

(4)電動馬達。　(4)

(　) 19. 如右圖所示之液壓系統基本電路圖，元件 T 表示

(1)定時器

(2)反向器

(3)轉轍器

(4)安定器。　(1)

解 圖中 —（T）— 表限時電驛(計時器)-Timing Relay

( )20. 有關儲氣筒之敘述，下列何者錯誤？ (1)表面積愈大愈利於散熱 (2)可防止管路發生浪壓 (3)出氣口應安裝於最下方 (4)能分離空氣和水。　(3)

> **解** 出水口應安裝於最下方，以利排水。
> 儲氣筒出氣口應安裝於上方。

( )21. 利用高速度而產生高動能的氣壓缸是 (1)緩衝式氣壓缸 (2)多位式氣壓缸 (3)膜片式氣壓缸 (4)衝擊式氣壓缸。　(4)

( )22. 如右圖所示之油壓系統裝置，其中之壓力控制閥係一種
(1)減壓閥
(2)溢流閥
(3)順序閥
(4)卸載閥。　(2)

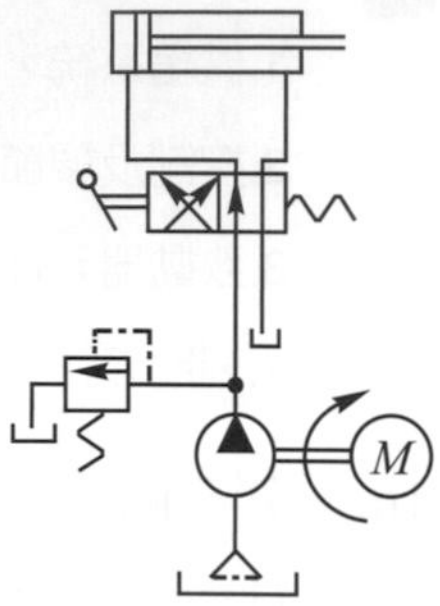

( )23. 一般牙醫所用高速鑽牙機的馬達為 (1)活塞馬達 (2)油壓馬達 (3)齒輪馬達 (4)空壓馬達。　(4)

( )24. 若空氣壓力 $5kg/cm^2$、活塞面積 $10cm^2$，則氣壓缸理論出力為 (1)49N (2)50N (3)490N (4)600 N。　(3)

> **解** $F＝P×A＝5×10＝50$ kg，因 1 kg＝9.8N，$50×9.8＝490$ N。

( )25. 油壓工作特性敘述，下列何者錯誤？ (1)可改變工作力大小 (2)可改變工作方向 (3)工作環境更易保持整潔 (4)可改變工作速度。　(3)

> **解** 油壓優點：承載能力大、傳動平穩、出力調整容易、動作滑順、可無段變速、元件能夠自動潤滑…等。
> 油壓缺點：油液容易污染工作環境、油液受溫度的影響、不適宜遠距離輸送動力、混入空氣易影響工作性能…等。

( )26. 如右圖所示之氣壓元件符號，係指 (1)$\frac{3}{2}$ 常開方向閥 (2)$\frac{3}{2}$ 常閉方向閥 (3)$\frac{2}{3}$ 常開方向閥 (4)$\frac{2}{3}$ 常閉方向閥。　(2)

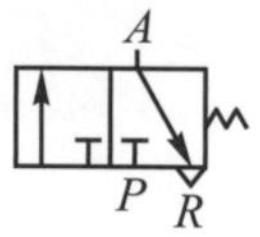

( )27. 依續流原理可得知，當流速一定，則管之斷面積與流體之 (1)流量成正比 (2)壓力成正比 (3)能量成正比 (4)方向無關。　(1)

> **解** 在穩流的狀態下，流體流過管內任何斷面之流量 Q，始終保持一定稱為續流原理。$Q＝A_1V_1＝A_2V_2$，故流速(V)一定，斷面積(A)愈大，流量愈多。

( )28. 流體在管路內流動，若管路為水平時，則 (1)位能差為零 (2)動能之差為零 (3)壓力能之差為零 (4)位能差不為零。　(1)

( )29. 元件符號 ⊕，係指 (1)雙向定排量油壓馬達 (2)雙向定排量油壓泵 (3)雙向可變排量油壓馬達 (4)雙向可變排量油壓泵。　(2)

解 元件符號意義如下：

 ⊕=雙向定排量油壓馬達	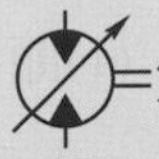 ⊘=雙向可變排量油壓馬達
 ⊖=雙向定排量油壓泵	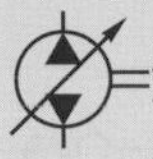 ⊘=雙向可變排量油壓泵

( )30. 下列何者不是為壓力損失之主因？ (1)管路忽大忽小 (2)流體黏度太大 (3)配管不當 (4)流體流速太慢。 **(4)**

( )31. 油壓系統特性敘述，下列何者正確？ (1)體積小出力小 (2)可無段變速 (3)漏油容易修護 (4)易燃燒爆炸。 **(2)**

( )32. 油壓系統特性敘述，下列何者錯誤？ (1)液壓油黏度會受溫度影響 (2)空壓效率比液壓效率高 (3)管內流速容易調整 (4)液壓控制較電氣反應快。 **(4)**

解 液壓控制較電氣反應慢。

( )33. 油壓系統之泵，其電動機的極數愈多，轉數 (1)愈快 (2)愈慢 (3)與極數無關 (4)忽快忽慢。 **(2)**

解 馬達轉速公式：$N = \dfrac{120f}{P}$。轉速 N (rpm)、馬達極數 P、頻率 f (Hz)。

馬達極數愈多，轉數愈慢。

( )34. 下列何者可設計成可變排量？ (1)螺旋泵 (2)輪葉泵 (3)齒輪泵 (4)魯氏泵。 **(2)**

( )35. 外接齒輪泵會有閉鎖現象，其防止方法為 (1)於閉鎖處開逃油槽 (2)使用兩個不同直徑之正齒輪 (3)降低系統壓力 (4)調整齒輪之中心距。 **(1)**

( )36. 下列密封環，何者不適用於高壓系統？ (1)O 形環 (2)V 形環 (3)L 形環 (4)X 形環。 **(1)**

( )37. 轉速 600 rpm 之泵者，若每弧度排量為 10cc，則其每分鐘排量約為 (1)58 公升 (2)48 公升 (3)38 公升 (4)28 公升。 **(3)**

解 泵排量＝每弧度排量×2π×轉速

　　　＝10×2π×600 cc/min

　　　＝37680 cc/min

　　　＝37.680 公升/分。

( )38. 壓力控制閥屬於常開式者是 (1)順序閥 (2)卸載閥 (3)抗衡閥 (4)減壓閥。 **(4)**

解 減壓閥是以減壓為目的，壓力控制閥如圖所示，閥體平常是導通狀態(常開式) ，閥體中的彈簧用於設定壓力，當負載過大(超彈簧設定壓力)，會導引壓縮空氣推離閥體，達到減壓目的。

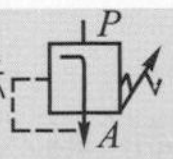

( )39. 下列何者為流量控制閥 (1)梭動閥 (2)止回閥 (3)節流閥 (4)雙壓閥。 **(3)**

( )40. 下列有關壓力的關係式，何者正確 (1)1atm＞1bar (2)1kg/cm² ＞1atm (3)1atm＝760mmH₂O (4)1atm＝76mmHg。 **(1)**

解 1atm＝1.013bar。1bar＝1.02 kg/cm²。

( ) 41. 公車自動門的開關，一般是利用　(1)彈簧　(2)水壓　(3)氣壓　(4)油壓。　(3)

( ) 42. 氣壓元件符號"⧯"為　(1)節流閥　(2)止回閥　(3)方向控制閥　(4)壓力控制閥。　(1)

解　選項中的元件符號如下所示

⧯	⬥ᾱ	方向控制閥符號	壓力控制閥符號
節流閥	止回閥	方向控制閥(四口二位)	壓力控制閥 (減壓閥)

( ) 43. 液壓元件符號"─◯─"為　(1)壓力計　(2)流量計　(3)蓄壓計　(4)過濾器。　(2)

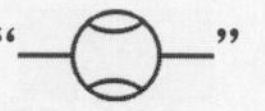

解　選項中的元件符號如下

壓力計符號	流量計符號	蓄壓計符號	過濾器符號
壓力計	流量計	蓄壓計	過濾器

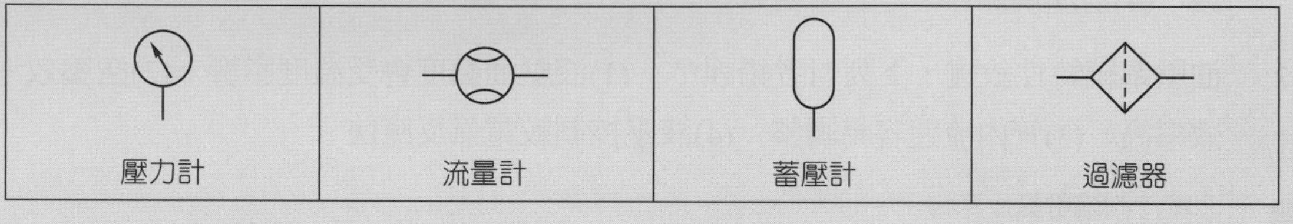

( ) 44. 下列何種空氣壓縮機，使壓縮後之空氣不產生脈衝波動？　(1)活塞往復式　(2)膜片往復式　(3)迴轉式　(4)氣流式。　(3)

解　迴轉式空氣壓縮機是活塞往復式壓縮機的變形，由活塞改為若干滑葉、螺旋或轉子等。迴轉式壓縮機產生之浪壓幅度小，具有空氣輸出平穩、轉動無聲、流量均勻等優點。

( ) 45. 下列何項不屬於液壓油必須具備的條件？　(1)防火性　(2)潤滑性　(3)流動性　(4)冷卻性。　(4)

解　液壓油必須具備的條件：適當黏度，燃點高、耐火性強，對閥件不產生侵蝕，潤滑性要好，防銹、防腐效果要佳，化學安定性佳。

( ) 46. 氣壓系統的三點組合包括　(1)過濾　(2)調壓　(3)油霧　(4)冷卻。　(123)

解　調理組合符號如下圖所示，又稱三點組合，由空氣濾清器、調壓閥、潤滑器三元件組合而成。

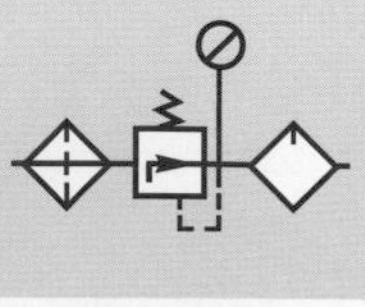

( ) 47. 下列何者為油壓之止回閥的快速接頭？　(1)─▸ 　(2)─◯─ 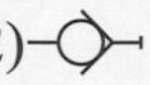　(3)─◯◂─ 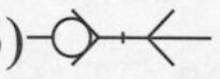　(4)─◯‧◯─。 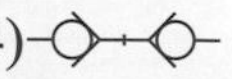　(234)

( ) 48. 下列何者為氣、油壓之控制系統的輸入元件？　(1)極限開關　(2)電容器　(3)微動開關　(4)繼電器。　(13)

解　繼電器是構成控制電路的主要元件，但不屬於輸入元件。

( ) 49. 下列何者屬於油壓之壓力控制元件？　(1)配衡閥　(2)計量閥　(3)溢流閥　(4)順序閥。　(134)

( ) 50. 下列何種類型是直線往復式之油壓缸？　(1)單動型　(2)復動型　(3)擺動型　(4)差動型。　(124)

解　(3)擺動型油壓缸是出力軸被限制在某個角度內作往復旋轉的一種油壓缸。

( ) 51. 油壓之蓄壓器有哪些功能？　(1)補充作動油　(2)減少流量　(3)充當輔助動力　(4)減少　(134)
脈衝。

解　蓄壓器功能：儲存能量並適時提供迴路所需的油，吸收壓力脈動及吸收衝擊壓力，保護液壓系統。

( ) 52. 油壓泵只排出少許油量的可能原因為　(1)油泵破損　(2)吸入空氣　(3)轉速不足　(4)轉　(123)
向相反。

解　(4)油壓泵轉向相反無法排出油量。

( ) 53. 氣壓之過濾器元件可以過濾哪些？　(1)灰塵　(2)水滴　(3)水蒸氣　(4)顆粒較大的粒狀　(124)
物。

解　(3)三點組合之過濾器僅能過濾固態或液態雜質，無法過濾水蒸氣。

( ) 54. 下列何者為壓力單位？　(1)bar　(2)psi　(3)kgf/cm^2　(4)cal。　(123)

解　(4)卡(cal)是熱量單位。

( ) 55. 下列敘述何者為正確？　(1)只裝置過濾器不能將水份全部除去　(2)貯氣筒應遠離壓縮機　(14)
(3)壓縮機之進氣口應緊靠在牆壁上　(4)通常壓縮機 所產生之壓縮空氣可經乾燥機處理。

解　(1)氣壓系統為了去除空氣中的水分與水蒸氣，必須再對壓縮空氣作乾燥處理。

(2)貯氣筒應靠近壓縮機，避免壓力損失。

(3)壓縮機之進氣口應在通風良好處，緊靠在牆壁進氣會受到阻礙。

工作項目⑨　品質管制

一、相關知識內容

工作項目	技能種類	相關知識
品質管制	(一)抽樣檢驗	瞭解抽樣檢驗之基本概念及有關名詞如檢驗批、批量、樣本大小、允收數、不良品、不合格品、缺點分類、抽樣計畫等之意義與符號。
	(二)管制圖之應用	瞭解平均值與全距($X-R$)、不良率(p)及不良數(np)等管制圖之意義與判讀。
	(三)品管統計基本名詞	瞭解平均值($\overline{X}$)、全距(R)、平均全距($\overline{R}$)、不良率(P)、平均不良率($\overline{P}$)及標準差推定值(S)之意義。
	(四)品管圈	瞭解品管圈之作法,知悉圈之組成、圈員人數、圈長之選定、目標之設定、開會時間及會議進行方式等主要內容。

二、精選必考試題

答

(　) 1.　根據一次樣本的檢驗結果,即判定該批為合格或不合格的方式,稱為　(1)單次抽樣檢驗　(2)雙次抽樣檢驗　(3)多次抽樣檢驗　(4)逐次抽樣檢驗。　　(1)

(　) 2.　下列何者不適用於抽樣檢驗?　(1)產品生產量多到無法全檢　(2)產品只適用破壞性檢驗　(3)產品中不允許有不良品者　(4)欲縮短檢驗時間與減少費用。　　(3)

解　產品中不允許有不良品者應全數檢驗。

(　) 3.　在設定的抽樣計畫下,用以表示抽驗的各批樣本被允收機率之曲線稱為　(1)作業特性曲線　(2)不良率曲線　(3)允收曲線　(4)拒收曲線。　　(1)

(　) 4.　抽樣檢驗之作業特性曲線圖中,橫軸表示產品不良率,縱軸表示　(1)允收機率　(2)拒收機率　(3)不良數　(4)缺點數。　　(1)

(　) 5.　批量 1000 個零件進行雙次抽樣計畫:第一次抽樣 30 個,允收數 2 個,拒收數 5 個;第二次抽樣 30 個,合併允收數 6 個,拒收數 8 個。若第一次抽樣發現不良品 4 個,則該批應　(1)允收　(2)拒收　(3)進行二次抽樣　(4)進行全檢。　　(3)

解　雙次抽樣計畫之流程如下圖：

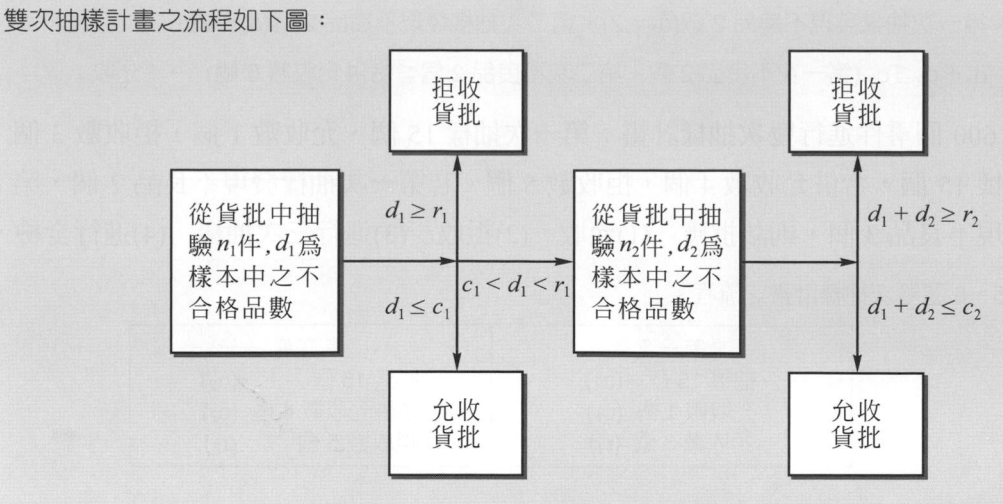

變數	定義
n_1	第一次抽樣之樣本大小
c_1	第一次抽樣的允收數
r_1	第一次抽樣的拒收數
n_2	第二次抽樣之樣本大小
c_2	兩組樣本合併後的允收數
r_2	兩組樣本合併後的拒收數

雙次抽樣計畫流程：

1.不良品(d_1)≧拒收數(r_1) →拒收。

2.不良品(d_1)≦允收數(c_1) →允收。

3.允收數(c_1)<不良品(d_1)<拒收數(r_1) →進行二次抽樣。

依題目之計畫如下：

第一次	第二次
抽樣 30 個　(n_1)	抽樣 30 個　　　(n_2)
允收數 2 個 (c_1)	合併允收數 6 個 (c_2)
拒收數 5 個 (r_1)	拒收數 8 個　　(r_2)

第一次抽樣發現不良品 4 個，則

允收數($c_1=2$)<不良品($d_1=4$)<拒收數($r_1=5$)

滿足：$c_1<d_1<r_1$ →『進行二次抽樣』。

(　) 6.　批量 800 個零件進行雙次抽樣計畫：第一次抽樣 20 個，允收數 1 個，拒收數 4 個；第二 (1)
　　　次抽樣 20 個，合併允收數 5 個，拒收數 6 個。若第一次抽樣發現不良品 2 個，第二次抽
　　　樣發現不良品 2 個，則該批應　(1)允收　(2)拒收　(3)進行三次抽樣　(4)進行全檢。

解　如第 5 題雙次抽樣計畫之流程：

第一次	第二次
抽樣 20 個　(n_1)	抽樣 20 個　　　(n_2)
允收數 1 個 (c_1)	合併允收數 5 個 (c_2)
拒收數 4 個 (r_1)	拒收數 6 個　　(r_2)

1. d_1+d_2≧r_2 (第一次不良品＋第二次不良品 ≧拒收數) →拒收。

2. d_1+d_2≦c_2 (第一次不良品＋第二次不良品 ≦合併允收數) →允收。

題意：第一次抽樣發現不良品 2 個($d_1 = 2$)，第二次抽樣發現不良品 2 個($d_2 = 2$)。

滿足：$d_1 + d_2 \leq c_2$ (第一次不良品 2 個＋第二次不良品 2 個≦合併允收數 5 個) →『允收』

( )7. 批量 600 個零件進行雙次抽樣計畫：第一次抽樣 15 個，允收數 1 個，拒收數 3 個；第二次抽樣 15 個，合併允收數 4 個，拒收數 5 個。若第一次抽樣發現不良品 2 個，第二次抽樣發現不良品 3 個，則該批應　(1)允收　(2)拒收　(3)進行三次抽樣　(4)進行全檢。　　(2)

解 如第 5、6 題雙次抽樣計畫之流程：

第一次	第二次
抽樣 15 個　(n_1)	抽樣 15 個　　　　(n_2)
允收數 1 個　(c_1)	合併允收數 4 個　(c_2)
拒收數 3 個　(r_1)	拒收數 5 個　　　(r_2)

第一次抽樣發現不良品 2 個($d_1 = 2$)，第二次抽樣發現不良品 3 個($d_2 = 3$)

滿足：$d_1 + d_2 \geq r_2$ (第一次不良品 2 個＋第二次不良品 3 個≧拒收數 5 個) →『拒收』。

( )8. 一般製程所生產之產品品質特性，其分佈皆成常態模式，超出 3 倍標準差之機率約為　(1)0.17%　(2)0.27%　(3)0.37%　(4)0.47%。　　(2)

( )9. 一般品質管制之管制圖中，其管制界限是指樣本平均值加減幾倍標準差　(1)2 倍　(2)3 倍　(3)4 倍　(4)5 倍。　　(2)

( )10. 品質管制之管制圖中，管制下限之英文代號為　(1)UCL　(2)UCLA　(3)CL　(4)LCL。　　(4)

解 典型的管制圖包含一條中心線(center line，簡稱 CL)以實線表示，用來代表製程處於統計管制內品質特性之平均值。此圖同時包含二條管制界線：管制上限(upper control limit，簡稱 UCL)及管制下限(lower control limit，簡稱 LCL)以虛線表示，並記入 CL、UCL、LCL 等符號及其數值。

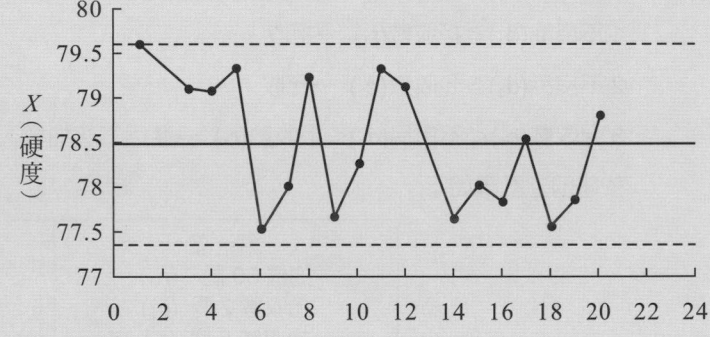

( )11. 規定繪製其上限與下限之線條為　(1)黑色實線　(2)黑色虛線　(3)紅色虛線　(4)紅色實線。　　(3)

解 詳見第 10 題，管制上、下限以虛線或紅線表示。

( )12. 一般品質管制之管制圖中，規定繪製其中心線之線條為　(1)黑色實線　(2)黑色虛線　(3)紅色虛線　(4)紅色實線。　　(1)

解 詳見第 10 題，中心線以實線表示。

( )13. 10 個機件之測定公差值分別為 0.05、0.03、0.01、0.01、0.02、0.02、0.04、0.07、0.02、0.03，則其平均值為　(1)0.01　(2)0.02　(3)0.03　(4)0.04。　　(3)

解 平均數(值)就是所有數據的總和除以此群組數據的個數所得的商。

平均值 $= \dfrac{0.05 + 0.03 + \cdots + 0.02 + 0.03}{10} = 0.03$。

( ) 14. 10 個機件之測定公差值分別為 0.05、0.03、0.01、0.01、0.02、0.02、0.04、0.07、0.02 及 0.03，則其全距為 (1)0.06 (2)0.05 (3)0.04 (4)0.03。　(1)

> 解　全距(R)是一群數據中最大數與最小數的差，其值可以顯示出整組資料的範圍。
> R＝最大數－最小數＝0.07－0.01＝0.06。

( ) 15. 某工廠每個小時抽取 5 個樣本之測定值分別為 29.5，30.0，30.0，31.0，30.5，則其平均值為 (1)30.0 (2)30.1 (3)30.2 (4)30.3。　(3)

> 解　平均數(值)是所有數據的總和除以此群組數據的個數所得的商。
> 平均值＝$\dfrac{29.5+30.0+30.0+31.0+30.5}{5}$＝30.2。

( ) 16. 某工廠每個小時抽取 5 個樣本之測定值分別為 29.5，30.0，30.0，31.0，30.5，則其全距為 (1)0 (2)1 (3)1.5 (4)2。　(3)

> 解　全距 R＝最大數－最小數＝31.0－29.5＝1.5。

( ) 17. 下列何者不適用於品質管制？ (1)平均值與全距管制圖 (2)標準差與全距管制圖 (3)不良率管制圖 (4)不良數管制圖。　(2)

( ) 18. 不良率管制圖之中心線為不良率之 (1)平均值 (2)最大值 (3)最小值 (4)標準差。　(1)

( ) 19. 總檢驗數 50000、不良件總數 1000，則不良率為 (1)0.001 (2)0.01 (3)0.02 (4)0.03。　(3)

> 解　不良率＝$\dfrac{不良件數}{總檢驗數}$＝$\dfrac{1000}{50000}$＝0.02。

( ) 20. 有關不良數管制圖之敘述，下列何者不正確？ (1)又稱 np 管制圖 (2)樣本數必須相等 (3)須以不良率表示 (4)不必計算不良率。　(3)

( ) 21. 每組樣本數同為 1000 個，檢驗 3 組之不良數分別為 35、25、30 個，則其平均不良率為 (1)0.001 (2)0.01 (3)0.02 (4)0.03。　(4)

( ) 22. 每組樣本數同為 1000 個，檢驗 4 組之不良數分別為 35、25、20、40 個，則其不良率管制圖之中心線為 (1)0.01 (2)0.02 (3)0.03 (4)0.04。　(3)

> 解　不良率管制圖之中心線 CLp＝$\dfrac{\sum d}{\sum n}$＝$\dfrac{35+25+20+40}{4\times1000}$＝0.03。

( ) 23. 下列何者不屬於常用工廠品管圈編組之原則 (1)工作性質較相同的人組成 (2)同一工作場所的人組成 (3)不同建制的人組成 (4)同一建制的人組成。　(3)

> 解　品管圈(Quality Control Circle)：簡稱 QCC，又稱品管小組活動，是具有相同工作性質約 3～15 人，以合作方式解決部門內部問題，其目的在研究如何改善工作效率，研究對象除品質外，尚可包含生產力、成本、工作安全、製造環境等等。

( ) 24. 品管圈最適宜之組成人數為 (1)3-15 人 (2)20-15 人 (3)51-100 人 (4)100-200 人。　(1)

( ) 25. 下列何者不是工廠品管圈活動之原則？ (1)注重自主性與自發性 (2)提高圈長之領導力與管理能力 (3)召開公司內品管圈大會 (4)不與他公司互相觀摩。　(4)

( ) 26. 下列何者不是成功辦理工廠品管圈之原則？ (1)全員參與 (2)革新觀念 (3)自我滿足 (4)自我管理。　(3)

( ) 27. 抽樣檢驗 7 件試片之材料強度，分別爲 63.5MPa(1 件)、66.5MPa(2 件)、69.5MPa(3 件)、72.5MPa(1 件)，則其平均值約爲　(1)64.51MPa　(2)67.51MPa　(3)68.21MPa　(4)69.21MPa。 **(3)**

> **解** 平均值 $\overline{X} = \dfrac{(63.5 \times 1) + (66.5 \times 2) + (69.5 \times 3) + (72.5 \times 1)}{1 + 2 + 3 + 1} = 68.21$ MPa。

( ) 28. 製品會造成使用或維護人員發生危險或不安全時，應判爲　(1)嚴重缺點　(2)主要缺點　(3)次要缺點　(4)輕微缺點。 **(1)**

( ) 29. 抽樣檢驗計畫中，常用 "n" 表示　(1)批量大小　(2)樣本大小　(3)不良品個數　(4)不合格品個數。 **(2)**

( ) 30. 平均值與全距($\overline{X}$-R)管制圖，每組樣本大小(n)最好是抽　(1)2 或 3　(2)4 或 5　(3)6 或 7　(4)8 或 10　個。 **(2)**

> **解** 平均值與全距($\overline{X}$-R)管制圖是管制圖中最靈敏查覺工程的變化，$\overline{X}$ 管制圖管制平均值分配的變化，R 管制圖管制分配寬度的變化，兩者合併使用能正確的判斷生產異狀，用於：
> 1.欲了解生產分配的集中趨勢與離中趨勢的變化時採用。
> 2.生產數量每次抽取 10 個以下樣本能代表群體，最好是 4 與 5 個樣本時採用。
> 3.用於管制分組的計量數據，如長度、重量、厚度等。

( ) 31. 在製程管制中，將平均值($\overline{X}$)管制圖與下列何種管制圖配合使用較爲有效　(1)不良率(p)管制圖　(2)不良數(np)管制圖　(3)全距(R)管制圖　(4)缺點數(c)管制圖 **(3)**

> **解** 詳見第 30 題。

( ) 32. 使用通過與不通過之量規檢驗產品，若以不合格之比率來表示其品質，且每次檢驗數不一定，宜選用　(1)平均值與全距　(2)不良數　(3)不良率　(4)缺點數　管制圖。 **(3)**

( ) 33. 一批製品中所含的不良品個數，除以該批總數再乘 100%即得　(1)退貨率(%)　(2)缺點率(%)　(3)故障率(%)　(4)不良率(%)。 **(4)**

> **解** 不良率(%)＝不良件數除以總檢驗數，再乘 100%。

( ) 34. 下列何種爲計數值管制圖？　(1)平均值($\overline{X}$)管制圖　(2)全距(R)管制圖　(3)缺點數(c)管制圖　(4)標準差(s)管制圖。 **(3)**

( ) 35. 平均值與全距($\overline{X}$-R)管制圖是一種　(1)計量值　(2)缺點數　(3)計數值　(4)品質不良率管制圖。 **(1)**

> **解**
>
> | (一)計量值管制圖有： | (二)計數值管制圖有： |
> | --- | --- |
> | 1.平均值與全距管制圖
2.平均數-標準差管制圖
3.中位數-全距管制圖
4.個別值-移動全距管制圖
5.最大值與最小值管制圖 | 1.不良率管制圖
2.不數率管制圖
3.缺點數管制圖
4.單位缺點數管制圖 |

( ) 36. 品質成本中，退貨損失是屬於　(1)內部失敗成本　(2)外部失敗成本　(3)預防成本　(4)鑑定成本。 **(2)**

> **解** 品質成本分類如下：
>
> 1. 預防成本：品質計畫及工程、新產品評估、產品/製程設計、製程管制、品質數據收集及分析、訓練、燒入(burn-in)。
> 2. 鑑定成本(評估成本)：檢驗及測試外構材料、產品檢驗及測試、材料及服務之消耗、量測儀器之維護。
> 3. 內部失敗成本：報廢、重工、重驗、失效分析、怠工、生產量之損失、次級品降價求售所造成之損失。
> 4. 外部失敗成本：顧客抱怨處理、產品/材料之退回、保證費用、間接成本、責任成本。

( ) 37. 建立品質成本系統的第一步驟是 (1)品質成本的識別與歸類 (2)品質成本的蒐集 (3)品質成本的分析 (4)品質成本的分攤。 **(1)**

( ) 38. 品質管制之管制圖中，管制上限之英文代號為 (1)LCL (2)CL (3)UCL (4)CUL。 **(3)**

> **解** 管制圖中心線(Control Line) 簡寫 CL，通常以實線表示。
>
> 管制上限(Upper Control Limit) 簡寫 UCL、管制下限(Lower Control Limit) 簡寫 LCL，兩者通常以虛線或紅線表示。

專業學科 題庫解析

工作項目 ❶ 工件度量

一、單元專業知識

工作項目	技能種類	技能標準	相關知識
一、工件度量	(一) 度量螺紋	1. 能正確使用螺紋分厘卡度量螺紋。 2. 能正確以三線度量法度量螺紋。 3. 能正確使用螺紋規、螺紋環規及螺紋塞規檢驗螺紋。	(1) 瞭解螺紋分厘卡之規格、用途及使用法。 (2) 瞭解三線度量法之基本知識。 (3) 瞭解度量螺紋、錐度及斜度之相關量具種類與使用法。
	(二) 度量錐度及斜度	1. 能正確使用圓棒、塊規、平板及分厘卡度量錐度及斜度。 2. 能正確使用錐度環規及錐度塞規檢驗錐度。	(1) 瞭解錐度及斜度之意義、種類及用途。 (2) 瞭解錐度、斜度及 V 形槽之相關量具種類與使用法。
	(三) 度量 V 形槽	能利用標準圓棒測量 V 形槽。	

二、精選必考試題

答

( ) 1. 利用如圖方式測量錐度，第一次量測時兩邊塊規墊高 10mm，第二次測量時兩邊墊高 20mm，所量得之 M 尺寸相差 1mm，則此工件錐度為
(1) $\dfrac{1}{20}$　(2) $\dfrac{1}{15}$
(3) $\dfrac{1}{10}$　(4) $\dfrac{1}{5}$ 。

(3)

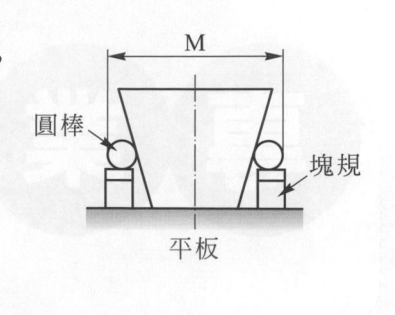

圓棒　　塊規　　平板

解　錐度定義(T)：$\dfrac{\text{兩端直徑差(D – d)}}{\text{錐度長(L)}} = \dfrac{1}{20-10} = \dfrac{1}{10}$。

( ) 2. "HRC" 硬度值是採用下列何者測試而來　(1) $\dfrac{1}{16}$ 吋鋼球及 100kg 荷重　(2)120 度鑽石圓錐及 100kg 荷重　(3) $\dfrac{1}{16}$ 吋鋼球及 150kg 荷重　(4)120 度鑽石圓錐及 150kg 荷重。

(4)

解　1. 洛氏硬度：洛氏硬度試驗機如下圖(a)所示，以 1/16"小鋼球或 120°金剛石圓錐體以一定負荷壓入試片表面，使試片發生壓痕，由壓痕深度表示硬度。常用者有：
(1) HRB：壓痕器 1/16"小鋼球、負荷 100kg，適宜軟鋼或非鐵金屬。
(2) HRC：壓痕器 120°鑽石圓錐、負荷 150kg，適宜淬火鋼材。
2. 勃氏硬度：鋼球以一定負荷壓入試片，使試片發生球面壓痕，其所加荷重除以壓痕面積算出勃氏硬度值(簡稱 BHN 或 HB)。
3. 蕭氏硬度：蕭氏硬度試驗機如下圖(b)所示，以尖端嵌有金剛石之小錘(2.36g)，裝在玻璃管內，小錘由一定高度(254mm)落下撞擊試片表面，由反跳高度算出表示硬度值(簡稱 HS)。

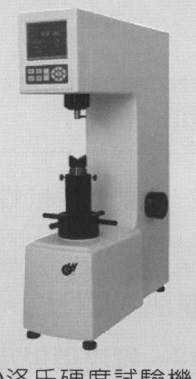

(a)洛氏硬度試驗機　　　　(b)蕭氏硬度試驗機

( ) 3. 可以正確測量螺紋角之量具為　(1)螺紋分厘卡　(2)角度儀　(3)正弦規　(4)光學投影機。

(4)

解　光學投影機(又稱光學比測儀)如圖所示，常用於輪廓量測如測螺紋牙角、外徑、底徑等。

(　)4. ![角度塊規 9° < > 17°] 如圖角度塊規密合後，所得之角度為　(1)8°　(2)12.5°　(3)21.5°　(4)26°。 　(1)

解　$17° - 9° = 8°$

(　)5. 檢查錐度配合之接觸率，可用下列何種方法　(1)以手搖動，感覺其間隙　(2)用量錶檢查　(3) 塗紅丹或奇異墨水，檢視其接觸情況　(4)量其大、小直徑來判斷。 　(3)

(　)6. 表面粗糙度 "2.5Ra" 約為　(1)2.5S　(2)5S　(3)10S　(4)25S。 　(3)

解　CNS 舊制表面粗糙度常用的種類：

(1)中心線平均粗糙度 Ra。

(2)十點平均粗糙度 Rz。

(3)最大高度粗糙度 Rmax，數值後面加註 S。

三者關係：4Ra≒Rmax≒Rz。故將 Ra 值×4≒Rmax，即 2.5Ra×4＝10S。

(CNS 新制：Ra 中心線平均粗糙度、Rz 最大高度粗糙度)。

(　)7. 無法用三線測量節徑之螺紋為　(1)公制螺紋　(2)統一標準螺紋　(3)梯形螺紋　(4)方形螺 紋。 　(4)

解　三線測量公制螺紋節徑之示意圖如圖(a)、三線規與外徑分厘卡使用情形如圖(b)所示。方形螺紋因無法放置 三線圓棒，故無法測量節圓直徑。

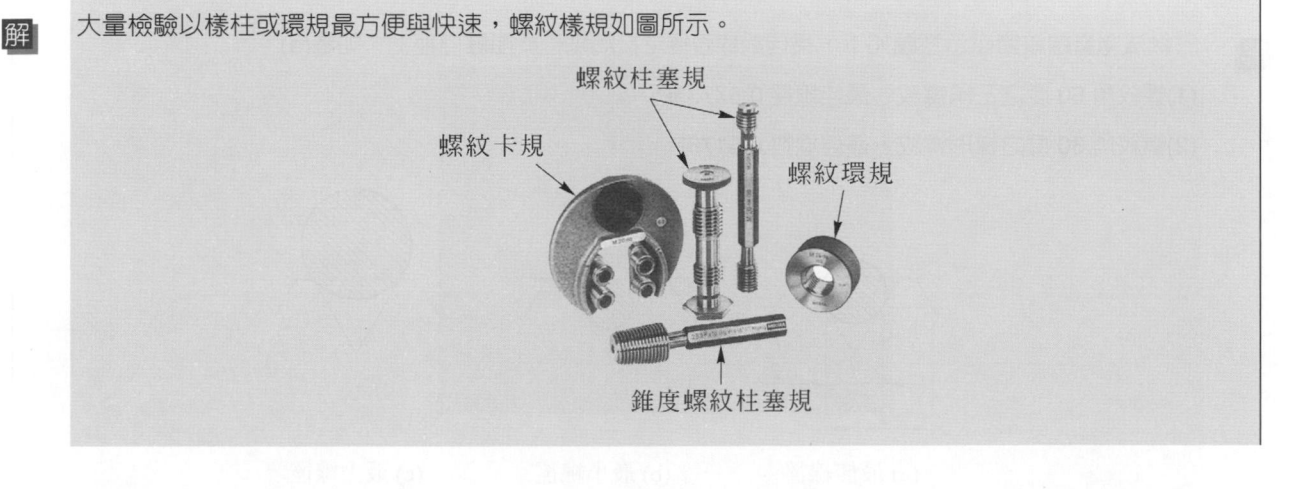

(a)三線測量公制螺紋節徑之示意圖　　　　　(b)三線規與外徑分厘卡使用情形

(　)8. 大量檢驗欲得知螺紋是否正確，最簡便的方法是使用　(1)螺紋分厘卡　(2)三線法　(3)螺距 規　(4)螺紋樣規。 　(4)

解　大量檢驗以樣柱或環規最方便與快速，螺紋樣規如圖所示。

(　)9. 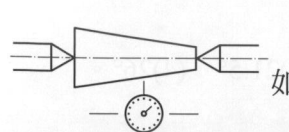 如圖方式度量錐度，若使用 0.01mm 量錶，由左向右移動 10mm 時，其 (1)

指針轉動 1 圈，則其錐度為　(1)$\frac{1}{5}$　(2)$\frac{1}{10}$　(3)$\frac{1}{15}$　(4)$\frac{1}{20}$。

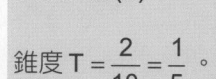 依題義，指針轉動 1 圈，半徑相差 1mm，則直徑相差 2mm。

錐度定義(T)：$\dfrac{兩端直徑差(D-d)}{錐度長(L)}$。

錐度 $T = \dfrac{2}{10} = \dfrac{1}{5}$。

(　)10. 正弦規係用於量測精密工件之　(1)眞直度　(2)平行度　(3)垂直度　(4)角度。 (4)

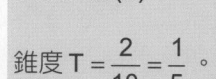 正弦規放置在平板上，一側以塊規墊高可量測工件之角度或錐度，如下圖所示。

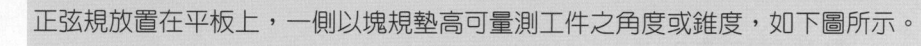

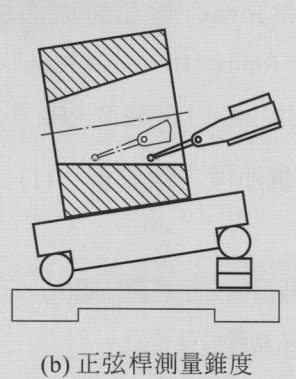

(a) 正弦桿測量角度　　　　　　　　(b) 正弦桿測量錐度

(　)11. 可測量公制螺紋節距者爲　(1)螺紋分厘卡　(2)三線法　(3)角度儀　(4)節距規。 (4)

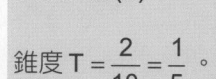 螺紋節距規如下圖所示，用於度量螺紋之節距。

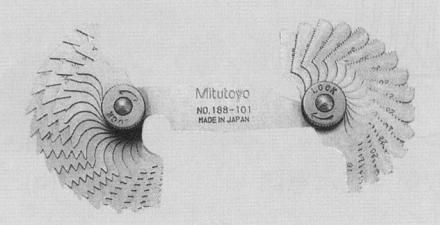

(　)12. 螺紋三線測量法中，如果螺紋角爲 60 度，"P"爲節距，則最佳鋼線直徑"G"的值爲 (2)
(1)0.86603P　(2)0.57735P　(3)0.3333P　(4)0.7534P。

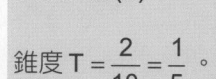 三線法測量螺紋節徑示意圖如下，最佳鋼線直徑之接觸點位於節圓直徑上，如圖(a)。

(1)螺紋角 60 度之三角螺紋，最佳線徑 0.57735P。

(2)螺紋角 30 度之梯形螺紋，最佳線徑 0.5176P。

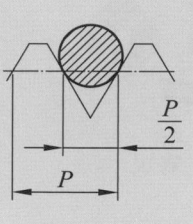  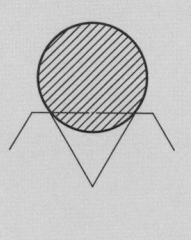

(a) 最佳線徑　　　　　(b) 最小線徑　　　　　(c) 最大線徑

( ) 13. 螺紋外徑之測量可使用　(1)螺紋分厘卡　(2)外分厘卡　(3)三線法　(4)節距規。　(2)

( ) 14. 以三線法檢驗"M10×1.5"之螺紋，則最佳線徑為　(1)1.732mm　(2)1.5mm　(3)0.866mm　(3)
(4)0.75mm。

解 螺紋角 60 度之三角螺紋，最佳線徑 0.57735P＝0.57735×1.5＝0.866mm。

( ) 15. 錐體沿軸向前進 5 個單位，其直徑即增大一個單位，則其錐度為　(1)$\dfrac{1}{2.5}$　(2)$\dfrac{1}{5}$　(3)$\dfrac{1}{10}$　(2)
(4)$\dfrac{1}{15}$。

解 錐度定義(T)＝$\dfrac{兩端直徑差(D-d)}{錐度長(L)}$。

( ) 16. 淬過火之鋼料使用鑽石圓錐壓痕器所測定之硬度表示符號為　(1)HB　(2)HRB　(3)HRC　(3)
(4)HS。

解 詳見第 2 題。

( ) 17. 公制螺距規其不鏽鋼片上標示為螺紋　(1)外徑　(2)牙數　(3)節徑　(4)節距。　(4)

( ) 18. 公制螺紋分厘卡之砧座與主軸端的測頭大小，是隨下列何者而異　(1)牙數　(2)螺距　(3)外　(2)
徑　(4)節徑。

解 螺紋分厘卡如圖所示，砧座大小隨螺距選用，螺距愈大、砧座愈大。

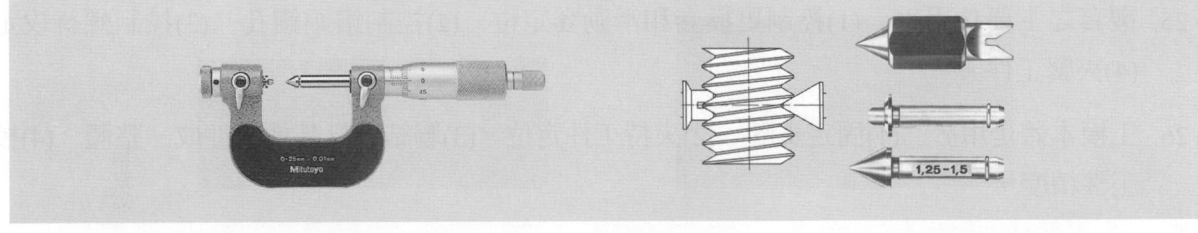

( ) 19. 三線法度量三角螺紋，影響三支鋼線直徑大小之主要因素為螺紋　(1)節距　(2)牙數　(3)外　(1)
徑　(4)節徑。

解 三線法度量三角螺紋，鋼線直徑：$G=\dfrac{P}{2}\sec\alpha$，P 為節距、α 為螺紋角的一半。

( ) 20. 度量內螺紋之螺紋塞規　(1)通端與不通端一樣長　(2)通端較不通端長　(3)不通端較通端長　(2)
(4)通端較不通端大。

解 塞規或環規通端長度較長，不通端較短並切槽塗上紅色，便於識別。

( ) 21. 工件之錐度"1：5±0.0032"每 25mm 長的大小徑相差尺寸為　(1)5±0.02mm　(2)5±　(4)
0.04mm　(3)5±0.06mm　(4)5±0.08mm。

解 (1)1：5，表示長度 5mm，大小徑相差 1mm。依比例 25mm 長，大小徑應相差 5mm。
(2)公差±0.0032，表示每 1mm 長度，大小徑尺寸允許誤差±0.0032。25mm 長則將誤差放大 25 倍
＝±0.0032×25＝±0.08。

( ) 22. 工件內外錐度接觸率之度量媒體為　(1)立可白　(2)油漆　(3)粉筆　(4)紅丹。　(4)

( ) 23. 大量生產時，檢驗錐桿或內錐孔工件之最簡便量具為　(1)正弦規配合塊規　(2)錐度環規或　(2)
塞規　(3)外分厘卡配合圓桿及塊規　(4)錐度分厘卡。

解　錐度環規與塞規如圖所示

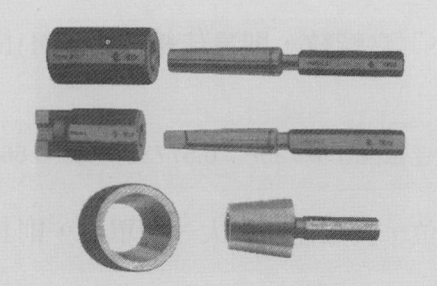

(　) 24. 工件上同一位置鑽孔後需要攻製螺紋時，需使用　(1)牙刀　(2)鉸刀　(3)階級鑽　(4)螺絲　(4)
攻。

解　滑動套(Slip Bushing)主要是在銑床或鑽床上使用，外型與使用情形如下圖所示，其外徑配合襯套，內徑則
配合鑽頭或螺絲攻。滑動套利用本身上方的缺口與螺絲固定在治具上。工件鑽孔後，稍微旋轉一下滑動套
便可輕易取出，再換配合螺絲攻的滑動套進行攻牙，以保持鑽孔與螺絲孔的同心。

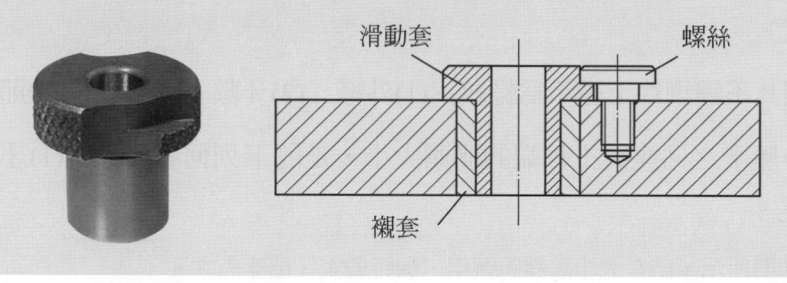

(　) 25. 襯套之主要功用為　(1)控制更換套和滑動套定位　(2)控制鑽頭鑽孔　(3)控制螺絲攻定位　(1)
(4)夾緊工件。

(　) 26. 工模本體是用於　(1)固定支腳　(2)夾持工件定位　(3)聯結夾具其他構件成一整體　(4)校正　(3)
工件精度。

(　) 27. 下列何者不是工模工件中，因排除切屑方法不良所造成的後果　(1)工模精度降低　(2)損害工　(4)
件切削表面　(3)切屑清除不易　(4)保護切削刀具切刃。

(　) 28. 鑽頭直徑為 D，導套與工件之距離一般情況約相距　(1)2D　(2)1.5D　(3)0.3～0.8D　(4)0～　(3)
0.1D。

(　) 29. 專用夾具適用於　(1)多種尺寸變化之產品　(2)少量生產　(3)同樣產品大量製造　(4)規格變　(3)
化不定產品。

(　) 30. 下列何者不是夾具本體常用的製作方法　(1)鑄造法　(2)焊接法　(3)組合法　(4)鍛造法。　(4)

(　) 31. 設計夾具之前，應先選定要點為銑床　(1)機種及型式　(2)馬力大小　(3)床台移動量　(4)有　(1)
無分度頭。

(　) 32. 三線法度量 60 度三角螺紋，其選用最佳鋼線之直徑公式應為　(1)0.36624　(2)0.48333　(3)
(3)0.57735　(4)1.10111　乘以螺距。

解　三線法度量 60 度三角螺紋鋼線之直徑：0.505P～1.01P，最佳鋼線直徑：0.57735P，P(Pitch)表螺距，或
稱節距、牙距。

( ) 33. 三線法度量標準三角螺紋之鋼線線徑尺寸是依螺紋的　(1)外徑　(2)底徑　(3)節距　(4)節徑　(3)
大小而選用。

( ) 34. 用三線法度量 "M20×2.5" 螺紋時，宜選鋼線直徑為　(1)0.5mm　(2)1.5mm　(3)2mm　(2)
(4)2.5mm。

解　同第 32 題，最小線徑 0.505×2.5＝1.263、最大線徑 1.01×2.5＝2.525，最佳線徑為 0.57735P＝0.57735×2.5
＝1.443，故選選項(2)1.5 最適宜。

( ) 35. 卡規之通過端可檢查工件外徑的　(1)最大　(2)最小　(3)公稱　(4)實測　尺寸。　(1)

解　卡規用於檢測外徑或外部尺寸，如下圖所示。通過端(GO)檢查軸的最大尺寸，不通過端(NO-GO)檢查軸的
最小尺寸。兩者都無法通過，表示軸徑太大；兩者都能通過，表示軸徑太小。

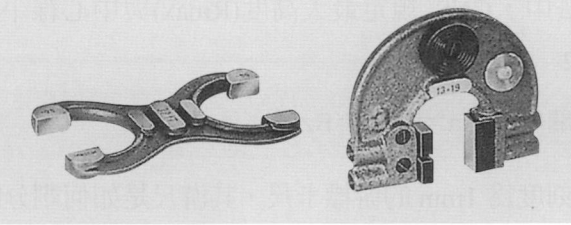

( ) 36. 光學比測儀無法度量工件的部位為　(1)直徑　(2)長度　(3)孔深度　(4)角度。　(3)

解　光學比測儀藉光學放大原理，將工件形狀而測出表面和外形，如下圖所示。常用於輪廓量測，如測量長度、
外徑、角度、螺紋牙角、底徑等，但無法測出孔深。

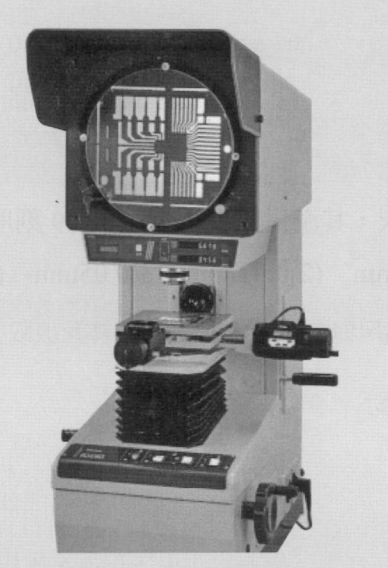

( ) 37. 塊規用扭合密接組合後，不會脫離主要是因為什麼力之關係　(1)磁力　(2)分子吸引力　(3)　(2)
靜電力　(4)重力。

( ) 38. 設錐度 T=$\frac{1}{5}$±0.0008，若錐度軸線長為 25mm，二端直徑差為 5mm，則其二端直徑公差應為　(3)
正負　(1)0.004mm　(2)0.008mm　(3)0.02mm　(4)0.04mm。

解　見第 21 題，公差±0.0008，表示每 1mm 長度，大小徑尺寸允許誤差±0.0008。
依題意：錐度軸線長 25mm，則將誤差放大 25 倍＝±0.0008 × 25＝±0.02mm。

( ) 39. 使用光學比測儀度量螺紋，其最難度量的部位尺寸為　(1)外徑　(2)牙角　(3)節距　(4)節徑。　(4)

( ) 40. 檢驗外分厘卡二砧座測量面之平面度與平行度，宜選用光學　(1)平鏡　(2)凸透鏡　(3)凹透鏡　(1)
(4)球面鏡。

解　以光學平鏡檢驗外分厘卡二砧座之平面度與平行度，如下圖所示。

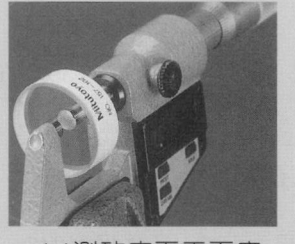  

(a)測砧座面平面度　　　　　　(b)砧座面干涉條紋

( ) 41. 不同粗糙度的表示法中，CNS 規定最大高度(Rmax)與中心線平均粗糙度(Ra)之比值為多少　(4)
(1)0.25　(2)0.5　(3)2　(4)4。

解　舊制常用表面粗糙度之關係：4Ra≒Rmax≒Rz。

( ) 42. 精度為 0.02mm，每刻度為 1mm 的游標卡尺，其游尺是如何劃分的　(1)取主尺 9 刻度長分為　(2)
10 等分　(2)取主尺 49 刻度長分為 50 等分　(3)取主尺 39 刻度長分為 40 等分　(4)取主尺 19
刻度長分為 20 等分。

解　游標卡尺精度＝本尺刻度－游尺刻度＝$1 - \dfrac{49}{50} = \dfrac{1}{50} = 0.02mm$。精度 0.02mm 刻劃情形如下圖所示。

```
      0    10    20    30    40    50
      |||||||||||||||||||||||||||||||||
      0 1 2 3 4 5 6 7 8 9 10
```

( ) 43. 每刻度為 1mm 的游標卡尺，其游尺刻度係取主尺 39 刻度長分為 20 等分，則此游標卡尺之精　(3)
度為多少 mm？　(1)0.01mm　(2)0.02mm　(3)0.05mm　(4)0.1mm。

解　游標卡尺精度＝本尺刻度－游尺刻度＝$1 - \dfrac{39}{20}$(負值)，本尺改取 2 格。精度＝$2 - \dfrac{39}{20} = \dfrac{1}{20} = 0.05mm$。精
度 0.05mm 刻劃情形如下圖所示。

```
      0    10    20    30    40
      ||||||||||||||||||||||||
      0 1 2 3 4 5 6 7 8 9 10
```

( ) 44. 使用前如發現分厘卡之刻度未歸零時，通常是調整那裡　(1)棘輪　(2)主軸桿　(3)襯筒　(3)
(4)套筒。

解　分厘卡刻度未歸零(0.01mm 以內)通常是調整襯筒，調整方式如下圖所示。誤差很大時才需調整套筒。

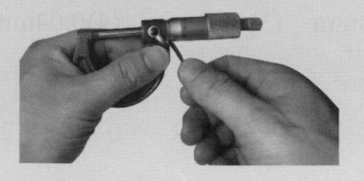

( )45. 主尺每刻度 1 度，可以測量 5 分之游標角度儀，游尺部分通常如何劃分　(1)取 19 度分為 20 等分角　(2)取 11 度分為 12 等分角　(3)取 9 度分為 10 等分角　(4)取 39 度分為 40 等分角。　(2)

解　游標角度儀，其精度可達 5 分，精度原理＝本尺刻度－游尺刻度。常見刻劃情形有二：

1. 主尺取 11 度分為 12 等分角。精度 $=1°-\dfrac{11°}{12}=\dfrac{1°}{12}=5$ 分。

2. 主尺取 23 度分為 12 等分角。精度 $=2°-\dfrac{23°}{12}=\dfrac{1°}{12}=5$ 分，該刻劃如圖所示。

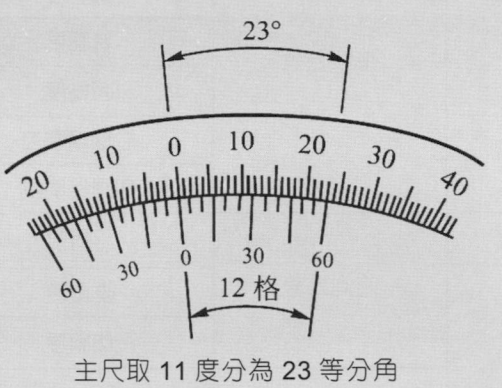

主尺取 11 度分為 23 等分角

( )46. 結構上，下列何種量具較容易產生亞培(Abbe)測量誤差　(1)外徑分厘卡　(2)卡式內徑分厘卡　(3)直桿式內徑分厘卡　(4)深度分厘卡。　(2)

解　當工件測量的軸線與量具的軸線不重合或不成一直線時，會產生亞培誤差(Abbe，或稱阿貝誤差)。游標卡尺之阿貝誤差如圖(a)所示。卡式內分厘卡如圖(b)，量具軸線與測量軸線不重合也不成一直線。

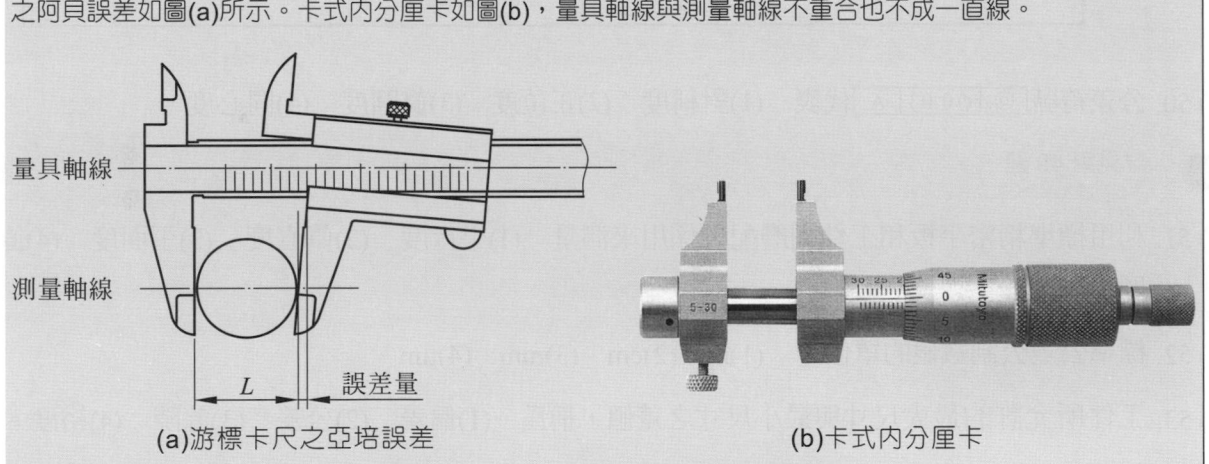

(a)游標卡尺之亞培誤差　　　　　　　　　(b)卡式內分厘卡

( )47. 表示平面須介於二相距 0.03mm 之平行平面間的公差標註為　(1)⟋ 0.03　(2)∥ 0.03　(3)⟋ 0.03×0.03　(4)∥ 0.03×0.03。　(1)

解　第 47～50 題，請見第 49 題詳解。

( )48. 公差符號 — 0.03 代表　(1)眞直度　(2)眞平度　(3)同心度　(4)正位度。　(1)

解　詳見第 49 題。

( ) 49. 公差符號 $\boxed{// \;|\; 0.1 \;|\; A}$ 代表 (1)平面度 (2)傾斜度 (3)平行度 (4)對稱度。 　(3)

解 幾何公差符號如下表所示：

幾何公差符號表

型態	公差	公差性質	符號
單一形態	形狀公差	真直度	—
		真平度	▱
		真圓度	○
		圓柱度	⌀
單一或相關形態		曲線輪廓度	⌒
		曲面輪廓度	⌓
相關形態	方向公差	平行度	//
		垂直度	⊥
		傾斜度	∠
	定位公差	位置度	⊕
		同心度、同軸度	◎
		對稱度	≡
	偏轉度公差	圓偏轉度	↗
		總偏轉度	↗↗

( ) 50. 公差符號 $\boxed{◎ \;|\; \phi 0.03 \;|\; A}$ 代表 (1)對稱度 (2)正位度 (3)真圓度 (4)同心度。 　(4)

解 詳見第 49 題。

( ) 51. 利用標準精密平板和工件相磨配，係用來測量 (1)平行度 (2)眞直度 (3)平面度 (4)直角度。 　(3)

( ) 52. 標準公差公制數值的單位是 (1)m (2)cm (3)mm (4)μm。 　(4)

( ) 53. 工件所允許的最大尺寸與最小尺寸之差值，稱爲 (1)偏差 (2)公差 (3)餘隙 (4)裕度。 　(2)

( ) 54. 國家標準(CNS)將標準公差分爲 (1)17 級 (2) 18 級 (3)19 級 (4)20 級。 　(4)

解 標準公差由 IT01、IT0 、IT1、IT2～IT18 共 20 級。

( ) 55. 表面粗糙度的單位是 (1)m (2)cm (3)mm (4)μm。 　(4)

( ) 56. 十點平均粗糙度的代表符號爲 (1)Ra (2)Rmax (3)Rz (4)Rt。 　(3)

解 CNS 舊制表面粗糙度常用的種類：中心線平均粗糙度 Ra、最大高度粗糙度 Rmax、十點平均粗糙度 Rz。

( ) 57. 於基準長度內，取一中心線，使此一中心線將基準長內曲線所圍面積，分成二相等面積，將中心線至曲線各點之高度加以平均，其值爲 (1)Ra (2)Rmax (3) Rz (4)Rt。 　(1)

( ) 58. 表面粗糙度的表示法中，"Ra"爲 (1)最大高度粗糙度 (2)十點平均粗糙度 (3)中心線平均粗糙度 (4)最大高度平均粗糙度。 　(3)

解 CNC 舊制常用的粗糙度表示法有：中心線平均粗糙度 Ra、最大高度粗糙度 Rmax、十點平均粗糙度 Rz。

( ) 59. 表面粗糙度 "16S" 表示在基準長度內，表面波峰與波谷間的差值為 (1)0.16mm (2)0.016mm (3)0.0016mm (4)0.00016mm。 (2)

解 16S 表波峰與波谷間的相差 16μm＝0.016mm。

( ) 60. 表面粗糙度 "0.40a" 等於多少 (1)1.6S (2)0.8S (3)0.4S (4)0.16S。 (1)

解 表面粗糙度數值後面加註 a，為中心線平均粗糙度(Ra)。
表面粗糙度數值後面加註 S，為最大高度粗糙度(Rmax)。
表面粗糙度數值後面加註 z，為十點平均粗糙度(Rz)。
三者關係：4Ra≒Rmax≒Rz，故 0.40a×4＝1.6S。

( ) 61. 半徑規又名圓弧規，是測量工件之 (1)直徑 (2)弦長 (3)弧長 (4)圓弧。 (4)

解 半徑規如圖所示，形狀為片狀，是測量工件內、外圓弧半徑之規具。規片上所刻數字為圓弧半徑。

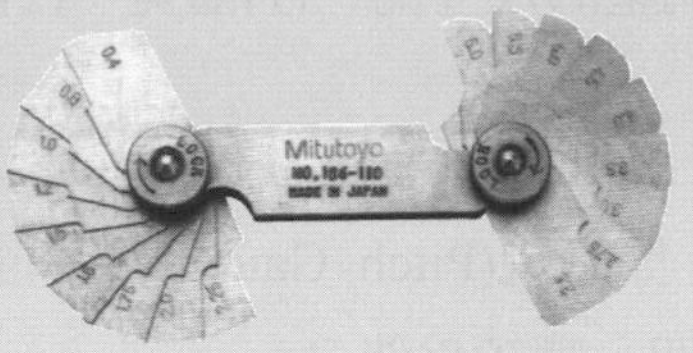

( ) 62. 半徑規之規片上所刻數字為 (1)弧長 (2)弦長 (3)半徑 (4)直徑。 (3)

( ) 63. 半徑規用後應擦拭再放進護套，以防鏽蝕、損毀，而影響其 (1)直徑 (2)弦長 (3)圓弧 (4)外觀 之準確性。 (3)

( ) 64. 半徑規之形狀為 (1)片狀 (2)棒狀 (3)環狀 (4)卡鉗狀。 (1)

( ) 65. 半徑規之用途為測量 (1)內圓孔 (2)內、外圓弧 (3)斜面 (4)錐度。 (2)

( ) 66. 齒厚分厘卡砧座與心軸前端各附有 (1)圓盤 (2)扁頭 (3)尖頭 (4)V 形溝。 (1)

解 齒厚分厘卡又稱盤式分厘卡，砧座為圓盤狀，可測量正齒輪跨齒厚。齒厚分厘卡如圖所示。

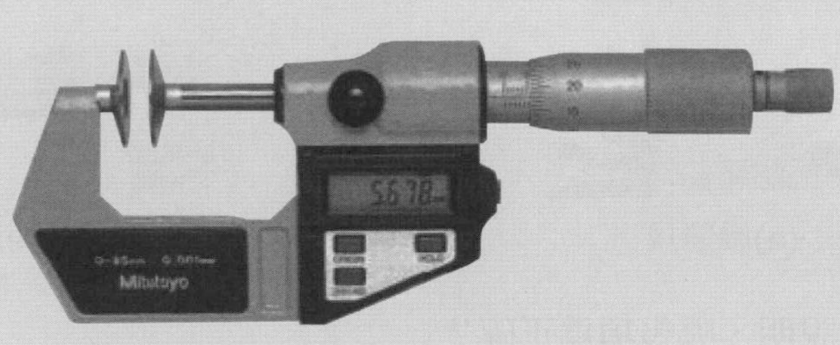

( ) 67. 齒厚分厘卡係測量正齒輪及螺旋齒輪之 (1)跨齒厚 (2)齒頂厚 (3)齒寬厚 (4)齒深。 (1)

解 齒厚分厘卡使用情形如下圖所示。

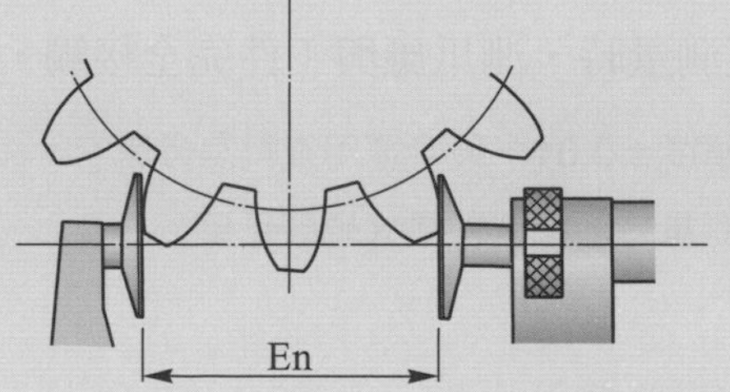

En

En：Root tan

( ) 68. 以齒厚分厘卡量測齒輪前，應擦拭　(1)圓盤　(2)齒面　(3) 軸孔　(4)圓盤及齒面。 (4)

解 量具砧座與工件測定面均須擦拭乾淨。

( ) 69. 一般公制齒厚分厘卡之心軸螺紋節距為　(1)0.1mm　(2)0.2mm　(3)0.3mm　(4)0.5mm。 (4)

解 公制分厘卡心軸螺紋節距 0.5mm。

( ) 70. 以齒用游標卡尺量測齒輪弦齒頂，其正確位置是要將水平游標卡尺的兩側爪末端與 (1)
(1)節圓　(2)節圓弧頂　(3)齒根　(4)外圓弧　相接觸。

解 齒用游標卡尺測量齒輪時，先調整垂直游標卡尺調整至齒頂高之尺寸，使水平尺測爪末端位於節圓處以測得弦齒厚。

( ) 71. 利用齒用游標卡尺可測量齒輪之　(1)弦周節　(2)弦齒厚　(3)齒深　(4)模數。 (2)

解 詳見第 71 題解析。

( ) 72. 齒輪游標卡尺之使用，應先調整的尺寸為　(1)齒寬　(2)齒厚　(3)齒高　(4)齒頂高。 (4)

解 詳見第 71 題解析。

( ) 73. 對厚薄規(Thickness Gauge)、節矩規(Pitch Gauge)、半徑規(Radius Gauge)、徑節規(Diamater Pitch Gauge)之構造及使用說明，哪項為錯？ (12)
(1)厚薄規是用工具鋼片製成不同尺寸厚度組合成一組，主要用於測量工件之厚度
(2)節矩規，主要用於量測螺紋之節圓直徑
(3)半徑規由不同尺寸之半圓弧組成一套，用於測量工件之內圓角及外圓角
(4)節徑規分英制：測量齒輪之徑節，公制：測量齒輪之模數。

解 厚薄規與節距規如下圖(a)(b)所示
(1)厚薄規主要用於測量工件配合後之間隙。
(2)節「距」規主要用於量測螺紋之節距。

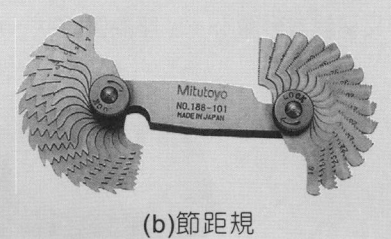

(a)厚薄規　　　　　　　　　　　(b)節距規

( ) 74. 對游標卡尺之使用說明，哪幾項為正確？ (13)
(1)機械工廠最常使用游標卡尺，規格為 150、200、300 三種
(2)要量測一尺寸精度±0.01，最佳運用量具為游標卡尺
(3)游標卡尺，可用來測量外側、內側、深度及階級長度之尺寸
(4)內徑測量時，測爪應與工件完全接觸，經數次測量後，應選取最小值較正確。

解 (2)尺寸精度±0.01，最佳運用量具為分厘卡。
(4)內徑測量時，應選取最大值較正確。

( ) 75. 對分厘卡之原理及使用說明，哪幾項爲錯？ (12)

(1)公制分厘卡砧座主軸節距 P = 1，外套筒作 50 等分，測量精度爲 0.01

(2)分厘卡最終端是棘輪定壓裝置，爲確保定壓，鎖緊後，棘輪聲響一定要超過 10 響以上

(3)要量測 70±0.01 之外徑尺寸，應選用 50～75 精度 0.01 之分厘卡

(4)分厘使用前必先用塊規或標準桿校正歸零。

解 (1)公制分厘卡砧座主軸節距 P=0.5，外套筒作 50 等分，精度爲 0.01。

(2)分厘卡棘輪發出 2～3 響即可。

( ) 76. 使用節徑分厘卡測量 M10×1.5 螺紋節徑時，哪幾項陳述爲錯？ (14)

(1)測量 M10 × 1.5 與 M20 × 2.5 可使用相同之砧座

(2)M10 × 1.5 之節徑 PD = 10 − 0.6495 × 1.5 = 9.026

(3)測量時砧座一邊放在牙頂上，另一邊放在牙溝裏，保持分厘卡與螺紋軸線垂直

(4)測量後發現節徑還大 0.1，只要將螺紋外徑再車削 0.1，即可獲得標準節徑尺寸。

解 (1)測量 M10×1.5 與 M20×2.5 使用不同砧座，如下圖所示。

(4)車削螺紋外徑不影響節圓直徑，欲減小節徑應再車螺紋面或將增加進刀深度。

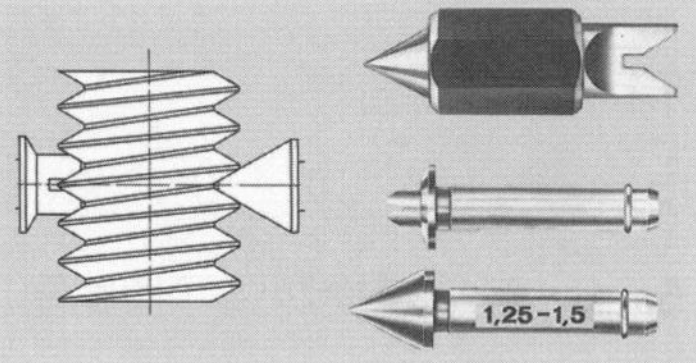

( ) 77. 對塞規(Plug Gauge)之構造與使用陳述，哪幾項爲錯？ (24)

(1)用塞規來檢驗一成品之孔徑，爲品管中最確實與快速之方法

(2)塞規檢驗孔徑，可迅速讀出尺寸之正確值

(3)手把上接近通過端圓桿附近，銑一平面刻 GO，不通端刻 NO GO

(4)通過端之圓桿長度較短，約等於不通端長度之 $\frac{1}{3}$ 或 $\frac{1}{2}$ 即可。

解 (2)塞規可迅速檢驗孔徑是否合乎公差要求，無法讀出尺寸之正確值。

(4)通過端之圓桿長度較長，不通端較短約等於通端長度之 $\frac{1}{3}$ 或 $\frac{1}{2}$。

( ) 78. 有關對光學投影機之構造及使用陳述，那幾項爲錯？ (24)

(1)光學投影機投影形式分 a.輪廓投影 b.表面投影 c.全貌投影三種

(2)投影機測量工件孔之深度，精度可達 0.01

(3)投影機常附有迴轉載物台，供給工件旋轉，作精密角度測量用

(4)在投影透鏡上，標示 5×、10×、50×、100×，是顯示透鏡孔徑大小尺寸。

解 (2)投影機無法測量孔之深度。

(4) 5×、10×、50×、100×，表示放大倍率。

（　）79. 試以三線測量法，檢驗 Tr25 × 5Acme 螺紋之節徑，若節徑 PD = O.D(外徑)－0.5P(節距)，最 (234)
佳測量線徑 G = 0.517638 × P，三線測量尺寸 M = P.D－1.866P＋4.8637G，試計算哪項錯誤？
(1)節徑 P.D = 25－0.5 × 5 = 22.5　　(2)最佳測量線徑 G = 0.517638 × 5 = 3.588　　(3)三線測量尺
寸 M = 22.5－1.866 × 5＋4.8637 × 2.588 = 25.575　　(4)實測 M = 25.425，表示節徑大 0.15。

解　Tr25 × 5Acme 表梯形螺紋(愛克姆螺紋)，外徑 25mm，節距 5mm。

(2)最佳測量線徑 G = 0.517638 × 5 = 2.588。

(3)三線測量尺寸 M = 22.5 － 1.866 × 5＋4.8637×2.588 = 25.757。

(4)實測 M = 25.425，則 25.425 = P.D － 1.866×5＋4.8637 × 2.588，節徑 P.D＝22.168，正確值為 22.5，
表示節徑小 0.332。(註 22.168－22.5＝－0.332)。

（　）80. 附表游標卡尺　　(1)可用於工件槽深的量測　　(2)量測尺寸的讀法是先讀主尺刻度再加量錶指 (123)
針的讀數　　(3)本尺上附有齒條作為精密量測的構件　　(4)量測範圍決定於針盤面上的刻度。

解　(4)量測範圍決定於游標卡尺長度。

（　）81. 三點式內分厘卡　　(1)可用於量測盲孔的孔底直徑　　(2)可用缸徑規校正其尺寸　　(3)量測範圍 (14)
比缸徑規大　　(4)精確度比缸徑規精確度高。

解　三點式內分厘卡與缸徑規如下圖所示。

(2)校正三點式內分厘卡應使用環規。

(3)每支三點式內分厘卡量測範圍 5mm、缸徑規換測頭可使範圍加大。

(4)三點式內分厘卡精度 0.005mm，缸徑規精度 0.01mm。

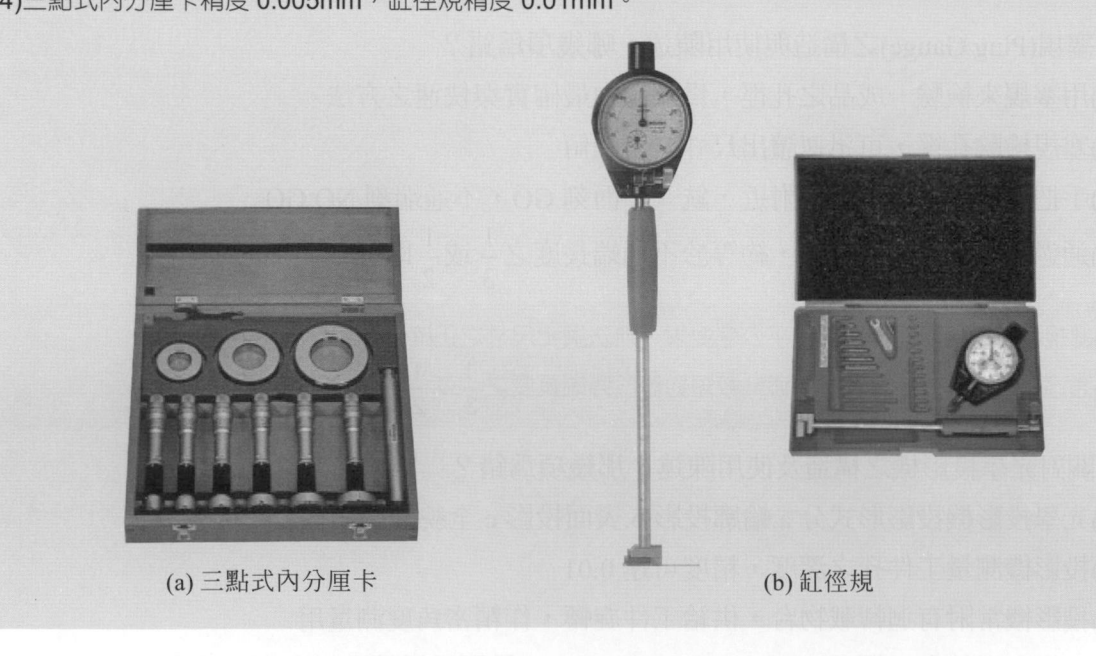

(a) 三點式內分厘卡　　　　　　　　　　　　(b) 缸徑規

(　) 82. 組合角尺　(1)不可用於量測溝槽的深度　(2)可用於檢驗水平　(3)可用於定位圓形工件端面 (23)
　　　　　的近似中心　(4)不可用於量測正五角形工件的角度。

解 組合角尺及使用情形如下：

1. 直尺+直角規：可測量深度、劃 45°、90°線。

2. 直角規上的水平儀可做水平檢測。

3. 直尺+中心規：可快速劃出通過圓桿中心的直線。

4. 直尺+角度儀：劃角度線、平行線或量測角度。

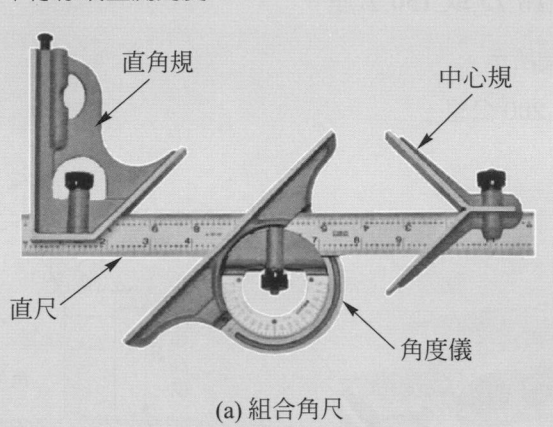

(a) 組合角尺
組合角尺與應用情形

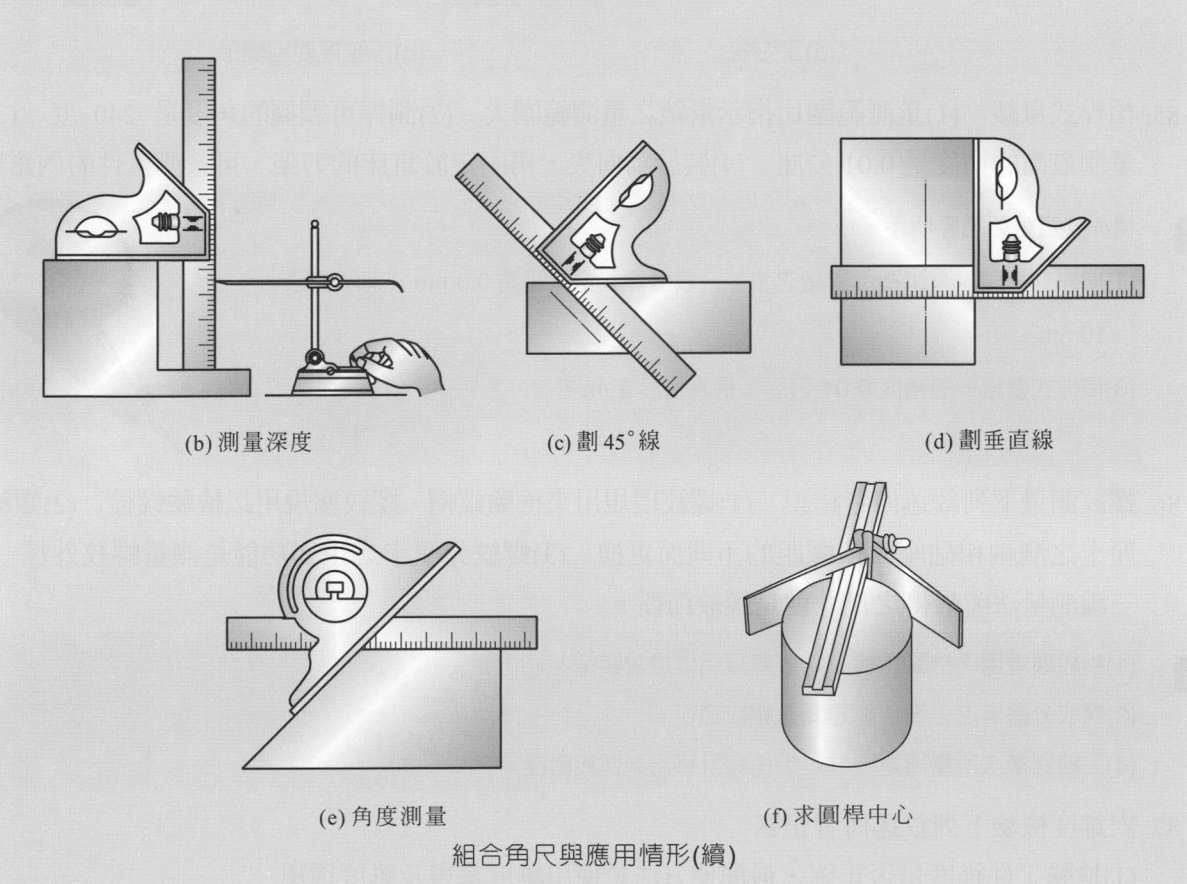

(b) 測量深度　　　　　　(c) 劃 45° 線　　　　　　(d) 劃垂直線

(e) 角度測量　　　　　　　　　(f) 求圓桿中心
組合角尺與應用情形(續)

(　) 83. 光學比測儀　(1)在銀幕上的成像是倒立虛象　(2)檢驗工件表面粗糙度採用之照明方法為垂直反射照明　(3)裝物台為不透明玻璃的機型是橫向型　(4)量測工件角度，使用的部位是投影透鏡。　(23)

> 解 (1)光學比測儀在銀幕上的成像是倒立實像。
> (4)量測工件角度是利用投影幕上的游標分度刻劃進行量測。

(　) 84. 正弦規配合塊規　(1)用於量測工件之角度　(2)所應用的三角函數是 sin　(3)45 度以下使用較方便　(4)長度規格多為 75 或 150 公厘。　(123)

> 解 正弦規與使用情形如下圖所示。
> (4)長度規格多為 100 或 200 公厘。

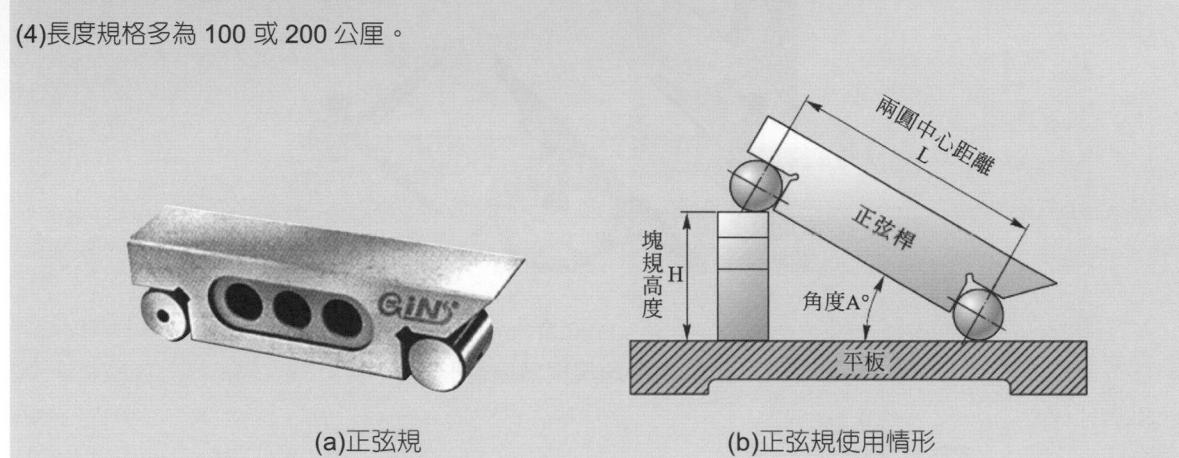

(a)正弦規　　　　　　　　(b)正弦規使用情形

(　) 85. 槓桿式量錶　(1)量測範圍比指示量錶之量測範圍大　(2)測桿可調擺的角度是 240 度　(3)可量測最高的精度是 0.01 公厘　(4)裝於萬向夾，再固定於車床的刀架，可量測工件的內錐度。　(24)

> 解 槓桿式量錶如右圖所示。
> (1)槓桿式量測範圍比指示量錶之小，一般槓桿式量測範圍 0.8mm、指示量錶 10mm。
> (3)槓桿式量錶一般精度 0.01 公厘，最高精度 2μm。

(　) 86. 螺紋測量下列敘述何者錯誤　(1)螺紋環規用來檢驗螺帽，螺紋塞規用以檢驗螺栓　(2)螺紋分厘卡之測軸和砧座條依螺距的不同而更換　(3)螺紋分厘卡之主要功能是測量螺紋外徑　(4)三線測量法所最得之尺寸就是螺紋節徑。　(134)

> 解 (1)螺紋環規用來檢驗螺栓，螺紋塞規用以檢驗螺帽。
> (3)螺紋分厘卡之主要功能是測量螺紋節徑。
> (4)三線測量法所量得之尺寸，須再經計算方為螺紋節徑。

(　) 87. 對錐度檢驗下列敘述何者正確　(13)
(1)檢驗工件錐度是否正確，最簡便方法是使用錐度塞規及錐度環規
(2)內孔錐度除以錐度塞規外，無法用其他方法度量
(3)檢查錐度配合之接觸率，可塗上紅丹或奇異墨水以檢視其接觸情況
(4)錐度環規可以直接讀出欲測工件錐度之值。

解 (2)內孔錐度除了以錐度塞規檢驗外，可用槓桿式量錶量測內錐度，或以大小圓球放入孔內測量，如下圖所示。

(4)錐度環規無法直接讀出工件錐度值。

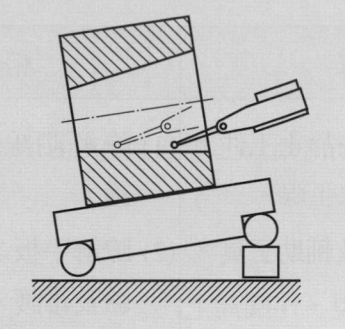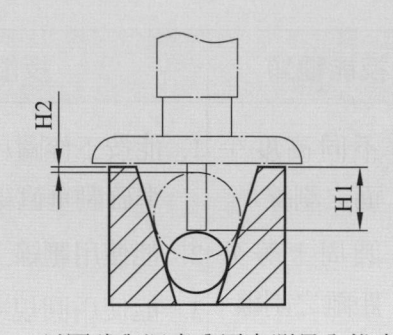

(a) 槓桿式量錶測量內錐度　　　(b) 以圓球與深度分厘卡測量內錐度

( ) 88. 可使用三線測量節徑之螺紋為　(1)公制　(2)統一標準　(3)梯形　(4)方形　螺紋。(123)

解 方螺紋兩螺紋面相互平行，無兩斜面可支撐鋼線。鋼線直徑太小會與底徑接觸，如圖(a)；鋼線直徑太大會與牙頂接觸，如圖(b)。所以方螺紋無法以三線測量節徑。方螺紋節徑＝ $\dfrac{大徑＋小徑}{2}$ 。

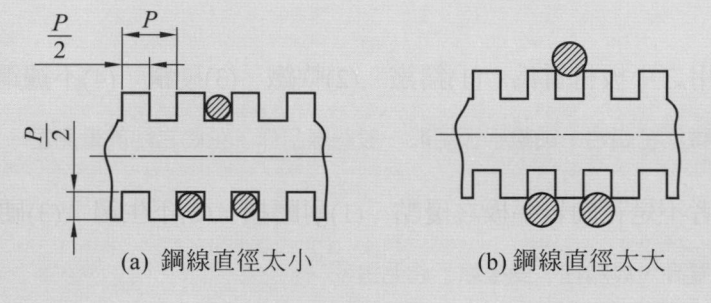

(a) 鋼線直徑太小　　　　(b) 鋼線直徑太大

( ) 89. 使用量具測量工件，為避免誤差，下列敘述何者正確　(1)工件中心線應與量具軸線重合成一直線　(2)視線應與量具刻劃線垂直　(3)手握持工件及量具之時間愈短愈好　(4)量測壓力愈大愈好。(123)

解 (3)手握持工件及量具之時間愈短愈好，避免將身體溫度傳遞給量具。

(4)過大量測壓力會使量具變形或損壞，一般量測壓力約 0.2～1kg。

工作項目❷ 劃線

一、單元專業知識

工作項目	技能種類	技能標準	相關知識
二、劃線	(一) 不同高度平面之劃線 (二) 圓周上等分距離之劃線	1. 能按工作圖尺寸在靜止工件上準確劃垂直線及水平線。 2. 能使用劃線工具及輔助工具。 3. 能使用圓規或分規，作圓周上正多邊形等分距離之劃線。 4. 能劃 30、45 及 60 度等之特別角度線。	(1) 瞭解劃線工具之選用及維護。 (2) 瞭解平板之種類、規格、檢驗及維護。 (3) 瞭解特別角度之幾何劃法。

二、精選必考試題

答

((1)) 1. 常作為劃線用之平板材質為 (1)鑄鐵 (2)軟鐵 (3)硬鋼 (4)不鏽鋼。 (1)

解 平板材料有鑄鐵與花崗岩，鑄鐵平板用於一般劃線工作。花崗岩用於量測室、品管部門或精密工作。

((4)) 2. 下列何者何者不是花崗岩平板之優點 (1)耐磨損 (2)不生鏽 (3)硬度高 (4)易起毛邊。 (4)

解 花崗岩平板硬度高、具脆性，受撞擊不起毛邊。

((4)) 3. 花崗岩平板之保養可使用 (1)地板蠟 (2)汽車蠟 (3)柴油 (4)肥皂水。 (4)

((3)) 4. 鑄鐵類平板之保養，可使用 (1)酒精 (2)摻水太古油 (3)機油 (4)肥皂水。 (3)

((3)) 5. 一般鑽床作業對複雜性鑽孔事先劃線是 (1)錯誤的步驟 (2)提高孔徑精度 (3)防止加工位置錯誤 (4)非必要之工作。 (3)

((1)) 6. V 形枕之功用很多，下列何種工作不適用 (1)當鐵砧 (2)劃線 (3)夾持 (4)測量。 (1)

((2)) 7. 已知一圓直徑為 60mm，欲劃圓內接正六角形，其邊長為 (1)60mm (2)30mm (3)15mm (4)10mm。 (2)

解 直徑 60mm 之內接正六角形如右圖所示。圖中三角形三邊長比為 $1 : \sqrt{3} : 2$，由圖中幾何知直徑 60、邊長為 30mm。

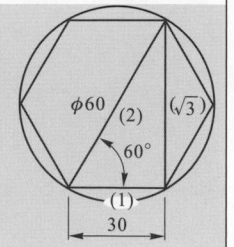

((1)) 8. 工作圖上標明比例為 1：2，則劃線時之尺寸為 (1)依圖示尺寸 (2)依圖示尺寸縮小一倍 (3)依圖示尺寸縮小二倍 (4)依圖示尺寸放大一倍。 (1)

解 工作圖上標明之「尺寸數字」為實際大小。而圖形會依零件大小在圖面縮小或放大，若比例為 1：2，表示圖形縮小 $\frac{1}{2}$，圖上「尺寸」是實際大小，劃線時之尺寸只要依圖示「尺寸數字」繪出。

( ) 9. 求一孔之中心，最方便的工具爲 (1)外卡及鋼尺 (2)單腳卡 (3)內卡及鋼尺 (4)尺及劃線針。 (2)

( ) 10. 圓棒端面劃取中心十字線，以何者配合 V 形枕較佳 (1)游標高度規、角尺 (2)直尺、劃針 (3)直尺、分規 (4)單腳卡、劃針。 (1)

( ) 11. 欲劃 59 度 25 分的角度線，須選用之工具爲 (1)V 形枕 (2)角尺 (3)半圓角度儀 (4)游標角度儀。 (4)

解 游標角度儀如圖所示，其精度可達 5 分，適宜劃 59 度 25 分的角度線。

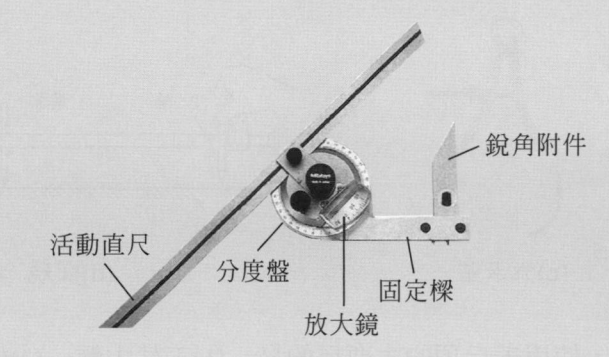

銳角附件

活動直尺

分度盤

固定樑

放大鏡

( ) 12. 在不同平面之垂直面上劃精度 0.4 公厘平行線，可利用 (1)鋼尺、劃針 (2)鋼尺、劃線台 (3)單腳卡 (4)游標高度規。 (4)

解 鋼尺精度 0.5mm，無法劃精度 0.4mm 之平行線。

( ) 13. 作爲劃線用之游標尺是 (1)游標卡尺 (2)游標高度規 (3)游標深度規 (4)齒厚游標尺。 (2)

( ) 14. 游標高度規經長年使用，未作校正時 (1)不會產生磨損 (2)尺寸精度產生誤差 (3)與劃線精度無關 (4)尺寸精度不會產生誤差。 (2)

( ) 15. 操作樑規劃直徑 1m 之圓時，宜以 (1)右手操作 (2)左手操作 (3)雙手操作 (4)須二人以上通力合作。 (3)

解 樑規操作情形如下圖所示：

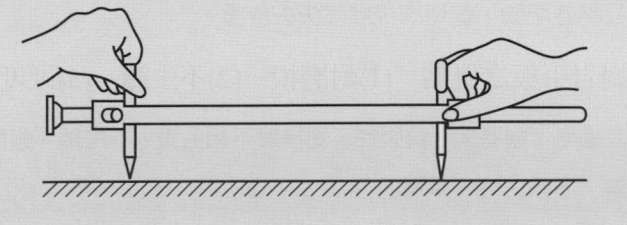

( ) 16. 下列何者常用以劃大圓 (1)單腳卡 (2)彈簧分規 (3)外卡鉗 (4)梁規(長徑規)。 (4)

解 選項中各劃線工具如圖所示。

單腳卡可求圓桿或方桿中心

彈簧分規用於尺寸轉移、圓弧劃製、等分線段等。

外卡鉗用於外尺寸量測，如外徑、長度、厚度、平行度等

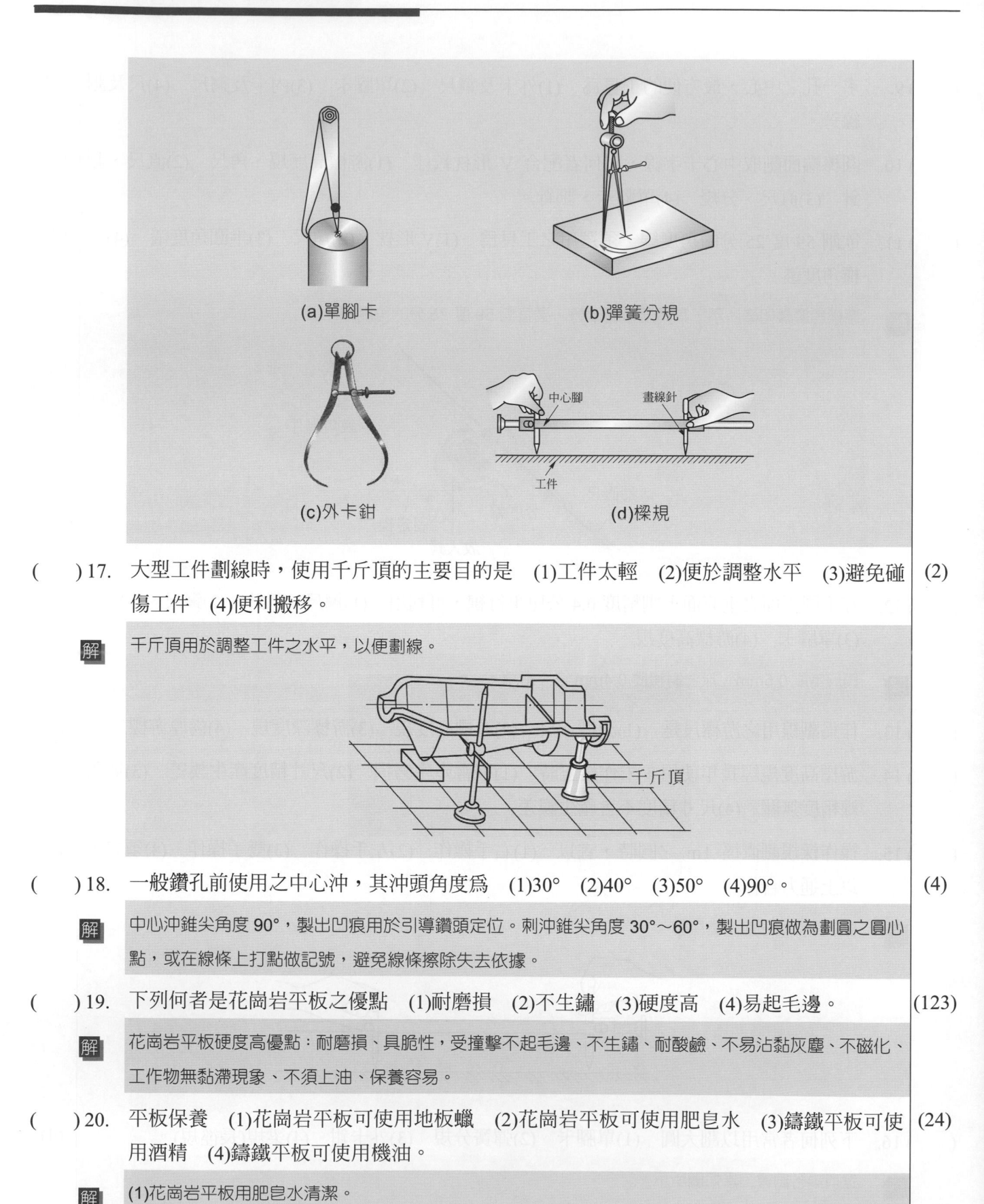

(a)單腳卡　　　　　　　(b)彈簧分規

(c)外卡鉗　　　　　　　(d)樑規

（　　）17. 大型工件劃線時，使用千斤頂的主要目的是　(1)工件太輕　(2)便於調整水平　(3)避免碰傷工件　(4)便利搬移。 (2)

解　千斤頂用於調整工件之水平，以便劃線。

（　　）18. 一般鑽孔前使用之中心沖，其沖頭角度為　(1)30°　(2)40°　(3)50°　(4)90°。 (4)

解　中心沖錐尖角度 90°，製出凹痕用於引導鑽頭定位。刺沖錐尖角度 30°～60°，製出凹痕做為劃圓之圓心點，或在線條上打點做記號，避免線條擦除失去依據。

（　　）19. 下列何者是花崗岩平板之優點　(1)耐磨損　(2)不生鏽　(3)硬度高　(4)易起毛邊。 (123)

解　花崗岩平板硬度高優點：耐磨損、具脆性，受撞擊不起毛邊、不生鏽、耐酸鹼、不易沾黏灰塵、不磁化、工作物無黏滯現象、不須上油、保養容易。

（　　）20. 平板保養　(1)花崗岩平板可使用地板蠟　(2)花崗岩平板可使用肥皂水　(3)鑄鐵平板可使用酒精　(4)鑄鐵平板可使用機油。 (24)

解　(1)花崗岩平板用肥皂水清潔。
　　(3)鑄鐵平板用機油保養，若用酒精會使鑄鐵生鏽。

（　　）21. V 型枕之功用很多，下列何種工作適用　(1)當鐵砧　(2)劃線　(3)夾持　(4)測量。 (234)

解 V形枕當鐵砧會影響精度，甚至造成損壞。V形枕常用情形如下圖：

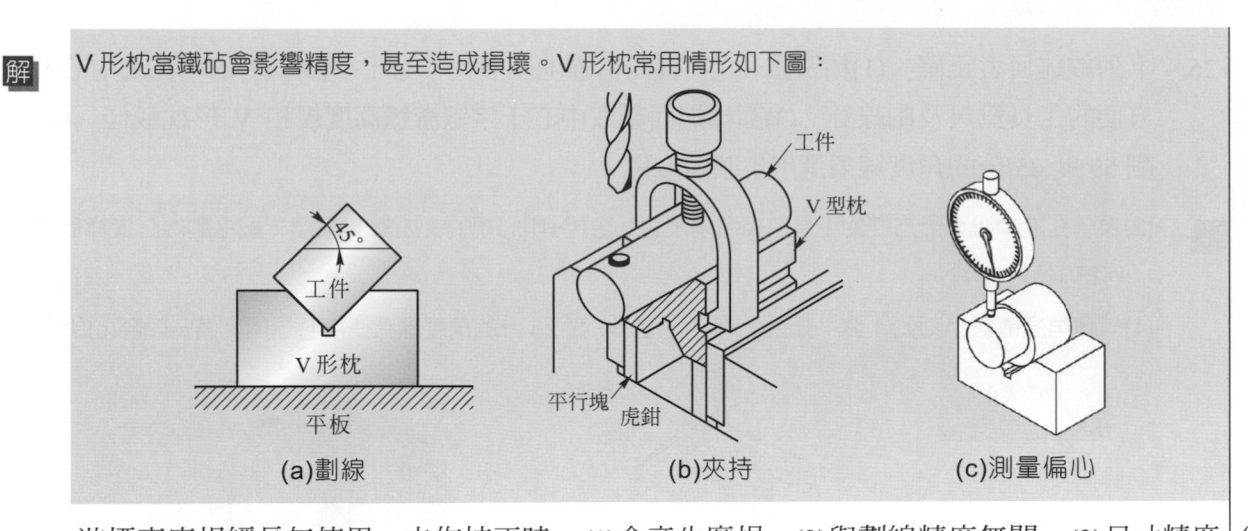

(a)劃線　　　　　　(b)夾持　　　　　　(c)測量偏心

(　) 22. 游標高度規經長年使用，未作校正時　(1)會產生磨損　(2)與劃線精度無關　(3)尺寸精度　(13) 產生誤差　(4)劃線刀之尖端碳化物仍保持銳利。

解 (2)高度規長年使用，未校正會影響精度。

(4)高度規長年使用，劃線刀會鈍化。

(　) 23. 劃線工作時，下列敘述何者錯誤　(1)須用力劃取愈粗之線條，銼削加工才能掌握尺寸精度　(123) (2)為減少加工錯誤在劃線時應該比圖示尺寸稍大些　(3)為避免線條不明確，宜作來回數次 劃線以使線條明確　(4)應先檢查游標高度規之歸零。

解 (1)線條愈細，愈能掌握尺寸精度。

(2)劃線尺寸應與圖示尺寸一樣。

(3)線條以一次劃出為原則。

(　) 24. 游標高度規　(1)若產生歸零誤差時，可用其微調裝置重新歸零　(2)劃線時應注意劃線刀之　(12) 尖端是否銳利　(3)僅劃線工具　(4)其底座磨損，不會影響精度。

解 (3)游標高度規除劃線外，亦可做為量測工件高度之量具，如下圖。

(4)游標高度規底座磨損會造成底面平面度不佳，或高度不準，影響精度。

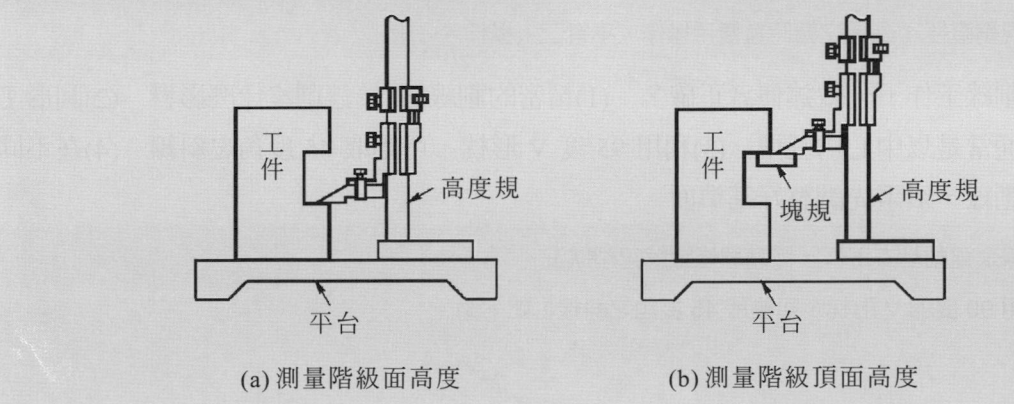

(a) 測量階級面高度　　　　　　(b) 測量階級頂面高度

(　) 25. 平板　(1)材質有鑄鐵及花崗岩等　(2)為劃線工具，不可作為裝配檢驗之用　(3)使用時須　(13) 分別在其平面之各處運用，以確保其精度　(4)劃線用之平板，安裝時不須要求水平精度。

解 (2)平板除做為劃線之基準平面外，亦可作為裝配檢驗之基準面。

(4)平板安裝須做水平調整。

(　) 26. 下列敘述何者正確　(1)精密鑽孔前，宜先精確地劃取孔中心十字線　(2)求一孔之中心，最　(13)
方便的工具為尺及劃線針　(3)圓棒端面劃取中心十字線游標高度規和 V 形枕較佳　(4)欲
劃 59 度 25 分的角度線須選用半圓角度儀。

解 (2)求一孔之中心，最方便的工具為組合角尺之「直尺+中心規」，如圖(a)所示，配合劃線針進行劃線，
可得中心十字線。

(4)半圓角度儀最小刻劃 1 度，如圖(b)所示。劃 59 度 25 分的角度線應使用游標角度儀，如圖(c)所示。

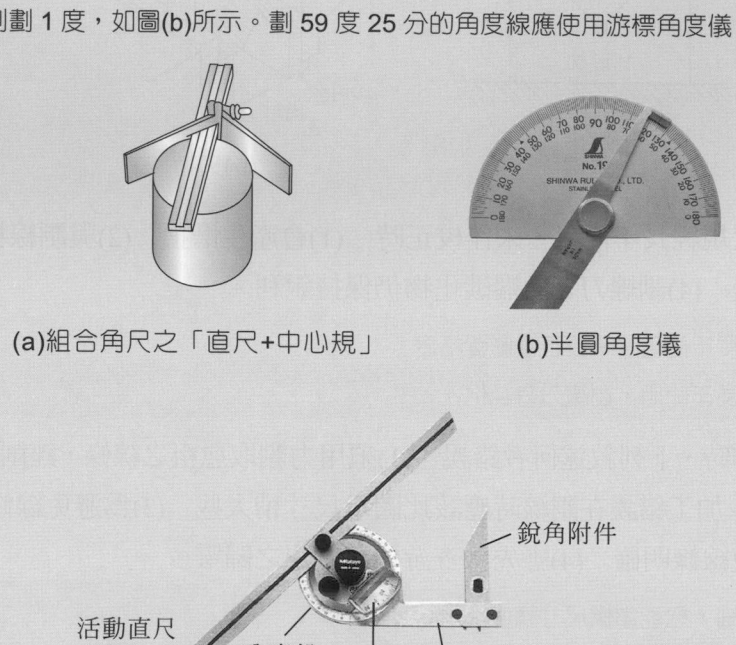

(a)組合角尺之「直尺+中心規」　　　(b)半圓角度儀

銳角附件

活動直尺　　分度盤　　固定樑
放大鏡
(c)游標角度儀

(　) 27. 大型工件劃線時　(1)使用千斤頂　(2)使用 4 個千斤頂最易平衡　(3)宜使用樑規劃大圓　(13)
(4)樑規劃直徑 1 公尺之圓時須二人以上通力合作。

解 (2)使用 3 個千斤頂最易平衡(3 個點可定一平面)。

(4)樑規劃直徑 1 公尺之圓時宜雙手操作，不宜二人操作。

(　) 28. 針對劃線工作下列敘述何者正確？　(1)精密的劃線，對於銼削沒什麼影響　(2)圓形工件劃　(24)
線時通常是以中心為基準　(3)利用 95 度 V 形枕，可劃取 45 度角之斜線　(4)在不同垂直
面上劃線，須事先調整好基準面。

解 (1)劃線是銼削基本工作，可藉線條瞭解銼削狀況。

(3)利用 90 度的 V 形枕，可劃取 45 度角之斜線，如下圖。

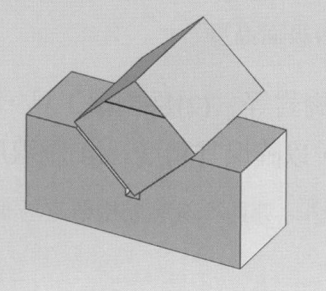

工作項目③ 手工加工

一、單元專業知識

工作項目	技能種類	技能標準	相關知識
三、手工加工	◎(一)刮削	1. 能正確選用刮刀。 2. 能刮削平面、曲面及花紋。 3. 能刮削平面,尺寸精度能達公差十級以內。 4. 能刮削內、外曲面使達配合要求。 5. 垂直度在 1/3 度以內。	(1) 瞭解刮刀種類及用途。 (2) 瞭解刮刀材質及刃口角度與材料之關係。 (3) 瞭解刮刀研磨及刮削工作法。
	(二) 手工研磨	1. 能正確使用砂布、砂紙或磨石作砂光或研磨工作。 2. 能依材料正確選用各種磨料研磨工件。	(1) 瞭解砂布及砂紙之規格。 (2) 瞭解磨石之規格。 (3) 瞭解砂光或研磨工作法。

備註:「◎」代表考專業筆試

二、精選必考試題

答

(4) 1. 下列何項不是刮削之目的? (1)獲得真平度 (2)可達成潤滑 (3)美觀 (4)精密量測。 (4)

(3) 2. 精密配合平面,可採下列何種方式加工? (1)銑削 (2)鉋削 (3)刮削 (4)鑿削 (3)

(1) 3. 圓面刮刀,適用何種加工面 (1)內曲面 (2)外曲面 (3)大平面 (4)小端面。 (1)

解 內曲面刮削如下圖所示。

(4) 4. 刮削之配合,宜用何種塗料檢查 (1)奇異墨水 (2)機油 (3)切削劑 (4)紅丹。 (4)

(1) 5. 粗刮削時,刮刀發生跳動,應如何處理? (1)改變刮削方向 (2)加切削劑 (3)調整工件高度 (4)增加握柄長度。 (1)

(1) 6. 平面刮削時,刮刀之刃口與工件面之間隙角成 (1)30° (2)60° (3)75° (4)90°。 (1)

(3) 7. 下列工具何者適合在車床上去除內孔毛邊 (1)平刮刀 (2)鉤形刮刀 (3)三角刮刀 (4)彈性平刮刀。 (3)

( ) 8. 下列有關三角刮刀之敘述何者錯誤？ (1)有 3 個刃口 (2)用於去除內角毛邊 (3)刮三角形花紋 (4)可用舊三角銼刀研磨製成。 | (3)

> **解** 三角刮刀刀尖成三角錐，如下圖所示，具三個切刃，常用於去除毛邊、尖銳角、鑽孔、鉸孔後之毛邊去除。

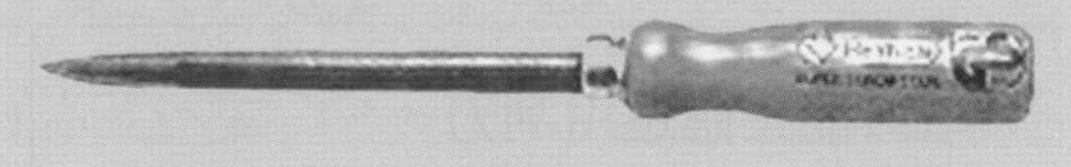

圖片來源：英瑞股份有限公司網頁

( ) 9. 工件與抹紅丹之平板相磨擦，下列敘述何者之眞平度較佳 (1)紅丹點較大且少 (2)紅丹點較大且多 (3)紅丹點較小且多 (4)紅丹點較小且少。 | (3)

( ) 10. 刮削工作檢視工件突出部分，宜採用下列何者爲顏料？ (1)紅丹 (2)酒精 (3)水 (4)奇異墨水。 | (1)

( ) 11. 刮刀經使用後發現刃口微有鈍化，應以 (1)油石礪光 (2)鑽石銼刀修 (3)砂紙修磨 (4)粉筆塗抹刃口。 | (1)

( ) 12. 粗刮削前的工件裕量應爲 (1)0.01～0.02mm (2)0.05～0.08mm (3)0.2～0.3mm (4)0.3～0.5mm。 | (2)

( ) 13. 刮削精密平面每次刮削深度約爲 (1)0.001～0.003mm (2)0.005～0.008mm (3)0.01～0.03mm (4)0.05～0.08mm。 | (1)

( ) 14. 下列何者不是刮削花紋的形狀？ (1)方形 (2)斜方形 (3)月形 (4)圓形。 | (4)

( ) 15. 粗刮削鑄鐵，刃口角度約爲 (1)70～90° (2)90～120° (3)120～150° (4)150～180°。 | (1)

( ) 16. 刮刀材料，下列何者不適合？ (1)SK3 (2)S25C (3)SKS2 (4)SKH2。 | (2)

> **解** S25C 為低碳鋼，其硬度低不足以當作刮刀材料。

( ) 17. 利用舊銼刀磨成之刮刀其硬度應爲 HRC (1)20° (2)40° (3)60° (4)80°。 | (3)

( ) 18. 下列何者不是碳化物刮刀之優點？ (1)壽命長 (2)可作微量刮削 (3)適合加工軟質工件 (4)刮削淬火過鋼料。 | (4)

( ) 19. 可以向內拉的刮削工具是 (1)平刮刀 (2)半圓刮刀 (3)鉤形刮刀 (4)三角刮刀。 | (3)

( ) 20. 選用下列何種號數砂布，可得最佳之光亮面？ (1)100 號 (2)200 號 (3)400 號 (4)800 號。 | (4)

> **解** 砂布用「號數」表示磨料顆粒大小。如 100 號的磨料，表示能通過 25.4mm 長度內有 100 個網目的篩網，而留在次一級篩網上的顆粒大小。號數愈大、網目數愈多、網孔愈小，顆粒愈細，研磨面愈光亮。

( ) 21. 砂布的號數愈大表示磨料愈 (1)粗 (2)細 (3)硬 (4)軟。 | (2)

( ) 22. 砂布的磨料之粒度與砂輪磨料之粒度代碼稱呼 (1)相同 (2)相反 (3)均用英文字母註記 (4)均用顏色註記。 | (1)

( ) 23. 金鋼砂及氧化鋁磨料之砂布，適用於砂光 (1)鑄鐵 (2)青銅 (3)鋼材 (4)玻璃。 | (3)

( ) 24. 砂布上，用以黏結磨料之結合劑爲 (1)強力膠 (2)合成樹脂 (3)水玻璃 (4)蟲漆。 | (2)

( ) 25. 砂布的主要用途為 (1)砂光花紋美觀 (2)使表面更為光亮 (3)控制尺寸精度 (4)代替銼 (2)
刀。

( ) 26. 砂布單張的尺寸為 (1)100×100mm (2)130×180mm (3)200×200mm (4)230×280mm。 (4)

解 市售砂布(紙)有單張或成捲二種，單張尺寸多為 225×280mm(9"×11")，通常以 25、50、100 張包成一單
捲；通常在砂紙(布)背面上印有磨料記號、粒度及廠牌等。有關磨料記號為氧化鋁 1 級之磨料記號為 AA、
碳化矽 1 級記號為 CC、石榴石記號為 G。

( ) 27. 砂布上磨料為氧化鋁，其記號為 (1)AA (2)BB (3)EE (4)FF。 (1)

( ) 28. 砂布上磨料為碳化矽，其記號為 (1)AA (2)BB (3)CC (4)DD。 (3)

( ) 29. 決定砂布磨料粒度之篩眼數目的每邊長為 (1)25.4mm (2)20.4mm (3)12.7mm (1)
(4)10.7mm。

解 磨料粒度之篩網數目的基準長度為 1 英吋，所以是 25.4mm。

( ) 30. 氧化鋁磨料之砂布呈 (1)白色 (2)深綠色 (3)黃色 (4)灰黑色。 (4)

( ) 31. 下列何者表示特細如粉狀的磨料？ (1)AA (2)BB (3)CC (4)DD。 (4)

( ) 32. 下列那一種加工可得較佳之光亮表面？ (1)鋸切 (2)銑削 (3)鉋削 (4)砂光。 (4)

( ) 33. 碳化矽磨料，適用於砂光 (1)木材 (2)碳鋼 (3)合金鋼 (4)鑄鐵。 (4)

( ) 34. 欲得更光亮的表面，砂光合金鋼，宜選用之切削劑為 (1)水 (2)汽油 (3)機油 (4)太古 (3)
油。

( ) 35. 配合機件有鏽蝕時，可用下列何種方法除鏽最為有效 (1)粗銼刀 (2)細砂布加柴油 (3) (2)
粗磨石 (4)粗砂布加機油。

( ) 36. 下列何種加工無法控制尺寸精度？ (1)車削 (2)銑削 (3)砂光 (4)磨削。 (3)

( ) 37. 欲得光亮的表面，砂光的紋路宜採用 (1)同方向 (2)10 度交叉 (3)20 度交叉 (4)40 度交 (1)
叉。

( ) 38. 關於刮削工作，下列敘述何者為誤？ (1)刮刀應有良好之手柄 (2)一手持工件一手進行刮 (23)
削 (3)刮削工作一般在工件淬火後進行 (4)刮刀使用後需妥善保管。

( ) 39. 關於刮削工作，下列敘述何者為正確？ (1)刮刀研磨時，刀背需與磨石貼平 (2)鉤形刮刀 (14)
推出時進行刮削 (3)平刮刀拉回時進行刮削 (4)精刮削鑄件時，刀口角度為 90°～120°。

( ) 40. 三角刮刀主要用於 (1)工件毛胚 (2)銑削後 (3)內圓孔精車削後 (4)鉸孔處 之毛邊去 (34)
除。

解 如第 8 題之詳解，三角刮刀具三個切刃，用於去除尖銳角、鑽孔、鉸孔後之毛邊。

( ) 41. 曲面刮削時用半圓刮刀刮削 (1)其具有兩切削邊 (2)其往復行程均可刮削 (3)刮削時應 (12)
沿工件軸向 (4)刮削時以腰力推出。

( ) 42. 平刮刀刀口呈圓弧狀係因 (1)容易刮削 (2)美觀 (3)儲油 (4)可獲真平度。 (13)

( ) 43. 工件表面欲獲得光度需用 (1)砂布 (2)砂紙 (3)油石 (4)磨石 的加工方法。 (12)

（　　）44.　刀具刃口表面欲獲得光度需用　(1)砂布　(2)砂紙　(3)油石　(4)磨石　的加工方法。　(34)

（　　）45.　砂布之規格表示係以　(1)磨料種類　(2)磨料結合度　(3)磨料粒度　(4)磨料組織。　(13)

（　　）46.　砂布常用的磨料種類以哪些為主　(1)鑽石　(2)碳化矽　(3)石英　(4)氧化鋁。　(24)

（　　）47.　下列工件材質之表面加工適用碳化矽磨料之砂布　(1)青銅　(2)鋼材　(3)木材　(4)鑄鐵。　(14)

解　碳化矽磨料適用於磨削抗拉強度 30kg/mm² 以下之材料，如銅、鑄鐵、鋁、鋅等。

工作項目④ 工具機操作-操作車床

一、單元專業知識

工作項目	技能種類	技能標準	相關知識
四、工具機操作	(一) 操作車床	能操作車床作圓桿、端面、去角、溝槽、輥花、外螺紋、錐度、偏心、鑽孔、鉸孔及攻、鉸螺紋等車削工作，其外徑尺寸精度能達公差九級以內，長度尺寸精度能達公差十二級以內，表面粗糙度能達 3.2a (12.5S)。	瞭解圓桿、端面、去角、溝槽、輥花、外螺紋、錐度、偏心、鑽孔、鉸孔及攻、鉸螺紋等之車削工作法。

二、精選必考試題

答

( ) 1. 工件直徑為 40mm，切削速度 50m/min，則主軸每分鐘迴轉數約　(1)200 轉　(2)300 轉　(3)400 轉　(4)500 轉。　(3)

解　$V = \dfrac{\pi DN}{1000} = \dfrac{\pi \times 40 \times N}{1000} = 50\text{m/min}$，$N = \dfrac{1000 \times 50}{\pi \times 40} \fallingdotseq 400$ 轉。

( ) 2. 工件錐度長 30mm，其二端直徑差為 6mm，則錐度為　$(1)\dfrac{1}{10}$　$(2)\dfrac{1}{8}$　$(3)\dfrac{1}{6}$　$(4)\dfrac{1}{5}$。　(4)

解　錐度定義 $= \dfrac{\text{兩端直徑差}}{\text{錐度長}} = \dfrac{6}{30} = \dfrac{1}{5}$。

( ) 3. 車削錐角 60 度之工件，複式刀座應旋轉　(1)15°　(2)30°　(3)45°　(4)60°。　(2)

解　以複式刀座車削錐角，應旋轉半錐角(錐角的一半)。如 60°錐角，複式刀座應旋轉半錐角 30°。

↙半錐角

( ) 4. 車床導螺桿螺距 6mm，欲車削螺距 1.5mm 之螺紋，則輪系齒數比應為　$(1)\dfrac{24}{48}$　$(2)\dfrac{24}{60}$　$(3)\dfrac{24}{72}$　$(4)\dfrac{24}{96}$。　(4)

解　$\dfrac{\text{主軸齒輪齒數}}{\text{導螺桿齒輪齒數}} = \dfrac{\text{車削螺距}}{\text{導螺桿螺距}} \rightarrow \dfrac{\text{主軸齒輪齒數}}{\text{導螺桿齒輪齒數}} = \dfrac{1.5}{6} = \dfrac{1.5 \times 16}{6 \times 16} = \dfrac{24}{96}$。

( ) 5. 使用針盤量錶在車床上校正偏心量為 2mm 之工件，旋轉 180°時，量錶之測桿應移動　(1) 1mm　(2) 2mm　(3) 3mm　(4)4mm。　(4)

解　在車床上校正偏心，量錶測桿移動量為工件偏心量的 2 倍。旋轉 180°時正好是最高點與最低點之差值＝偏心量的 2 倍。

( ) 6. 使用錐度環規檢查錐度 $\dfrac{1}{20}$ 之工件，配合後若離標準位置尚有 2mm，則可再進刀的深度半徑值為　(1)0.05mm　(2)0.1mm　(3)0.2mm　(4)0.5mm。　(1)

解 由錐度定義：$T = \dfrac{兩端直徑差}{錐度長}$ ，$\dfrac{1}{20}$ 表工件長度 20mm，兩端直徑差 1mm。依題意：長度相差 2mm，

直徑相差多少？如下圖，由比例計算：$\dfrac{1}{20} = \dfrac{x}{2}$，直徑相差 x＝0.1mm，須再進刀 0.05mm(半徑值)。

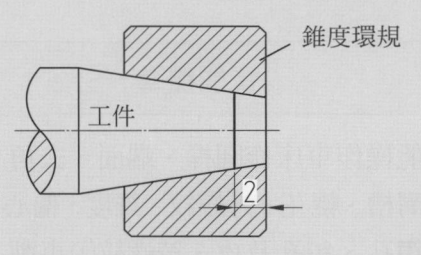

(3) 7. 在直徑 50mm 的工件上，用直徑 20mm 鑽頭鑽孔，切削速度為 25m/min，則主軸每分鐘之
迴轉數約為　(1)160 轉　(2)260 轉　(3)400 轉　(4)600 轉。

解 $V = \dfrac{\pi DN}{1000}$，直徑 D 代鑽頭直徑 20mm，而 V＝25 m/min，經計算 $N = \dfrac{1000 \times 25}{\pi \times 20} \doteq 400$ 轉。

(2) 8. 以碳化鎢車刀車削，工件表面產生光亮之條紋，且切削阻力顯著增加，其原因為　(1)進刀
量過大　(2)車刀已磨損、鈍化　(3)轉數太高　(4)工件夾持鬆動。

(4) 9. 車床上鑽孔一般是使用　(1)自動進給　(2)複式刀架進給　(3)縱向大手輪進給　(4)尾座手
輪進給。

解 車床上鑽孔是將鑽頭裝於尾座心軸，用尾座手輪進給。車床尾座如下圖所示：

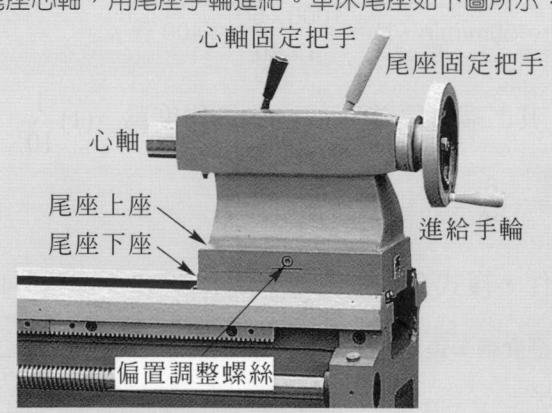

(3) 10. 若錐度為 1：20，錐度部分長為 100mm，工件全長為 300mm，選用尾座偏置車削時，其偏
置量應為　(1)15mm　(2)10mm　(3)7.5mm　(4)5mm。

解 尾座偏置車削錐度如下圖所示，其偏置量 $S = \dfrac{TL}{2} = \dfrac{\frac{1}{20} \times 300}{2} = 7.5$ mm。

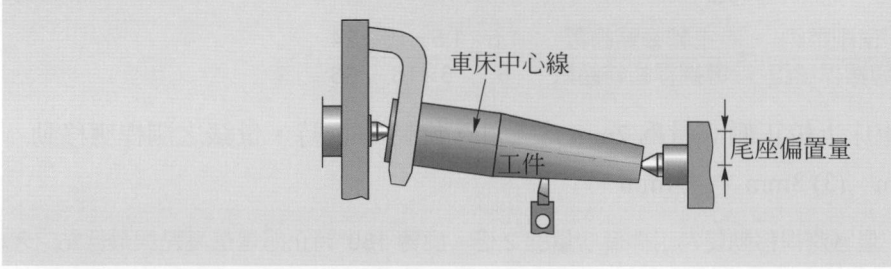

(1) 11. 使用量錶於車床上量測錐度，若沿軸向移動長 30mm，量錶的讀值為 1.5mm，則其錐度比
為　(1)1：10　(2)1：15　(3)1：20　(4)1：30。

解 量錶於車床上量測錐度如下圖所示，其測量值為半徑值，直徑差值=1.5×2=3，$T = \dfrac{\text{兩端直徑差}}{\text{錐度長}} =$

$\dfrac{1.5 \times 2}{30} = \dfrac{1}{10}$，寫成比例＝1：10。

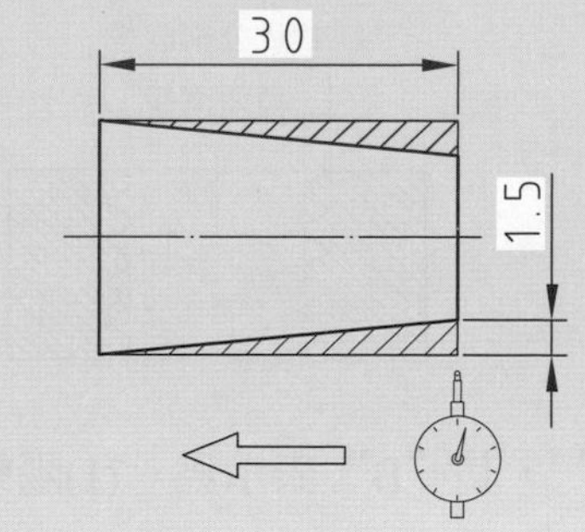

(4) 12. 若一錐度桿為 1：5±0.003mm，則長度 25mm 時，二端直徑差應在 5± (1) 0.015mm
(2) 0.03mm (3) 0.05mm (4) 0.075mm 之範圍內。

解 T = 1：5±0.003，表每 1mm 容許誤差±0.003，錐度軸線長為 25，二端直徑公差＝±0.003×25＝±0.075mm。

(1) 13. 錐度 1：6，錐度長為 30mm，如大徑為 36mm，則其小徑應為 (1)31mm (2)30mm (3)26mm
(4)24mm。

解 錐度 1：6＝D：30，D＝5，兩端直徑相差 5mm。大徑為 36 公厘，則小徑應為 36－5＝31mm。

(4) 14. 使用尾座偏置法，欲車削數量 50 支錐度相同之工件時，材料所需具備的主要條件是
(1)材質 (2)外徑 (3)內徑 (4)長度 需相同。

解 尾座偏置法其主軸與尾座兩頂心間的長度固定，故材料長度需相同。

(3) 15. 車床上車削 "M20×2.0" 螺紋，如試車削結果正確，則度量 30mm 長應有螺紋數為 (1)3
(2)6 (3)15 (4)20。

解 M20×2.0 表該螺紋之公稱直徑 20 mm、螺距 2.0 mm，因此 30 mm 長應有 15 個螺紋數。

(3) 16. 螺紋指示器之主要用途是 (1)檢查車刀角度 (2)指示螺紋的深度 (3)指示車刀切入工件
之位置 (4)指示車削長度。

解 螺紋指示器，如下圖所示，用於指示車刀切入工件之位置。

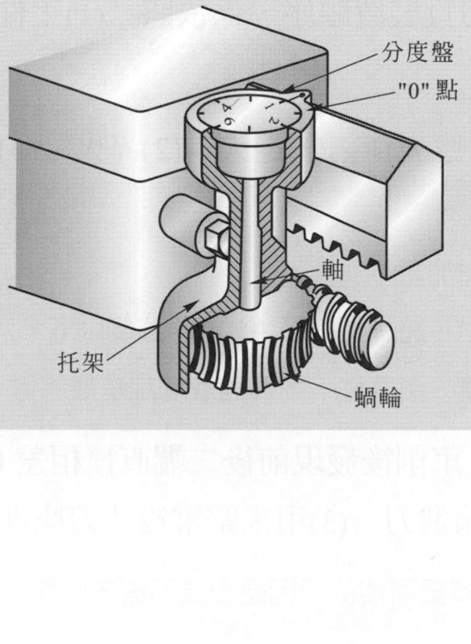

( ) 17. 攻螺紋所選用鑽孔之鑽頭直徑約為　(1)等於節徑　(2)公稱直徑減節徑　(3)公稱直徑減底徑　(4)公稱直徑減螺距。　(4)

> **解** 攻螺紋之鑽頭直徑＝公稱直徑 D－螺距 P。鑽孔直徑示意圖如下圖：

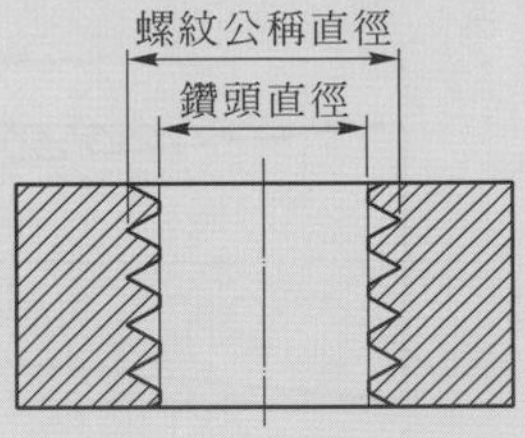

( ) 18. 一螺紋標註 "M30×3.0－2B"，其 "B" 表示為　(1)陽螺紋　(2)陰螺紋　(3)細螺紋　(4)粗螺紋。　(2)

> **解** A 表陽螺紋、B 表陰螺紋。

( ) 19. 車削外徑前先車削端面，其主要目的係為　(1)整齊　(2)美觀　(3)定長度之基準面　(4)精車削時車刀不易損壞。　(3)

( ) 20. 精車削一偏心端面時，首先應考慮　(1)刀刃接觸面加大　(2)車刀間隙角減小　(3)進刀量加大　(4)主軸轉數降低。　(4)

> **解** 偏心車削因工件偏離主軸中心，機台易晃動，且屬於斷續切削，切削力時大時小，宜降低主軸轉數。

( ) 21. 相同工件車削時，下列何者之主軸轉數最快？　(1)切斷　(2)螺紋　(3)內孔　(4)外徑。　(4)

> **解** 以上所列車削狀況之轉速：外徑＞內孔＞切斷＞螺紋。

( ) 22. 在車床上以 10×0.01mm 之量錶校偏心工件，若指針迴轉 4 圈，則工件的偏心距離為　(1)0.5mm　(2)1mm　(3)2mm　(4)4mm。　(3)

> **解** 在車床上校正偏心，量錶測桿移動量為工件偏心量的 2 倍。量錶指針迴轉 4 圈(4mm)，偏心量為 2mm。

( ) 23. 輥壓花紋時，下列何者為佳？　(1)轉數高、進給小　(2)轉數高、進給大　(3)轉數低、進給小　(4)轉數低、進給大。　(4)

> **解** 壓花切削條件是低轉數、大進給。

( ) 24. 車刀裝置於刀座上，其刀具裝置順序，係依照　(1)工件大小　(2)工件材質　(3)加工程序　(4)車床狀況　來作決定。　(3)

( ) 25. 車削之金屬材料若太硬，應先作　(1)退火　(2)淬火　(3)回火　(4)表面　處理。　(1)

> **解** 退火：使鋼軟化易於切削。
>
> 淬火：使鋼變硬而脆，強度增加。
>
> 回火：經淬火之鋼料質硬而脆，將其加熱至 A1 變態溫度以下，消除內應力，增加韌性。
>
> 表面處理：增加鋼材表面硬度、耐磨性、耐腐蝕或增加美觀等等。

( ) 26. 車床夾頭夾持圓桿工件，車削後發現前後二端直徑相差 0.5mm 以上，其可能的原因是　(1)車刀磨損　(2)用大手輪進刀　(3)用未歸零複式刀座進刀　(4)刀具裝置偏斜。　(3)

> **解** 0.5mm 是相當大的偏差值，其最可能的原因是複式刀座未歸零。

( ) 27. 車床上鉸孔之切削速度，應較鑽孔時為　(1)低　(2)高　(3)相同　(4)任意均可。　(1)

解　鉸孔切削條件是低轉數、大進給。

( ) 28. 體積、重量大之工件，可在下列何者車削？　(1)電腦數值控制車床　(2)立式車床　(3)自動　(2)
車床　(4)高速車床。

解　立式車床之夾頭係垂直安裝，下方有機身支撐，可承受較大之物重，故適合體積、重量大之工件車削。

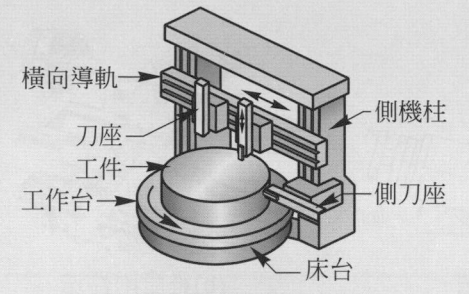

( ) 29. 菱形紋輥花刀，以下列何者組成？　(1)兩個右旋斜紋　(2)兩個左旋斜紋　(3)兩個菱形紋　(4)
(4)一個左及一個右旋斜紋。

解　菱形紋輥花刀之紋路為一個左旋、一個右旋，才能產生交叉紋路。菱形紋輥花刀如下圖：

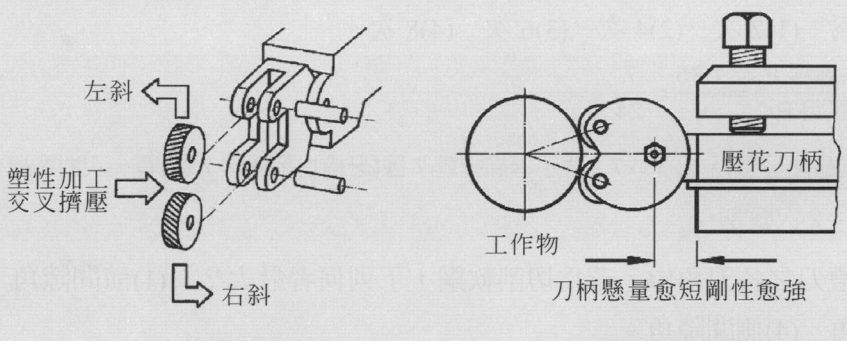

(a) 壓花刀的正確組裝　　　　(b) 刀柄懸量愈短剛性愈強

圖片來源：車床實習 II 陳順同、蔡俊毅　著

( ) 30. 車削內孔之內孔車刀，下列何種角度應隨工件孔徑大小而改變？　(1)前間隙角　(2)刀端　(1)
(3)邊斜角　(4)後斜角。

解　由於內孔車刀的前間隙角與工件內徑切線接觸，內孔直徑愈小則車刀前間隙角愈大；反之，內孔直徑愈大前間隙角可減小。如下圖所示。

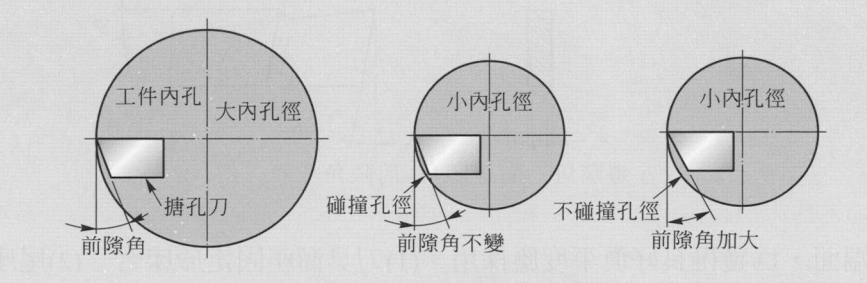

( ) 31. 車削較長之內錐度適合用　(1)複式座偏置法　(2)錐度附件法　(3)成型刀法　(4)尾座偏置　(2)
法。

解　各種錐度車削方式如下圖：

(1)複式座偏置：車削錐度大、長度較短之內、外錐度，如圖(a)。

(2)錐度附件法：長度較長之內、外錐度 (錐度大小受限於錐度附件可偏轉之角度) ，是車削較長之內錐度的唯一方法，如圖(b)。

(3)尾座偏置法：車削錐度小、長度較長之外錐度，如圖(c)。

(4)成型刀法：以成型刀車削，長度較短、錐度則視車刀角度而定，內、外錐度均可車削。

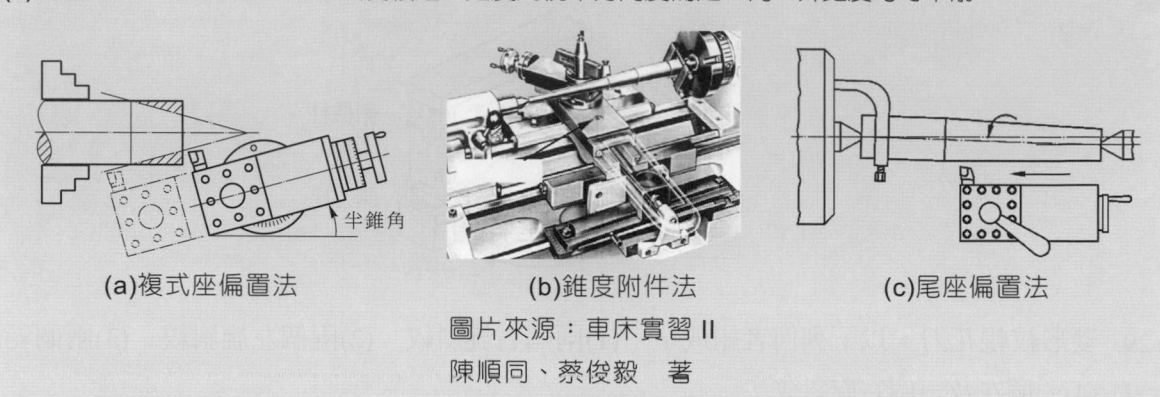

(a)複式座偏置法　　　　　　　　(b)錐度附件法　　　　　　　(c)尾座偏置法

圖片來源：車床實習 II

陳順同、蔡俊毅　著

(1) 32. 車床導螺桿節距為 6mm，擬車削節距為 1.75mm 之螺紋，蝸輪 14 齒，螺紋指示器刻度對零之機會為　(1)2 次　(2)4 次　(3)6 次　(4)8 次。

解　$\dfrac{車削工件導程\ P_s}{導螺桿螺距\ P_L} = \dfrac{1.75}{6} = \dfrac{7}{24}$

(註：化到最簡分數)，分子「7」表示導螺桿轉 7 圈(牙標指示器轉 7 齒)有一次對合機會，蝸輪用 14 齒，則 14÷7＝2 次機會。

(2) 33. 形成車槽刀之各刃角中，若為切削軟鋼，下列何者最大？　(1)前間隙角　(2)後斜角　(3)側切邊角　(4)側間隙角。

解　該四種角度，熟記『後者為大』，後乃「後斜角」最大。切槽刀如下圖：

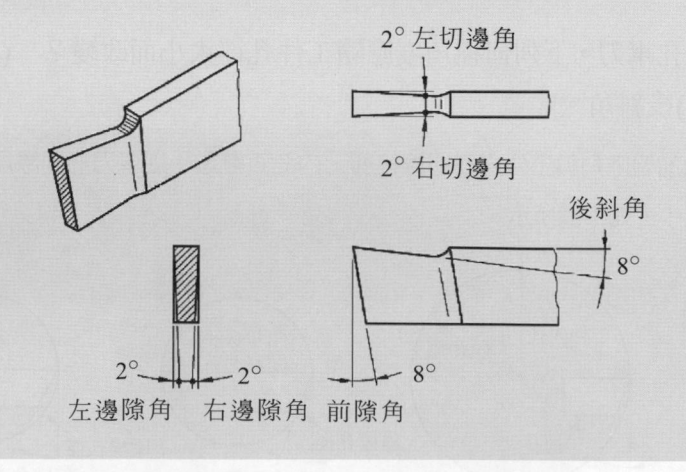

(1) 34. 車削大端面，為獲得良好真平度應採用　(1)刀具溜座固定於床台　(2)尾座頂心頂持工件　(3)中心架扶持工件　(4)減低轉數。

解　刀具溜座固定於床台，可避免車削端面時發生刀座蠕動現象，增進加工精度。

(1) 35. 兩頂心車削偏心工件，應先　(1)求中心　(2)鑽削中心孔　(3)四爪單動夾頭夾持工件　(4)使用雞心夾頭夾持工件。

( ) 36. 下列有關輥花工作之敘述，何者錯誤 (1)需注入切削劑 (2)工件直徑增大 (3)工件直徑減少 (4)尾座頂心支持工件。　(3)

解 輥花因材料受擠壓作用，工件直徑會增加約 0.4～0.6mm。

( ) 37. 車床夾具負載工件旋轉會產生 (1)壓力 (2)張力 (3)離心力 (4)向心力。　(3)

( ) 38. 下列何者不是車刀具較大邊斜角的優點？ (1)切削阻力變小 (2)刀刃發熱量變小 (3)刀刃強度變強 (4)減少主軸馬達負荷。　(3)

解 斜角大，刀具銳利，切削阻力小、刀刃發熱量小、主軸馬達負荷小，但刀刃強度減弱。

( ) 39. 用車床精車削圓桿外徑尺寸，下列何種公差等級較合理 (1)IT1 (2)IT7 (3)IT12 (4)IT16。　(2)

解 公差等級的使用如下表

IT01～IT4	用於規具公差
IT5～IT10	用於一般配合機件公差(一般機械加工可達公差)
IT11～IT16	用於不需配合公差
IT17～IT18	用於鍛造或鑄造件公差

( ) 40. 車床頭座主要功能 (1)鑽孔 (2)夾持工件 (3)帶動工件迴轉 (4)夾持刀具。　(23)

解 車床各部位名稱如下圖所示：
(1)鑽孔是尾座的功能。
(4)夾持刀具是刀架的功能。

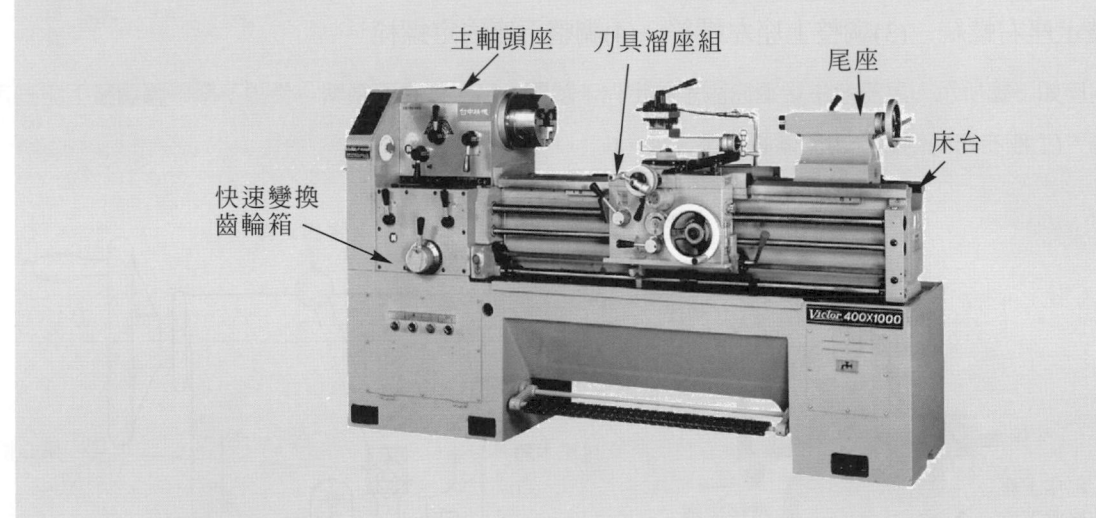

主軸頭座　　刀具溜座組　　尾座　　床台　　快速變換齒輪箱

( ) 41. 車床頭座心軸形式依據 CNS6876 有 A1，A2， (1)A3 (2)ND (3)AD (4)MD。　(14)

( ) 42. 車床頭座心軸軸孔係採 (1)布朗沙普錐度(B&S) (2)可裝置鑽頭夾頭 (3)莫氏錐度 (4)可裝置頂心或筒夾。　(34)

解 (1)布朗沙普錐度(B&S)：錐度值 $\dfrac{1}{24}$，用在老式銑床主軸孔或附件。

(2)鑽頭夾頭裝置在尾座心軸，不是裝在頭座心軸孔。

( ) 43. 車牙時應如何操作 (1)目視牙標器刻度之吻合 (2)按下開口螺母把手 (3)按下縱向自動 (12)
進刀把手 (4)按下橫向自動進刀把手。

解 車牙時，應目視牙標器刻度之吻合，適當機會按下開口螺母把手，使導螺桿帶動刀具溜座做螺紋車削。
若按下縱向或橫向自動進刀把手，刀具溜座是由自動進刀桿帶動，用於自動進給，無法車削螺紋。

( ) 44. 車牙時刀座能自動移位係因按下開口螺母把手，其原理係利用 (1)偏心 (2)平行 (3)凸輪 (13)
(4)齒輪。

( ) 45. 車床床軌之功能，下列敘述何者正確？ (1)外側軌道引導刀座移動 (2)內側軌道引導尾座 (12)
移動 (3)外側軌道引導尾座移動 (4)內側軌道引導刀座移動。

解 車床床台如下圖所示，外側兩軌道引導刀座移動、內側兩軌道引導尾座移動。

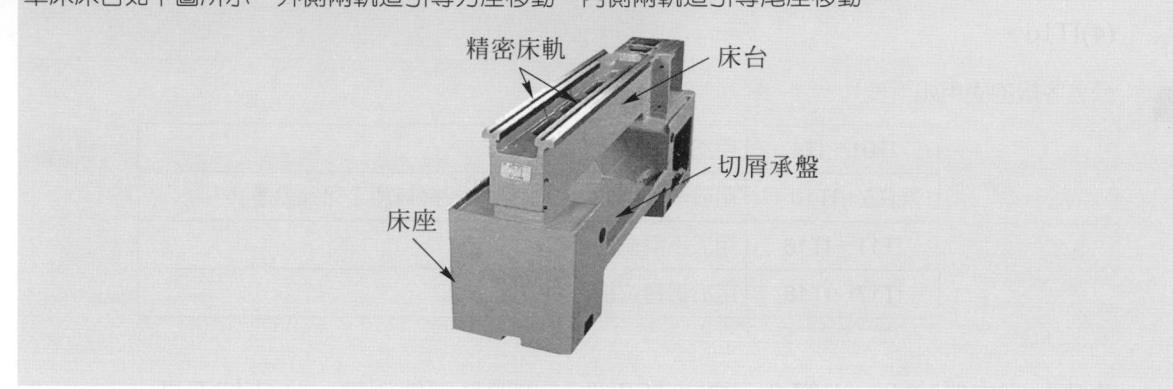

( ) 46. 車床尾座除可用頂心支持工件外，另可作 (1)車牙 (2)內孔 (3)鑽孔 (4)鉸孔 加工。 (34)

解 尾座主要工作：鑽中心孔、鑽孔、攻螺紋、鉸孔、支撐工件等。無法車牙及車內孔。

( ) 47. 若使用尾座支撐車削加工而發生尾座後退現象時，應鎖緊哪些部位 (1)尾座固定桿 (2)調 (14)
整上座右螺絲 (3)調整上座左螺絲 (4)調整下座固定螺栓。

解 尾座如下圖所示。尾座發生後退原因是固定桿未鎖緊，應檢查是否鎖緊。若鎖不緊，應調整下座固定螺
帽。(上座左右兩側螺絲用於偏置尾座之用。)

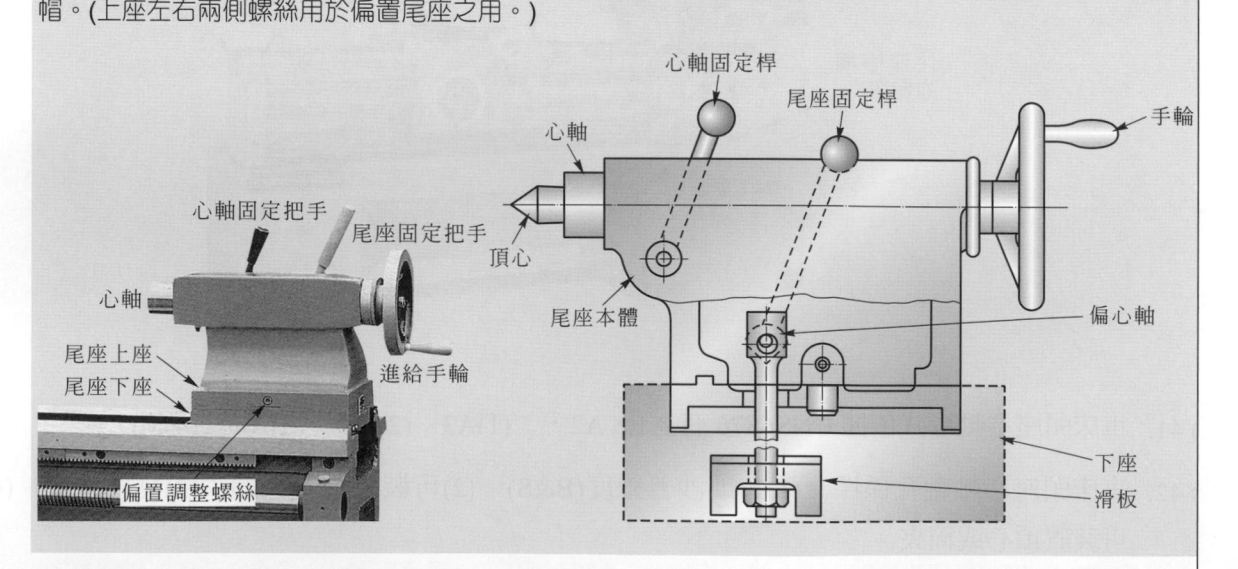

( ) 48. 碳化鎢車刀通常有斷屑槽以控制切屑的流向及 (1)切屑大小 (2)切屑形狀 (3)切屑厚度 (24)
(4)切屑長度。

解 斷屑槽之目的是使切屑排出時，碰觸該處而折彎斷裂，或改變切屑的流動方向，使其不干擾加工。切屑
大小與切屑厚度由進刀深度與進給率決定。

( ) 49. 依據ISO規定可替換式碳化物車刀把PSBNR2516L12之敘述哪些正確　(1)為方形刀片　(2)為三角形刀片　(3)刀柄高度 25mm　(4)刀柄高度 16mm。　(13)

解　(2)為正方形刀片。

(4)刀柄寬度 16mm。

可替換式碳化物車刀把 PSBNR2516L12 各意義如下：

P-刀片鎖緊方式	N-刀片間隙角
P 槓桿方式鎖緊	N (0°)、B(5°)、C(7°)、P(11°)、E(20°)…
C 壓板鎖緊	R-切削方向
D 楔壓鎖緊	R(向右切削)、L(向左切削)、N(左右切削)
S 螺絲鎖緊...	25-刀柄高度 25mm
S-刀片形狀及角度	16-刀柄寬度 16mm
S (Square)正方形	L-刀柄長度
T (Triangle)正三角形	A (32mm)、B (40mm)、…、L(140mm)
R (Round)圓形…	12-刀片切邊長度 12mm
B-刀柄切入角度	
A(90°)、B(75°)、D(45°)、E(60°)…	

( ) 50. 依據 ISO 規定可替換式碳化物車刀把 PSBNR2516L12 之敘述哪些正確　(1)P 為刀片螺絲夾持方式　(2)S 為六角形刀片　(3)L 表刀柄長度 140mm　(4)12 表刀片刃口長度 12mm。　(34)

解　(1)P 型為槓桿方式鎖緊、S 型為螺絲夾持方式。

(2)S 為正方形刀片。

( ) 51. 車床之三爪夾頭一般具有　(1)一組腳爪用於夾持外圓工件　(2)一組腳爪用於夾持內圓工件　(3)一組腳爪用於夾持方形工件　(4)一組腳爪用於夾持不規則外形工件。　(12)

解　三爪夾頭無法夾持方形或不規則外形之工件。

( ) 52. 車削條件之選用，主要依據　(1)工件材質　(2)操作員技能熟練度　(3)刀具材質　(4)加工效率。　(13)

( ) 53. 車削時工件迴轉一圈車刀移動之距離謂之　(1)橫向進刀　(2)縱向進刀　(3)側向進刀　(4)切線方向進刀。　(12)

解　車床進刀有橫向、縱向兩個方向，無側向或切線方向。

( ) 54. 工件粗車削時，可用下列哪些工具來控制其車削長度　(1)內卡　(2)外卡　(3)單腳卡　(4)奇異筆。　(34)

解　單腳卡控制車削長度方法如下圖，先在長度處塗上奇異墨水，再以單腳卡劃線。

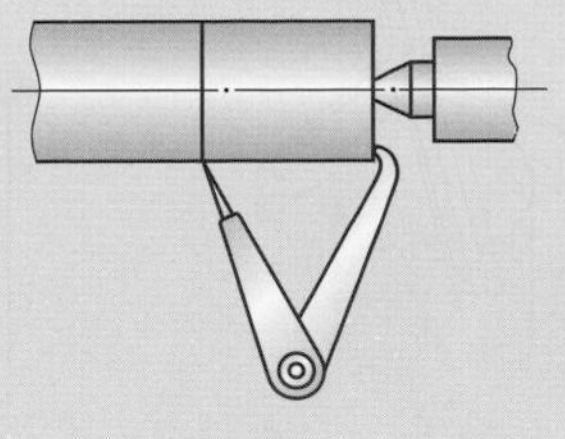

( ) 55. 工件上車凹槽的目的係　(1)美觀　(2)增加強度　(3)使配合容易　(4)車螺紋時保護刀頭與工件。　(34)

(　)56. 車削長工件時易使工件飛出的原因　(1)一次切削太深　(2)進刀量過大　(3)轉速太低　(4)兩心間工作。 (12)

> **解**　切削太深或進刀量過大其切削力增大，易使工件飛出。

(　)57. 下列何者在車床開動車削前須先做好　(1)除去夾頭板手　(2)除去車刀　(3)夾頭迴轉週邊器物　(4)除去游標卡尺。 (13)

(　)58. 裝卸車床夾頭時需用下列哪些器物　(1)長鐵棒　(2)抹布　(3)手套　(4)床軌面上安置木板。 (14)

> **解**　裝卸車床夾頭時需用長鐵棒穿過空心主軸，以支撐突然掉落之夾頭。另外在床軌面上安置木板，避免夾頭不慎掉落傷及床軌。

(　)59. 車削工件迴轉時下列何者為錯誤　(1)戴上安全眼鏡　(2)變換轉速　(3)戴手套工作　(4)勿穿戴吊飾物。 (23)

> **解**　(2)變換轉速應在工件迴轉完全停止後。
> (3)操作迴轉性之機械，嚴禁戴手套工作，以防被轉軸捲入。

(　)60. 下列工具機之心軸孔具有標準錐度者為　(1)車床　(2)鑽床　(3)銑床　(4)鉋床。 (123)

> **解**　(4)鉋床做往復運動，沒有心軸。

(　)61. 車削錐度的方法有　(1)複式刀座法　(2)尾座偏置法　(3)錐度附件法　(4)組合進刀法。 (123)

> **解**　詳見第 31 題。

(　)62. 一般工具機之心軸孔具有標準錐度其目的係為　(1)方便刀具裝卸　(2)增加切削速度　(3)安置時自動對準中心　(4)不易脫落。 (134)

> **解**　(2)心軸孔之錐度與切削速度無關

(　)63. 在車床上利用尾座鑽孔時應先下列哪些動作　(1)尾座固定鎖緊否　(2)選用正確轉速　(3)尾座偏置否　(4)尾座心軸鎖緊否。 (123)

> **解**　(4)在車床上鑽孔是利用尾座心軸的伸縮做為進給動作，所以心軸不能鎖緊，必須放鬆。

(　)64. 欲求取圓形工件端面之中心下列哪些方法可利用　(1)單腳卡　(2)組合角尺　(3)游標尺　(4)利用畫線台與 V 型枕。 (124)

> **解**　求圓桿端面中心之方法如下圖所示： 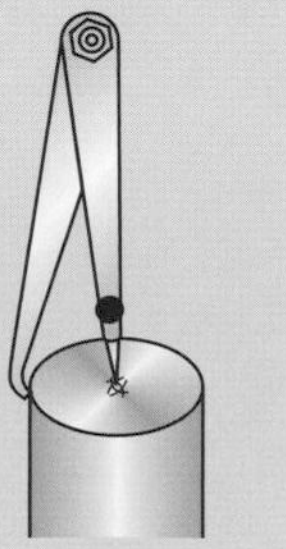
>
>
> (a)利用單腳卡劃中心 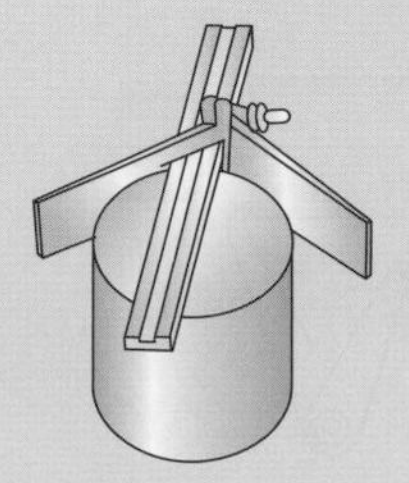　　(b)利用合角尺劃中心 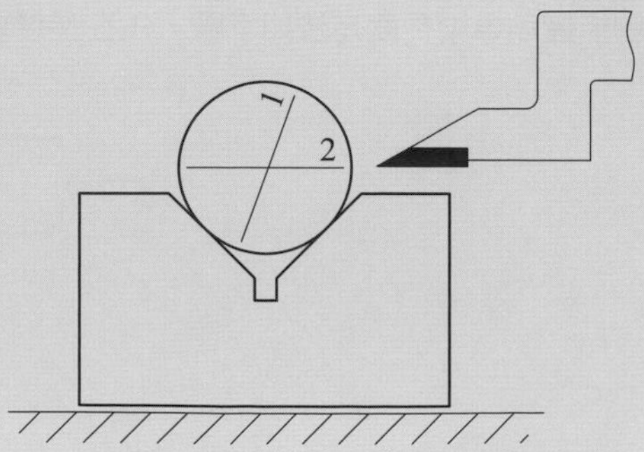　　(c)利用劃線台與 V 型枕劃中心

工作項目⑤ 工具機操作-操作銑床

一、單元專業知識

工作項目	技能種類	技能標準	相關知識
四、工具機操作	(二) 操作銑床	能操作銑床作平面、平行面、垂直面、斜面、溝槽、V 形槽、鑽孔及鉸孔等銑削工作,其尺寸精度能達公差九級,表面粗糙度能達 3.2a (12.5S)。	瞭解平面、平行面、垂直面、斜面、溝槽、V 形槽、鑽孔及鉸孔等銑削工作法。

二、精選必考試題

答

( ) 1. 騎銑需使用 (1)平銑刀 (2)端銑刀 (3)側銑刀 (4)面銑刀。 (3)

解 騎銑在臥式銑床上利用間隔環組合側銑刀,可銑削固定間隔距離的溝槽或階級,屬於組合銑削的一種方式,如下圖所示。

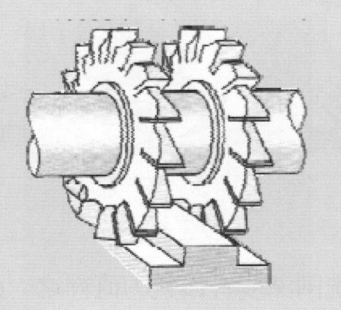

( ) 2. 能銑削螺旋齒輪者為 (1)立式銑床 (2)床式銑床 (3)臥式銑床 (4)萬能銑床。 (4)

解 萬能銑床其床台除可前後、上下、左右移動外,並可做水平角度的旋轉,其功能即為角度銑削或螺旋銑削等特殊工作。

( ) 3. 下列何種銑床之銑床頭可做前後左右調整? (1)立式銑床 (2)臥式銑床 (3)砲塔式銑床 (4)床式銑床。 (3)

解 砲塔式銑床之主軸頭可作左、右及前、後旋轉角度,適合模具等輕切削加工,不適合重切削加工,如下圖所示。

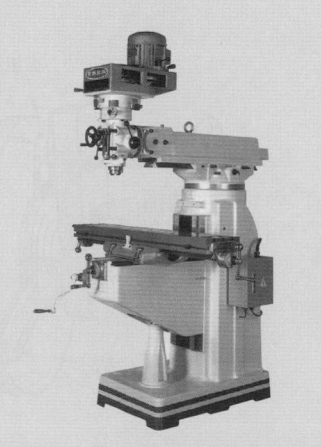

圖片來源:長銘實業股份有限公司

( )4. 欲銑削一對邊距離為 30mm 之正六角形，所用圓桿材料直徑最少為　(1)33mm　(2)34.5mm　(3)36mm　(4)37.5mm。　(2)

解 如下圖可知，欲銑削一對邊距離為 30mm 之正六角形，所用圓桿材料應為正六角形之外接圓，而外接圓的半徑可由圖上之倒三角形求得。

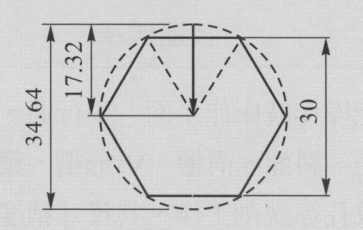

圓桿材料的半徑$= 15 \times \dfrac{2}{\sqrt{3}} = 17.32$，

所以圓桿材料的直徑$= 17.32 \times 2 = 34.64 \fallingdotseq 34.5$mm。

( )5. 下銑法的缺點是　(1)銑刀易受損　(2)工件夾持較難　(3)較耗動力　(4)易產生振動。　(1)

解 下銑法的特性：刀刃易崩裂(但銑削壽命長)、夾持容易(特別適合薄件)、較省動力(約節省馬力 20%)、刀軸不易振動。下銑法與上銑法如下圖。

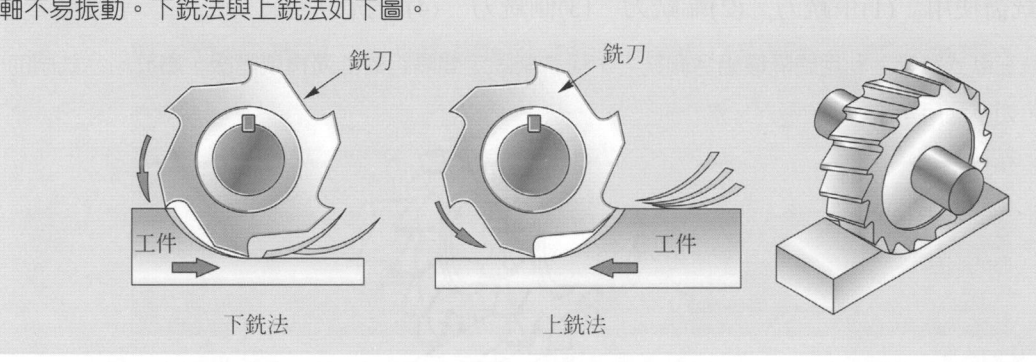

( )6. 端銑刀以全直徑銑削，其銑削深度宜為銑刀直徑之　(1)$\dfrac{1}{2}$ 倍　(2)1 倍　(3)$1\dfrac{1}{2}$ 倍　(4)2 倍。　(1)

解 不計銑刀材質，端銑刀銑削安全深度為銑刀直徑之$\dfrac{1}{2}$倍。

( )7. 分度頭內之蝸桿與蝸輪齒數比為　(1)1：5　(2)1：20　(3)1：40　(4)1：50。　(3)

解 簡易分度法是將分度板圓周等分成若干等分，藉蝸桿帶動蝸輪(40 齒)旋轉，兩者轉數比 40：1(蝸桿轉一圈，蝸輪轉$\dfrac{1}{40}$ 圈)，再利用分度板上不同孔數做更多的分度工作。分度頭與內部構造如下所示。

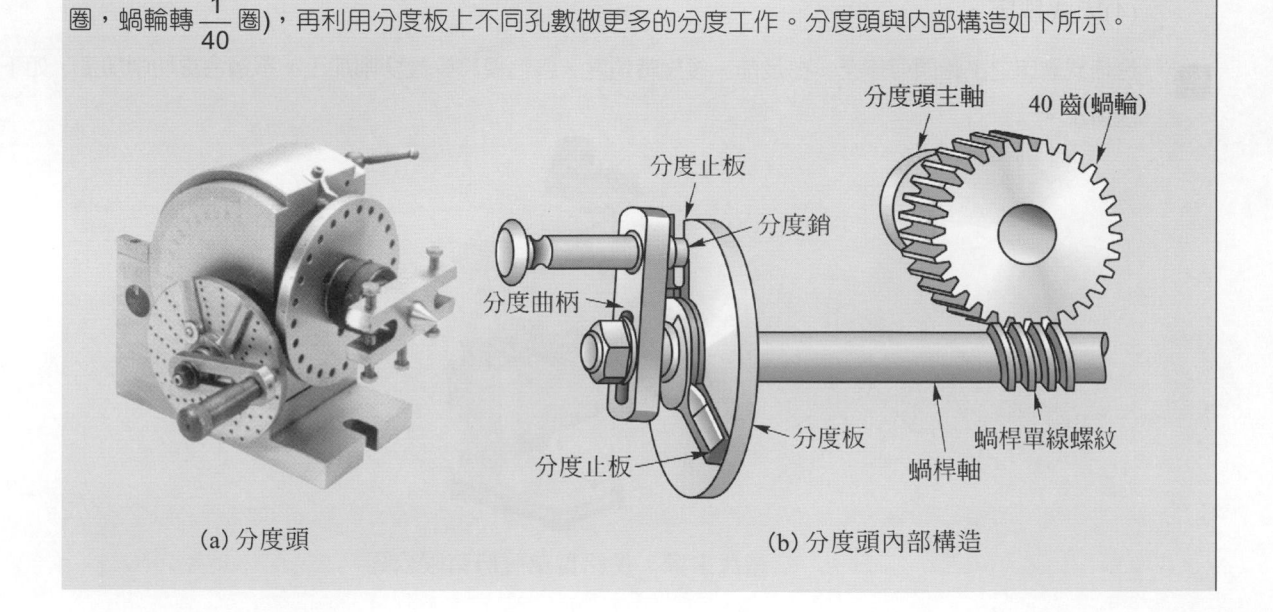

(a) 分度頭　　　　　　　　　　(b) 分度頭內部構造

( )8. 利用面銑刀銑削工件，其銑刀直徑與切削寬度之最佳比例為　(1)2：1　(2)3：1　(3)3：4　(4)4：3。　**(4)**

解 面銑刀切削寬度約銑刀直徑的 75%為宜，如下圖，如銑刀直徑 φ100mm，最佳切削寬度 75mm，比例為 4：3。

銑削工件

75

φ100

面銑刀

( )9. 大平面之重銑削，宜選用　(1)平銑刀　(2)端銑刀　(3)側銑刀　(4)面銑刀。　**(4)**

解 面銑刀是公認銑削大平面最有效率之銑刀，主要是因為面銑刀的刀刃數多，且多使用捨棄式刀片，刀片磨耗、崩裂時可重新研磨或換刀片。

( )10. 上銑法的缺點是　(1)銑刀受力不均　(2)刀齒不易鈍化　(3)易引起振動　(4)床台螺桿需有反背隙裝置。　**(3)**

解 上銑法的特性：銑刀受力由小至大(較均勻)、刀刃易磨損、刀軸易振動、其床台螺桿無間隙(毋須除隙裝置)。

( )11. 拆卸臥式銑床刀軸之內容，"a"為鬆開拉桿螺帽，"b"為鬆開刀軸螺帽，"c"為用鉛錘盾擊拉桿頭部，"d"為鬆開支架固定螺釘、螺帽，其正確步驟是　(1)b、d、a、c　(2)a、b、c、d　(3)c、b、d、a　(4)b、a、d、c。　**(1)**

解 拆卸臥式銑床刀軸，其正確步驟是 鬆開刀軸螺帽 → 鬆開支架固定螺釘、螺帽 → 鬆開拉桿螺帽 → 用鉛錘頓擊拉桿頭部 。

( )12. 欲搪一深孔工作，夾持工件最少需校驗之基準面為　(1)1 面　(2)2 面　(3)3 面　(4)4 面。　**(2)**

解 搪深孔時須校正工件左右(X)及前後(Y)方向垂直度，孔的軸線方向才不致歪斜。

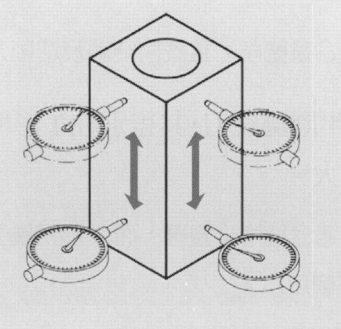

( )13. 於下列材料中，"A"為低碳鋼，"B"為中碳鋼，"C"為鑄鋼，"D"為黃銅，則其銑削速度，由小而大之排列順序為　(1)A、B、C、D　(2)B、C、D、A　(3)C、B、A、D　(4)D、A、B、C。　**(3)**

解 材質愈硬轉數愈低，上述材料由硬而軟為鑄鋼＞中碳鋼＞低碳鋼＞黃銅，因此黃銅材料的銑削速度應最大。

(　) 14. 依切削原理，下列何者錯誤？　(1)材質硬，選高轉數　(2)刀刃少，適合重銑削　(3)使用切削劑，可提高切削速度　(4)馬力較大，銑床進給可快。　　**(1)**

> 解　材質愈硬，轉數應降低。

(　) 15. 銑削 $\frac{1}{20}$ 斜度，床台移動 40mm，則量錶垂直床台移動　(1)1mm　(2)2mm　(3)2.5mm　(4)4mm。　　**(2)**

> 解　量錶移動=40mm× $\frac{1}{20}$ =2 mm。校正情形如圖所示。

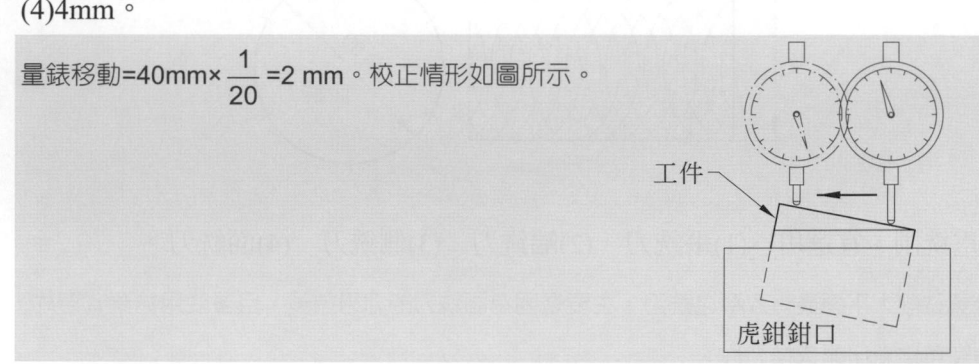

工件

虎鉗鉗口

(　) 16. 使用碳化鎢銑刀，在標準切削條件下，其切屑顏色宜為　(1)草黃色　(2)白灰色　(3)藍色　(4)黑色。　　**(3)**

> 解　使用碳化鎢銑刀，根據標準切削條件，其切速約為高速鋼的 3～5 倍，其熱量多轉移至切屑，顏色約為藍色。

(　) 17. 成型銑刀再磨削時，一般為研磨　(1)斜角面(徑向面)　(2)齒頂面　(3)後隙角　(4)任意面。　　**(1)**

> 解　徑向斜角相當於車刀的後斜角，成型銑刀研磨徑向斜角即可使刀刃鋒利再生，如圖所示，若研磨其他部位會使原有的成型曲度改變。

(　) 18. 下列何種銑刀不適合作為重銑削用？　(1)小螺旋角　(2)大螺旋角　(3)刃數少　(4)刀刃短的銑刀。　　**(1)**

> 解　大螺旋角、刃數少、刀刃短適合重銑削，重銑削須顧及切削力、容屑空間及銑刀強度。

(　) 19. 形狀相同之 T 形槽銑刀與半圓鍵銑刀，其差別在 T 形槽銑刀　(1)刃數少　(2)切削角大　(3)側邊有刃口　(4)刀柄直徑大。　　**(3)**

> 解　半圓鍵銑刀僅在圓周有刃口，適合銑削半圓鍵；而 T 形槽銑刀不僅圓周有刃口，其側邊也有刃口，主要用途為銑削 T 形槽，兩者如下圖所示。

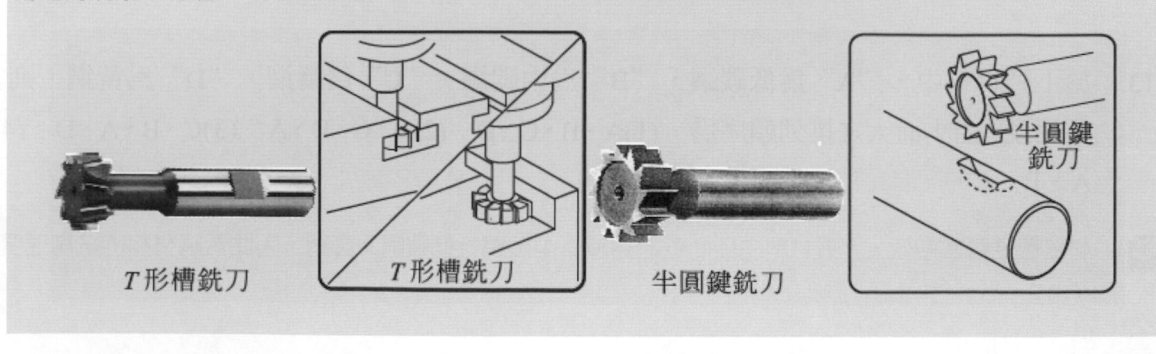

T形槽銑刀　　　T形槽銑刀　　　半圓鍵銑刀

( ) 20. 銑床床台面前後平行度檢查時，以 (1)近床柱高 (2)近床柱低 (3)床台中間低 (4)床台中間高 為佳。 (2)

( ) 21. 碳化鎢銑刀之切削速度約為高速鋼銑刀之 (1)1～1.5 倍 (2)2～4 倍 (3)5～7 倍 (4)8～10 倍。 (2)

解 碳化鎢銑刀依銑削的粗細與輕重，其切削速度約為高速鋼銑刀之 2～4 倍。

( ) 22. 銑床規格大小號數分法為 (1)0、1、2、3、4、5 (2)0、1、2、3 (3)1、2、3 (4)1、1.5、2。 (1)

解 此種規格大小號數表示法屬於床台縱、橫向及上下移動距離表示法，以床台縱向(左右)×床鞍橫向(前後)×床膝上下移動量表示。常見的有 0、1、2、3、4 號，號數愈大表示該銑床愈大，3 號立式銑床其左右(縱)為 850～1050mm、前後(橫)為 300mm、上下為 350mm。

( ) 23. 利用直角板於床台上夾持工件，其垂直度每 300mm 應校正在 (1)0.02mm (2)0.04mm (3)0.05mm (4)0.2mm 以內。 (1)

( ) 24. 切削速度不需考慮下列何種條件？ (1)工件材質 (2)刀具材質 (3)銑床性能 (4)材料大小。 (4)

解 切削速度與材料大小無關，材料大小多用來決定銑刀直徑。

( ) 25. 進刀量公式 "F = Ft × T × N" 中，"F" 為 (1)每分鐘進刀距離 (2)銑刀每齒床台移動距離 (3)銑刀每轉床台移動距離 (4)銑刀齒數。 (1)

解 銑床中的進給率多用 mm/min，亦即每分鐘進刀距離(mm)。

( ) 26. 簡式分度法 "$n = \dfrac{40}{N}$"，其 "N" 為 (1)曲柄轉數 (2)等分數 (3)等分角度數 (4)分度頭轉數。 (2)

( ) 27. 螺旋銑削公式 "$\dfrac{\pi D}{L}$" 等於 (1)sinα (2)cosα (3)tanα (4)cotα。 (3)

解 螺旋角 α，則 $\tan\alpha = \dfrac{\pi D}{L}$ (註：節圓直徑 D、導程 L)。

( ) 28. 銑削正齒輪，下列何者不是選擇銑刀條件？ (1)模數 (2)齒數 (3)齒形 (4)工件材質。 (4)

解 工件材質是決定選用切削條件的因素，銑削正齒輪應以正齒輪的模數、齒形等選擇正確的成形銑刀。

( ) 29. 利用直接分度法，以 24 孔分度板，銑削一方頭螺栓頭，其轉數間隔孔數為 (1)3 孔 (2)4 孔 (3)6 孔 (4)12 孔。 (3)

解 因方頭螺栓頭為正四角頭，直接分度法的分度板有 24 孔，因此轉數間隔孔數 = $\dfrac{24}{4}$ =6 孔。

( ) 30. 僅能裝臥式銑床用之銑刀為 (1)端銑刀 (2)面銑刀 (3)鳩尾形銑刀 (4)平銑刀。 (4)

解 臥式銑床用之銑刀有平銑刀、側銑刀、鋸割銑刀等大盤面銑刀，這些大盤面銑刀有一個同樣的特徵—軸孔及鍵座，以配入 A 型或 B 型刀軸。選項中各銑刀如下圖所示。

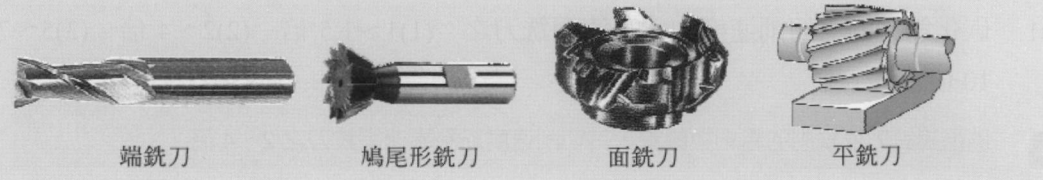

| 端銑刀 | 鳩尾形銑刀 | 面銑刀 | 平銑刀 |

( ) 31. 端銑刀材質一般為 (1)高碳鋼 (2)高速鋼 (3)中碳鋼 (4)低碳鋼。 (2)

解 常見的端銑刀材質為高速鋼。

( ) 32. 銑削任何正齒輪，其較簡單之方法為 (1)直接分度法 (2)簡易分度法 (3)微差分度法 (4)複式分度法。 (2)

( ) 33. 臥式銑床刀軸之軸環與間隔環不同處是前者 (1)外徑大 (2)直徑小 (3)長度較短 (4)內徑較小。 (1)

解 軸環又稱為軸承環，軸承環長度一般比間隔環長，其外徑也比間隔環稍大，軸承環兩端面與外徑都經過精密研磨，如下圖所示。

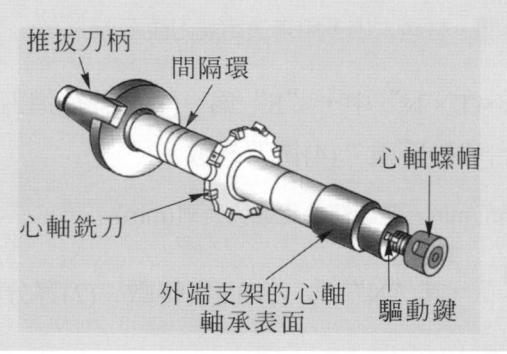

推拔刀柄　間隔環　心軸螺帽　心軸銑刀　外端支架的心軸軸承表面　驅動鍵

( ) 34. 不能用快速更換夾具夾持之刀具為 (1)端銑刀 (2)面銑刀 (3)鑽頭 (4)金屬開縫銑刀。 (4)

解 金屬開縫銑刀屬於 A 型或 B 型刀軸，裝置銑刀時除套入間隔環外，還需配合軸承還再配入支持架以支持刀軸之迴轉，無法快速更換夾具夾持。

( ) 35. 銑床主軸孔常用標準錐度為 (1)$\frac{7}{24}$ (2)$\frac{7}{20}$ (3)$\frac{1}{50}$ (4)$\frac{7}{25}$。 (1)

解 銑床主軸孔都使用國際標準銑床錐度(National Taper，N.T.=$\frac{7}{24}$)。

( ) 36. 銑床切削時，銑刀旋轉方向與刀具進給方向相反，稱為 (1)騎銑 (2)排銑 (3)順銑 (4)逆銑。 (4)

解 銑削時，工作物或床台進給方向與銑刀迴轉(切線)方向相反者稱為逆銑，如第 5 題詳解。

( ) 37. 使用銑刀直徑 120mm 削中碳鋼時，若銑削速度為 85m/min，則主軸轉數為 (1)205rpm (2)215rpm (3)225rpm (4)235rpm。 (3)

解 根據 $V=\frac{\pi DN}{1000}$，則 $N=\frac{1000V}{\pi D}=\frac{1000\times85}{3.14\times120}\fallingdotseq225rpm$。

( ) 38. 銑削一斜度為 $\frac{5}{24}$ 斜槽工件，其斜度長 48mm 大端尺為 38mm，則小端尺寸為 (1)25mm (2)26mm (3)27mm (4)28mm。 (4)

解 斜度為大小端尺寸差與斜度長的商。$48 \times \dfrac{5}{24} = 10$，則小端尺寸= 38 – 10 = 28mm，如圖所示。

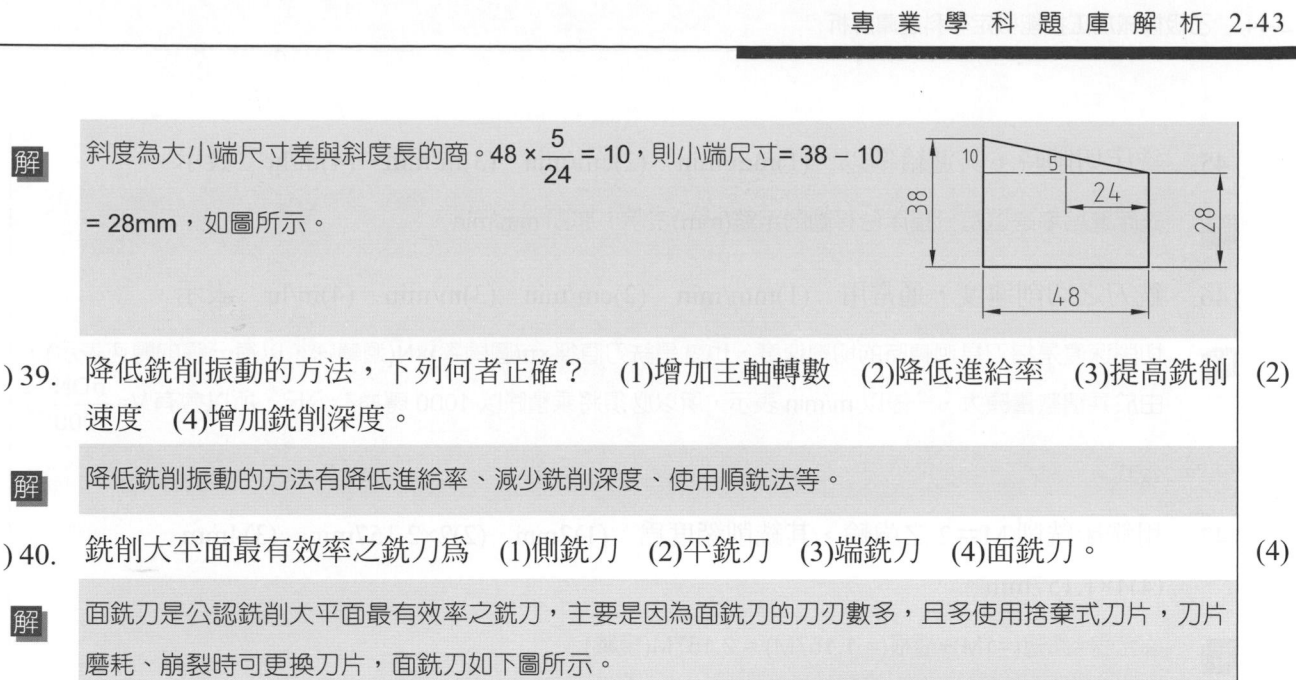

( ) 39. 降低銑削振動的方法，下列何者正確？ (1)增加主軸轉數 (2)降低進給率 (3)提高銑削速度 (4)增加銑削深度。 (2)

解 降低銑削振動的方法有降低進給率、減少銑削深度、使用順銑法等。

( ) 40. 銑削大平面最有效率之銑刀為 (1)側銑刀 (2)平銑刀 (3)端銑刀 (4)面銑刀。 (4)

解 面銑刀是公認銑削大平面最有效率之銑刀，主要是因為面銑刀的刀刃數多，且多使用捨棄式刀片，刀片磨耗、崩裂時可更換刀片，面銑刀如下圖所示。

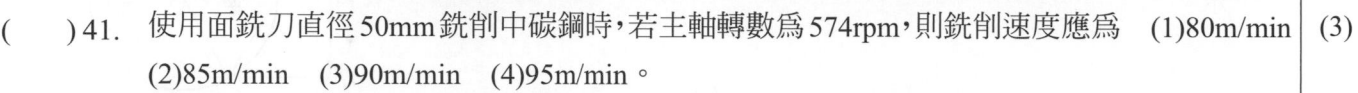

( ) 41. 使用面銑刀直徑 50mm 銑削中碳鋼時，若主軸轉數為 574rpm，則銑削速度應為 (1)80m/min (2)85m/min (3)90m/min (4)95m/min。 (3)

解 $V = \dfrac{\pi DN}{1000} = \dfrac{3.14 \times 50 \times 574}{1000} \fallingdotseq 90$ m/min。

( ) 42. 使用 6 個刃之面銑刀，設每一刃進給量為 0.15mm、每分鐘進給率 270mm/min，則主軸轉數為 (1)280rpm (2)290rpm (3)300rpm (4)310rpm。 (3)

解 $F = F_t \times T \times N$，每分鐘進給率 270(mm/min) = 0.15×6×N
∴$N = \dfrac{270}{0.15 \times 6} = 300$rpm。

( ) 43. 銑削一斜度為 $\dfrac{5}{12}$ 斜槽工件，其斜度長 36mm 小端尺寸為 27mm，則大端尺寸應為 (1)39mm (2)40mm (3)41mm (4)42mm。 (4)

解 斜度為大小端尺寸差與斜度長的商。$36 \times \dfrac{5}{12} = 15$，則大端尺寸= 27 + 15 = 42mm。

( ) 44. 在銑床上使用直柄鑽頭鑽孔時，通常以下列何者夾持鑽頭？ (1)鑽夾 (2)雞心夾頭 (3)專用夾具 (4)快速接頭。 (1)

解 此鑽夾之柄端多設計為直柄，可直接裝配入銑床之 C 型刀軸，如同裝卸端銑刀一般。如下圖：

(a)鑽夾柄及鑽頭夾頭

(b)銑床鑽孔使用情形

(　)45. 銑床切削時，其進給率以　(1)mm/min　(2)cm/min　(3)m/min　(4)m/hr　表示。　(1)

解 銑床進給率是以每分鐘床台移動的距離(mm)表示，亦即 mm/min。

(　)46. 銑刀之切削速度，通常用　(1)mm/min　(2)cm/min　(3)m/min　(4)m/hr　表示。　(3)

解 切削速度是指刀具迴轉時的切線速度，也就是銑刀直徑×π(圓周率)×N(迴轉速，以每分鐘的轉速表示)，由於乘積數量頗大，一般以 m/min 表示，所以必須將乘積除以 1000 轉換為公尺，所以會有 $V=\dfrac{\pi DN}{1000}$ 的公式。

(　)47. 用銑床銑削 M＝2 之齒輪，其銑削深度為　(1)2mm　(2)2×2.157mm　(3)4mm　(2)
(4)4×1.157mm。

解 齒全身=齒冠(=1M)+齒根(= 1.157M) = 2.157M(模數)。

(　)48. 欲銑削一對邊 20 之正六角形，所用圓桿材料直徑為　(1)20×2　(2)20×1.732　(3)20×1.414　(4)
(4)20×1.1547。

解 如第 4 題所提，圓桿材料直徑為正六角形的 $\dfrac{2}{\sqrt{3}}$ 倍，亦即 1.1547 倍，如圖所示。

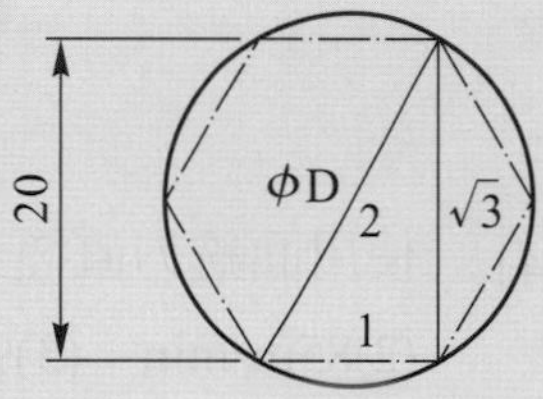

(　)49. 研磨端銑刀底刃第二間隙角時，工作頭傾斜 1～3°的目的為　(1)產生間隙角　(2)避免產生　(1)
毛邊　(3)同時產生第三間隙角　(4)延長砂輪壽命。

(　)50. 為獲得較佳之表面粗糙度，不宜選擇　(1)刃數少、進給快　(2)刃數多、進給慢　(3)刃數　(134)
少、進給慢　(4)刃數多、進給快。

解 刃數多、進給慢可以獲得較佳之表面粗糙度。

(　)51. 銑削工件之精度不良，其原因為　(1)心軸套環鬆動　(2)刀刃鈍化　(3)進給過快　(4)進給　(123)
過慢。

解 同上題，進給慢可以獲得之銑削精度較佳。

(　)52. 下列何種銑刀在銑削直形溝槽時，無法抵消心軸軸向應力　(1)端銑刀　(2)面銑刀　(3)交　(124)
錯刃銑刀　(4)鋸割銑刀。

解 交錯刃銑刀其刀刃一左一右，其主要目的即是抵消心軸的軸向推力，如圖所示。

(　)53. 負斜角面銑刀，不適用於銑削下列何種材質　(1)黃銅　(2)紅銅　(3)低碳鋼　(4)鋅鋁合金。　(234)

解 面銑刀刀片斜角有「軸向斜角」與「徑向斜角」兩種：
1. 軸向斜角：可分為正軸向斜角(如圖 a)、零軸向斜角、負軸向斜角(如圖 b)。
2. 徑向斜角：可分為正徑向斜角(如圖 c)、零徑向斜角、負徑向斜角(如圖 d)。

一般而言，面銑刀刀斜角是由上述兩種斜角所構成。該試題所指的斜角應為軸向斜角，正的軸向斜角其切刃銳利，切削抵抗力小，適宜銑削輕金屬、軟鋼等。故銑削紅銅、低碳鋼、鋅鋁合金應使用正軸向斜角為宜。

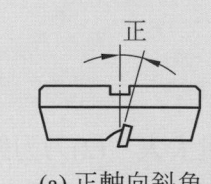 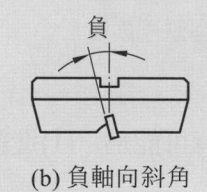 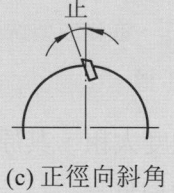 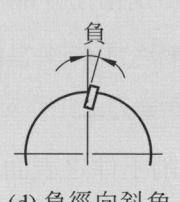

| (a) 正軸向斜角 | (b) 負軸向斜角 | (c) 正徑向斜角 | (d) 負徑向斜角 |

( ) 54. 工件表面粗糙度無法改善時，其可能之原因為 (1)拉桿沒有鎖緊 (2)面銑刀未鎖緊 (3)刀片沒有鎖緊 (4)銑床太大。 (123)

解 (4)銑床大小無關於工件表面粗糙度之改善。

( ) 55. 若整部銑床會搖晃，不須調整 (1)主軸頭 (2)床台 (3)床鞍 (4)床座。 (123)

( ) 56. 砲塔式銑床變換主軸迴轉裝置，主要不是調整 (1)塔輪 (2)齒輪 (3)馬達 (4)塔輪皮帶。 (123)

解 (4)塔輪皮帶主要功能在連接兩塔輪變換主軸迴轉。

( ) 57. 銑床虎鉗鎖緊後將手柄拿開，其主要原因為 (1)防止手柄掉下造成傷害 (2)防止震動 (3)防止工件鬆脫 (4)防止切削劑使用。 (123)

解 (4)切削劑的使用與拿開手柄無關。

( ) 58. 下列尺寸何者是端銑刀的標準刀柄直徑規格 (1)10 (2)12 (3)14 (4)16。 (124)

解 14mm 在一般制式的端銑刀規格是不常見的，常用者有：$\phi 6$、$\phi 8$、$\phi 10$、$\phi 12$、$\phi 16$、$\phi 20$、$\phi 25$。

( ) 59. 銑削斜面的方法，可用下列何者方式 (1)調整主軸頭 (2)調整工件 (3)調整虎鉗 (4)調整床台。 (123)

解 (4)銑削斜面的方法主要是調整主軸頭或調整虎鉗(工件會跟著調整)成一角度，以銑削符合圖面之斜度，與床台無關。

( ) 60. 下列何者是造成工件之平行度不良的原因 (1)夾持時平行墊塊有一塊會動 (2)銑床虎鉗之鉗口垂直度不準確 (3)銑床床台有斜度 (4)銑床之銑削速度。 (123)

解 (4)銑床之銑削速度不會影響銑削之平行度，主要是影響刀具壽命。

( ) 61. 銑削斜面時，下列方式何者無法得到精確的校正 (1)利用量錶檢測斜面 (2)依工件上劃好的加工線銑削 (3)以目視法檢測 (4)用薄紙沾油法檢測。 (234)

解 欲得到精確的校正以銑削斜面，應利用量錶檢測斜面。

( ) 62. 以下分度頭之敘述何者正確 (1)一般布朗夏普型(B.& S.)分度頭之分度板有 3 片 (2)在銑床分度頭上欲作 6 等分時，最方便的是差動分度法 (3)分度頭可調整其傾斜角度在水平以上 90 度 (4)分度頭之蝸桿轉 1 圈時蝸輪轉 $\dfrac{1}{40}$ 圈。 (134)

解 (2)分度頭上欲作 6 等分時，最方便的是直接分度法。

(　)63. 布朗夏普型分度頭可以分度的是　(1)直接　(2)間接　(3)差動　(4)複式　分度。　(123)

(　)64. 下列敘述何者正確　(1)鋸割工件最好選用低轉速、小進給量　(2)立式銑床可用來作銑斷工作　(3)鋸割銑刀除可作銑斷工作外，尚可作齒輪銑削　(4)T 型銑刀主要用來作銑斷工作。　(12)

> 解　(3)鋸割銑刀僅可作銑斷工作，齒輪成型銑刀才可銑削齒輪。
> (4)T 型銑刀主要用來銑削 T 槽。

(　)65. 面銑削工件之表面粗糙度太粗，其原因有可能為　(1)進給量太大　(2)刀刃鈍化　(3)刀具直徑太大　(4)銑刀轉速偏低。　(124)

> 解　(3)刀具直徑大小不會影響銑削之表面粗糙度。

(　)66. 銑削工件之精度不良，其原因可能為　(1)心軸套鬆動　(2)刀刃鈍化　(3)進給率過快　(4)進給率過慢。　(123)

> 解　(4)進給慢可以獲得之銑削精度較佳。

(　)67. 銑削平面如有顫紋現象，其原因不可能是　(1)主軸鬆動　(2)轉速過低　(3)轉速過高　(4)進給率過大。　(234)

> 解　(1)銑削平面如有顫紋現象主要是由於主軸或床台鬆動所造成。

(　)68. 銑床主軸異常發熱現象，其原因可能為　(1)油量不足　(2)軸承破損　(3)切削負荷抵抗太大　(4)工件未夾緊。　(123)

> 解　(4)工件未夾緊會導致銑削不穩定，造成銑削振動或刀具損裂，與異常發熱無關。

(　)69. 銑削工件表面粗糙度無法改善時，其可能之原因為　(1)拉桿沒有鎖緊　(2)面銑刀有鎖緊　(3)刀片沒有鎖緊　(4)銳利新刀片。　(13)

> 解　若切削條件(切削速度、進給率、切削深度)正確，則刀片是否崩裂或鈍化是影響加工面表面粗糙度最重要的因素。若更換刀片後仍無法改善，可能原因為：
> 1. 刀具沒有鎖緊(含刀片、拉桿等)。
> 2. 工件未夾緊，導致震動發生。
> 3. 未進給的軸向未鎖緊等等。

(　)70. 銑床前、後方向進給作重銑削時，應鎖固之床台固定桿，何者正確？　(1)前、後　(2)上、下　(3)左、右　(4)右、後。　(23)

> 解　重銑削時，應將未做進給移動的床台加以鎖固。
> 依題意，銑床前後方向(Y 軸)進給作重銑削，應將左右方向(X 軸)與上下(Z 軸)鎖緊。

(　)71. 採用銑床實施鉸孔工作時，下列何者錯誤？　(1)主軸轉速較高，進給較慢　(2)主軸轉速較低，進給較快　(3)主軸轉速較低，進給較慢　(4)主軸轉速較低，可逆轉。　(134)

> 解　機械鉸孔之切削條件為：低主軸轉速，較快的進給。

(　)72. 採用銑床銑削下列何種形狀之工件時，適合直接採用虎鉗夾持？　(1)三角形板　(2)四方角錐體　(3)六面體　(4)圓球體。　(13)

解　三角形板與六面體可採用虎鉗夾持，如下圖所示。

四方角錐體、圓球體不易以虎鉗夾持。

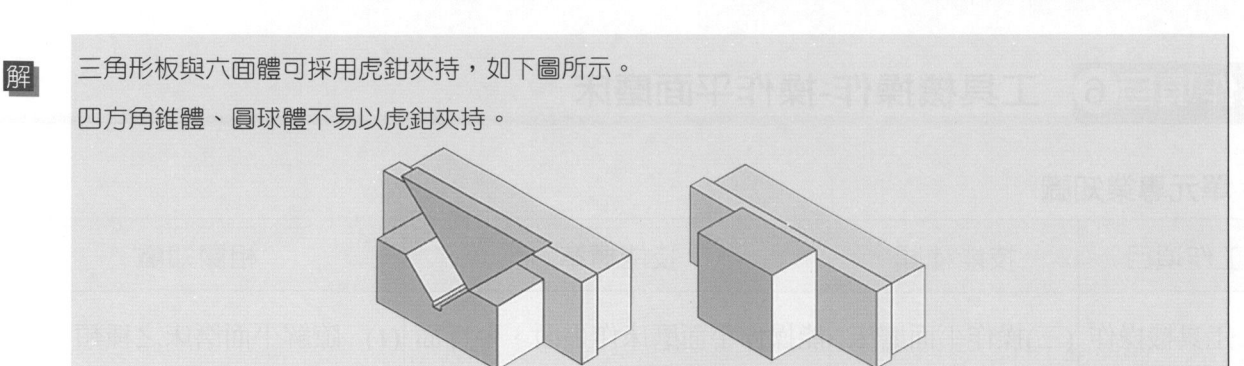

(　　) 73. 下列何者非分度工作時，扇形臂之主要功能　(1)美觀　(2)夾緊工件　(3)夾緊分度板　(4) (123)
分度方便。

解　扇形臂之主要功能是分度方便。其用法是將扇形臂的兩個臂張開，角度涵蓋所須插孔數目。分度時只要
轉動扇形臂，就能知道手搖柄插銷下次的插孔位置，無須每次都得細數插孔數目。分度頭與扇形臂的使
用如圖所示。

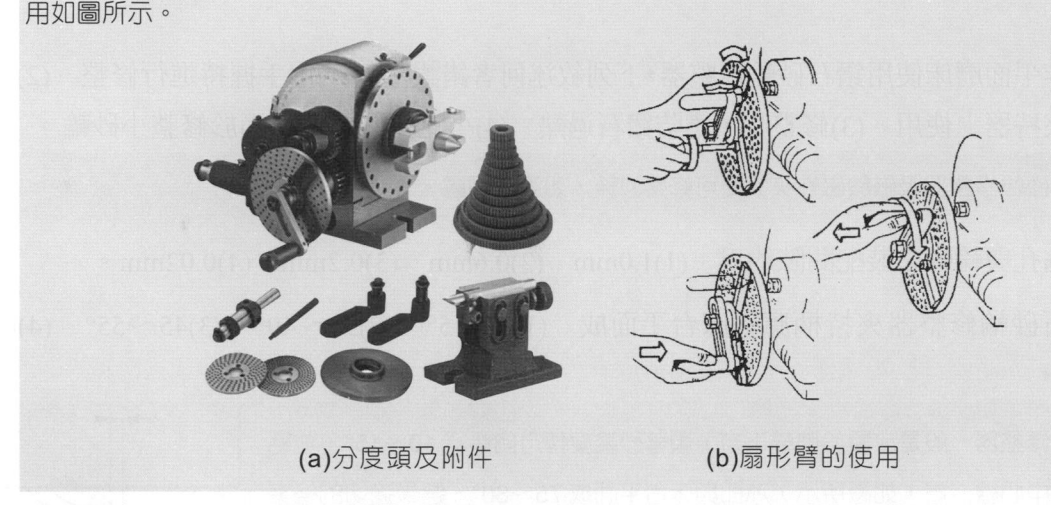

(a)分度頭及附件　　　　　　　(b)扇形臂的使用

工作項目⑥ 工具機操作-操作平面磨床

一、單元專業知識

工作項目	技能種類	技能標準	相關知識
四、工具機操作	(三)操作平面磨床	能操作平面磨床作平面、平行面及垂直面等磨削工作，其尺寸精度能達公差九級，表面粗糙度能達 1.60a (6.3S)。	(1) 瞭解平面磨床之種類、規格及用途。 (2) 瞭解平面、平行面及垂直面等磨削工作法。

二、精選必考試題

答

( ) 1. 操作平面磨床使用鑽石砂輪修整器，下列敘述何者錯誤？　(1)用手握持進行修整　(2)需裝在夾持器上使用　(3)修整時，應防鑽石過熱　(4)小克拉數之鑽石適於修整小砂輪。　(1)

解 鑽石砂輪修整器吸磁於磁性夾頭便可修整砂輪，如第 3 題圖。

( ) 2. 砂輪孔與輪軸之裝配間隙約為　(1)1.0mm　(2)0.6mm　(3)0.2mm　(4)0.02mm。　(3)

( ) 3. 鑽石砂輪修整器夾持柄應與床台平面成　(1)5～15°　(2)30～40°　(3)45～55°　(4)60～70°。　(4)

解 砂輪修整器一般是放置於砂輪下方，順著砂輪旋轉方向傾斜 10～15°，並略離開中心線位置，如圖所示，亦即與床台平面成 75～80°。選最適切的答案 60～70°。

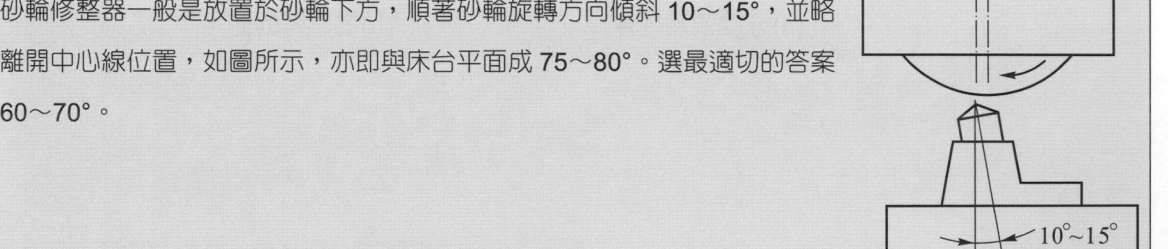
10°～15°

( ) 4. 下列砂輪磨料中，那一種磨料最硬　(1)C　(2)A　(3)V　(4)D。　(4)

解 D 為鑽石磨料，鑽石是目前材料中硬度最高的物質。

( ) 5. 砂輪易熱，其原因之一為　(1)砂輪粒度過細　(2)工件速度過慢　(3)砂輪轉速過快　(4)砂輪粒度過粗。　(1)

解 砂輪粒度過細，容屑空間太小，切屑無法排出易使砂輪產生高熱。

( ) 6. 研磨軟材質工件選用之鬆組織砂輪，其主要原因為　(1)便於排屑　(2)便於冷卻　(3)表面粗糙度較佳　(4)降低噪音。　(1)

解 軟材質工件易切削，需較大的容屑空間，利於排屑。

( ) 7. 1 克拉的鑽石修整器適合修整　(1)氧化鋁系磨料　(2)粒度大　(3)碳化矽系磨料　(4)外徑及厚度大　之砂輪。　(1)

( ) 8. 磨削工件時，防止工件升溫的方法是為 (1)使用冷卻效力高之切削劑 (2)增加進刀量 (3)使用粒度小、結合度大之砂輪 (4)減少進給量。 ... (1)

解 加注切削劑是降低切屑溫度最有效、也是最常用的方法，並可沖走部分切屑。

( ) 9. 平面磨床磨削後之工件表面，產生燒焦痕跡之原因是 (1)工件太薄 (2)磨輪重荷或鈍化 (3)工件裝置不良 (4)砂輪心軸軸承鬆弛。 ... (2)

( ) 10. 平面磨床結束磨削工作，砂輪之氣孔裡若殘存切削劑時，再次轉砂輪易造成砂輪 (1)破裂 (2)膨脹 (3)腐蝕 (4)不平衡。 ... (4)

( ) 11. 平面磨床在磨削工作時，磨削深度愈大則 (1)磨削抵抗力小 (2)摩擦熱小 (3)工件表面較粗 (4)砂輪磨耗小。 ... (3)

解 磨削深度愈大則磨削抵抗力大、摩擦熱大、砂輪磨耗大。

( ) 12. 平面磨床磨削時，進給量小則 (1)摩擦熱大 (2)磨削抵抗力小 (3)砂輪磨耗量大 (4)砂輪磨粒易脫落。 ... (2)

解 磨削時進給量小則摩擦熱小、磨削抵抗力小、砂輪磨耗量小、砂輪磨粒不易脫落。

( ) 13. 砂輪磨料中，硬度最大者為 (1)氧化鋁 (2)氮化硼 (3)碳化矽 (4)鑽石。 ... (4)

解 硬度大小依序為：鑽石＞氮化硼＞碳化矽＞氧化鋁。

( ) 14. 工件磨削產生刮傷表面情形，其原因為砂輪 (1)太軟 (2)太硬 (3)粒度太細 (4)直徑太大。 ... (1)

( ) 15. 平面磨床床台自動往復速度為 (1)1～7 m/min (2)8～14 m/min (3)15～21 m/min (4)22～25m/min。 ... (2)

( ) 16. 磨床工作特點是 (1)不能研磨硬化鋼 (2)適合薄而輕的工件 (3)適合精度不高的工件 (4)生產速度慢。 ... (2)

解 磨床工作特點是可研磨熱處理後的硬化鋼、適合薄而輕的工件、適合精度高的工件、生產速度快。

( ) 17. 平面磨床在精磨作業，每次的橫向進給量為砂輪寬度的 (1)相同 (2)$\frac{1}{2}$ (3)$\frac{1}{3}$ (4)$\frac{2}{3}$。 ... (3)

解 平面磨床精磨時，每次的橫向進給量約為砂輪寬度$\frac{1}{3}$～$\frac{1}{4}$，如下圖所示。

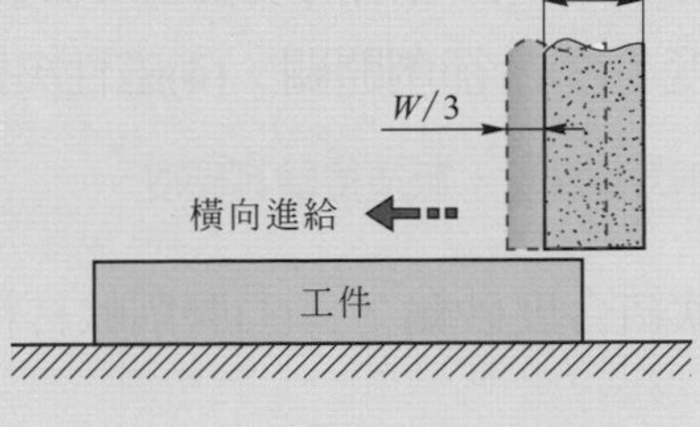

( ) 18. 工件達到精加工之表面精度為 (1)銼削 (2)車削 (3)銑削 (4)輪磨。 ... (4)

( ) 19. 磨床工作的特點是 (1)不能研磨硬化鋼 (2)熱處理後的加工 (3)適合單一工件的加工 (4)薄而輕的工件難加工。 ... (2)

( ) 20. 平面磨床在粗磨作業時，每次的橫向進給率要 (1)快 (2)慢 (3)固定 (4)先慢後快。 (1)

解 粗磨作業橫向進給率宜大(快)，而縱向進給率宜慢。

( ) 21. 平面磨床磨削時，進給量小則 (1)摩擦熱小 (2)磨削抵抗力大 (3)砂輪磨耗量大 (4)砂輪磨粒易脫落。 (1)

( ) 22. 平面磨床作業，工件使用何種夾持？ (1)磁力夾盤 (2)螺絲鎖定 (3)虎鉗固定 (4)使用夾具。 (1)

解 磁力夾盤如圖所示。

電源開關

( ) 23. 輪磨大工件面，要使用何種平面磨床 (1)水平轉軸，往復式床台 (2)水平轉軸，旋轉式床台 (3)垂直轉軸，往復式床台 (4)垂直轉軸，旋轉式床台。 (4)

解 垂直轉軸，旋轉式床台是最有效率的磨削方式。

( ) 24. 下列工作何者在平面磨床無法作業？ (1)鑽孔 (2)表面研磨 (3)精光 (4)拋光。 (1)

解 鑽孔應使用鑽床、銑床、車床等機器。

( ) 25. 磨削時切削劑的功用為？ (1)冷卻工件 (2)避免砂輪的不平衡 (3)避免砂輪的填塞 (4)增加切削效率。 (134)

解 切削劑主要目的是冷卻與潤滑，車削時可防止由於刃口積屑而產生，在磨削方面可冷卻工件、降低切削溫度，避免產生燒焦痕跡與砂輪填塞，並增加表面光度、切削效率與加工精度。

( ) 26. 操作平面磨床前的注意事項為 (1)檢查機械有無振動 (2)檢查油壓箱機油是否充足 (3)檢查切削劑是否清潔、足夠 (4)無須考慮，直接操作磨削。 (123)

( ) 27. 下列有關磨削深度的敘述何者正確？ (1)磨削深度愈大，產生的熱愈多 (2)磨削深度愈大，加工面愈粗 (3)磨削深度愈大，砂輪磨耗愈小 (4)磨削深度愈大，磨削抵抗愈大。 (124)

解 (3)磨削深度愈大，砂輪磨耗愈大。

( ) 28. 採用磁性夾頭夾持磨削工件，在磨削前須校正及檢查的項目為 (1)磁性夾頭之真平度 (2)磁性夾頭之感磁強度 (3)冷卻劑開關 (4)磁性夾頭之硬度。 (123)

解 (4)磁性夾頭為導磁性佳的軟鋼製成，無須檢驗其硬度。

( ) 29. 下列那種情況宜選用軟結合度砂輪？ (1)磨削軟材料 (2)高迴轉速度 (3)慢進給 (4)小磨削量。 (234)

解 (1)硬質材料因不易磨削，需用軟砂輪，鈍化磨粒自行脫落由新切刃進行磨削。反之，用硬砂輪。
(2)高迴轉速度，磨粒易鈍化、生高溫，鈍化後要能自行脫落換上新刀口，故用軟質砂輪。反之，用硬砂輪。

(3)快進給，砂輪顆粒易脫落，硬砂輪可避免顆粒脫落(消耗)太快。反之，用軟砂輪。

(4)粗磨用硬質砂輪，以防砂輪消耗過快。小磨削量(精磨)用軟砂輪。

( ) 30. 下列哪種情況宜選用硬結合度砂輪？　(1)磨削軟材料　(2)輕型平面磨床　(3)慢迴轉速度 (123) (4)砂輪和工件接觸面積大。

解　詳見第29題。輕型平面磨床剛性較弱，選用硬結合度砂輪，避免顆粒脫落(消耗)太快。

( ) 31. 下列何者宜選用粗組織砂輪？　(1)磨削軟材料　(2)大接觸面積　(3)得到較高表面粗糙度 (124) (4)使切削劑容易滲入。

解　砂輪組鬆(粗)組織用於大接觸面積的磨削，且粗組織內部氣孔空間大，有足夠的空間供冷卻劑流入及容納切屑，適於粗磨。但要得到較高(佳)的表面粗糙度應使用細(密)組織砂輪。

( ) 32. 下列有關鑽石修整器的敘述，何者為正確？　(1)鑽石的大小以克拉為單位　(2)鑽石修整器 (124) 必須經常變換位置以保持銳利　(3)鑽石愈大愈適合軟砂輪的修整　(4)鑽石愈小愈適合小 砂輪的修整。

( ) 33. 下列有關機械式金屬修整器的敘述何者不正確？　(1)用於修整砂輪機之砂輪　(2)使用時 (13) 應加壓力　(3)修整時應產生火花　(4)修整器比磨粒硬。

( ) 34. 下列何者為修整砂輪的目的？　(1)除去砂輪表面的填塞物　(2)除去砂輪面突出部分 (123) (3)使砂輪外緣和輪軸同心　(4)增加砂輪硬度。

解　修整砂輪的目的主要是削正與削銳，無法增加砂輪硬度。

( ) 35. 操作平面磨床前應注意事項為　(1)了解各開關及旋鈕、把手的位置和功能　(2)砂輪台快速 (124) 前進是否會碰撞分度頭與尾座　(3)無須檢視左右兩旁是否有工作伙伴　(4)檢查砂輪迴轉 方向是否正確。

解　(3)砂輪破裂或工件飛出會傷及左右兩側人員。操作前應注意左右兩旁不能有工作伙伴，以免發生意外。

( ) 36. 下列何者為磨削時造成工件表面燒焦的原因？　(1)切削劑不足　(2)砂輪太硬　(3)切削劑 (123) 不清潔　(4)磨料太硬。

解　工件表面燒焦主要原因是溫度過高，其原因有：切削劑不足、砂輪太硬、切削劑不清潔、磨削量太大、 砂輪鈍化…等等。但與(4)磨料太硬無關。

( ) 37. 磨削工件表面，會造成表面粗糙度較差的原因是　(1)砂輪磨料顆粒較大　(2)砂輪周速較小 (123) (3)床台進給速率較快　(4)切削劑。

解　(4)切削劑可使表面粗糙度變佳。

( ) 38. 平面磨削時，會造成砂輪消耗過大的原因是　(1)砂輪太軟　(2)砂輪速度太慢　(3)進刀速 (123) 度太快　(4)切削劑過量。

解　(4)切削劑過量對砂輪消耗無影響。

( ) 39. 磨削時，會造成工件二面不平行的原因是　(1)磨料太硬　(2)工件上有毛邊　(3)夾頭不清 (234) 潔　(4)平行墊塊不清潔。

解　(1)磨料太硬與工件二面不平行無關。

(　) 40. 磨削之工件面若有顫紋，可能之原因為？　(1)砂輪不平衡　(2)工件表面經熱處理　(3)皮帶太鬆　(4)機器本身振動。 (134)

解　(2)磨削工作主要是針對熱處理工件之加工，熱處理與否與表面顫紋無關。

(　) 41. 若發現機台不規則振動時，需檢查下列何種項目？　(1)砂輪平衡　(2)切削劑量　(3)油壓馬達及管路　(4)機座腳螺絲。 (134)

解　(2)切削劑用於切削加工之冷卻，與機台振動無關。

(　) 42. 平面磨床安裝時，下列敘述何者正確？　(1)避免日光直接照射　(2)避開熱源　(3)避開振動源　(4)不必調水平。 (123)

解　(4)機械安裝大都須調整水平。

(　) 43. 有關平面磨床的敘述，下列何者正確？　(1)更換砂輪時，保護罩內亦應加以清理　(2)擋屑板有礙視線，若配戴安全眼鏡時，可將其拆下　(3)夾持砂輪的緣盤直徑應大於砂輪直徑的 $\frac{1}{3}$　(4)機器起動後，應站在安全位置讓其迴轉一段時間。 (134)

解　(2)擋屑板除阻擋切屑外，亦可防止砂輪破裂或工件飛出造成危險，不可拆下。

(　) 44. 平面磨床的維護，下列敘述何者正確？　(1)應遠離熱源或日光照射　(2)操作前，應先打開切削劑　(3)油壓式磨床操作前應先起動油壓馬達轉動　(4)機器使用後，應用潤滑油清潔。 (134)

解　(2)磨削時先開砂輪、再開切削劑；關閉時，先關切削劑、再關砂輪，此舉可避免砂輪吸入切削劑。

工作項目⑦ 刀具研磨

一、單元專業知識

工作項目	技能種類	技能標準	相關知識
五、刀具研磨	◎研磨刮刀	能使用磨石研磨刮刀至正確形狀與刃口角度。	瞭解磨石研磨刮刀之工作法。

備註：「◎」代表考專業筆試

二、精選必考試題

答

( ) 1. 在砂輪機粗研磨碳化物車刀片，宜採用　(1)A46L8V 砂輪　(2)GC46K8V 砂輪　(3)WA46J7V 砂輪　(4)SD180P100B2.0－AD5 砂輪。　(2)

解　選項中各砂輪磨料代號與用途如下：

(1)A-氧化鋁：用於磨削抗拉強度 30～50kg/mm² 之材料，如碳鋼、展性鑄鐵、合金鋼等

(2)GC-綠色碳化矽：用於磨削超硬合金，如超硬合金鋼或(粗磨)碳化物刀具等。

(3)WA -白色氧化鋁：用於磨削抗拉強度 50kg/mm² 以上(高抗拉強度)的材料，如高速鋼，淬火鋼、工具鋼等。

(4)SD-人造鑽石磨料-用於精磨碳化物刀具。

( ) 2. 研磨一般刀具之砂輪，其研磨速度約為　(1)80m/min　(2)800m/min　(3)1,800m/min　(4)8,000m/min。　(3)

( ) 3. P 類碳化鎢車刀刀柄，其識別顏色為　(1)黃色　(2)紅色　(3)藍色　(4)黑色。　(3)

解　碳化鎢車刀種類、用途與刀柄顏色：

M 類：適宜切削不銹鋼、合金鑄鋼、沃斯田鐵系鋼料、高錳鋼及可鍛鑄鐵等材料的加工，識別顏色為黃色。

K 類：適宜切削低抗拉強度的材料，如鑄鐵、非鐵金屬、淬硬鋼等具不連續切屑的加工，識別顏色為紅色。

P 類：適宜切削高抗拉強度的材料，如鋼料、合金鋼等具有長切屑的加工，識別顏色為藍色。

( ) 4. 下列有關萬能工具磨床之敘述，何者錯誤？　(1)可以研磨鑽頭、車刀及銑刀　(2)可以磨削內孔　(3)可使用鑽石砂輪　(4)不能磨削外徑。　(4)

解　萬能工具磨床一樣可磨削外徑。

( ) 5. 修整鑽石砂輪可使用　(1)鑽石修整器　(2)氧化鋁削銳棒　(3)金屬輪修整器　(4)溝槽殼形修整器。　(2)

( ) 6. 高速鋼銑刀研磨餘隙面時，砂輪應選擇　(1)平直形　(2)碟形　(3)盆形　(4)特殊形。　(3)

解　銑刀餘隙角可以使用盆形砂輪、平直形砂輪或碟形砂輪磨削，所用砂輪形狀和磨削方法視銑刀種類而定。盆形砂輪與平直形砂輪磨削如下圖。考試請以公告之「盆形砂輪」作答。

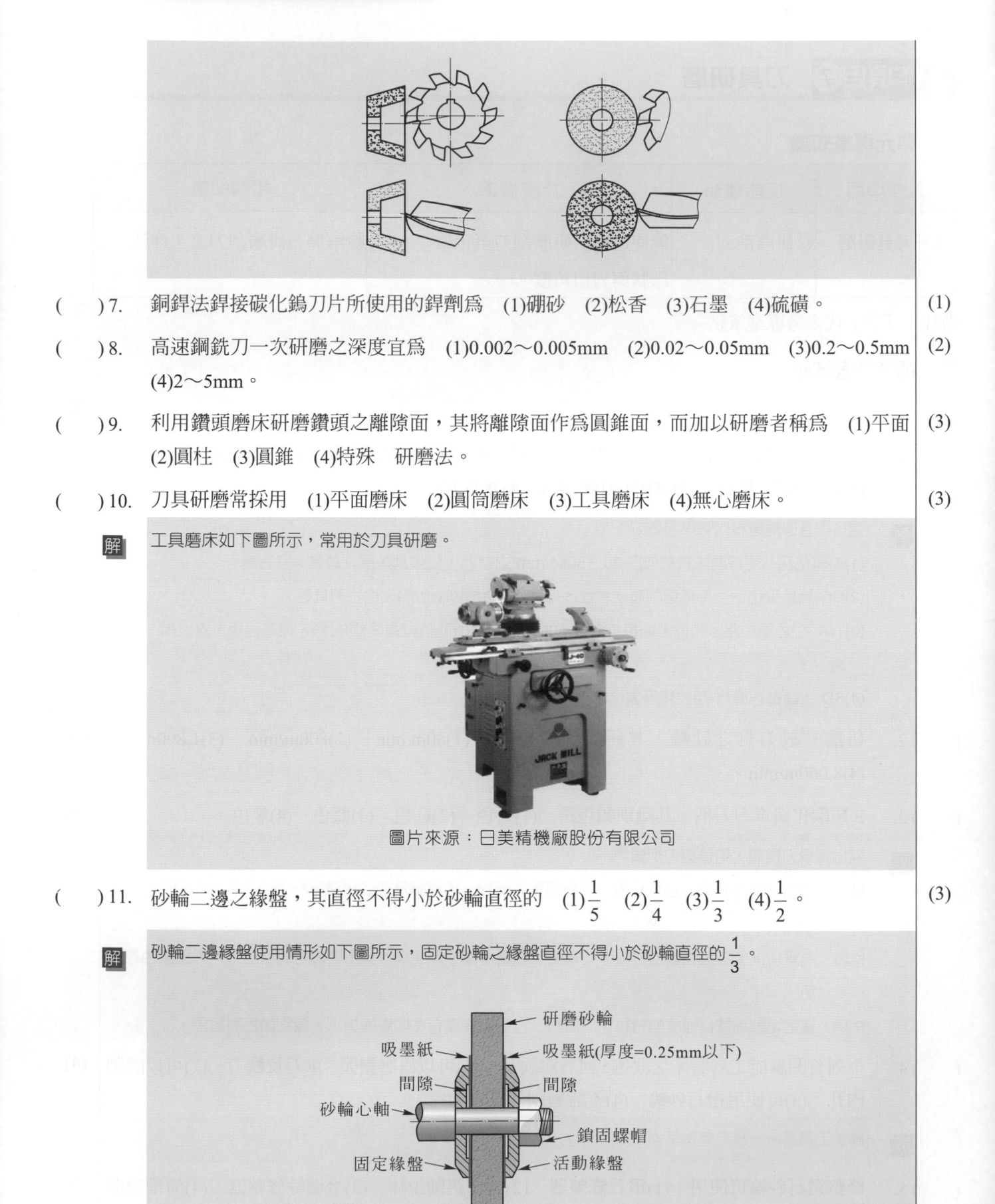

( ) 7. 銅銲法銲接碳化鎢刀片所使用的銲劑爲　(1)硼砂　(2)松香　(3)石墨　(4)硫磺。　(1)

( ) 8. 高速鋼銑刀一次研磨之深度宜爲　(1)0.002～0.005mm　(2)0.02～0.05mm　(3)0.2～0.5mm　(2)
(4)2～5mm。

( ) 9. 利用鑽頭磨床研磨鑽頭之離隙面，其將離隙面作爲圓錐面，而加以研磨者稱爲　(1)平面　(3)
(2)圓柱　(3)圓錐　(4)特殊　研磨法。

( ) 10. 刀具研磨常採用　(1)平面磨床　(2)圓筒磨床　(3)工具磨床　(4)無心磨床。　(3)

解 工具磨床如下圖所示，常用於刀具研磨。

圖片來源：日美精機廠股份有限公司

( ) 11. 砂輪二邊之緣盤，其直徑不得小於砂輪直徑的　(1)$\frac{1}{5}$　(2)$\frac{1}{4}$　(3)$\frac{1}{3}$　(4)$\frac{1}{2}$。　(3)

解 砂輪二邊緣盤使用情形如下圖所示，固定砂輪之緣盤直徑不得小於砂輪直徑的 $\frac{1}{3}$。

研磨砂輪
吸墨紙　吸墨紙(厚度=0.25mm以下)
間隙　間隙
砂輪心軸
鎖固螺帽
固定緣盤　活動緣盤

( ) 12. 氧化鋁砂輪宜用於研磨　(1)非鐵金屬材料　(2)非金屬材料　(3)碳化物　(4)鋼料。　(4)

> 解　砂輪磨料用途如下：
>
> 氧化鋁(A)：磨削抗拉強度 30～50 kg/mm² 之材料，如碳鋼、合金鋼。
>
> 白色氧化鋁(WA)：磨削抗拉強度 50 kg/mm²，如高速鋼、淬硬鋼。
>
> 碳化矽(C)：磨削抗拉強度 30kg/mm²，如鑄鐵、銅、鋁、鋅。
>
> 綠色碳化矽(GC)：適宜碳化鎢刀具粗磨削。
>
> 鑽石：適宜碳化鎢刀具精磨削。

(　) 13. 車刀研磨斷屑槽作用，為是利於切屑　(1)小片飛散　(2)直線伸長　(3)延伸彎曲　(4)彎曲折斷。　(4)

> 解　斷屑槽之目的是使切屑排出時，碰觸該處而折彎斷裂，或改變切屑的流動方向，使其不干擾加工。

(　) 14. 研磨高速鋼車刀刃口需浸水，是為了防止　(1)硬化　(2)強化　(3)軟化　(4)脆化。　(3)

> 解　高速鋼耐熱溫度 600℃，溫度過高會使其軟化，失去刀具硬度，研磨時需浸水冷卻。

(　) 15. 砂輪護罩的作用是　(1)保護砂輪迴轉時安全　(2)固定砂輪　(3)設定角度　(4)支撐刀具。　(1)

(　) 16. 碳化物車刀刃口之精研磨量約為　(1)0.05mm　(2)0.25mm　(3)0.5mm　(4)1mm。　(1)

(　) 17. 下列何者不為車刀邊斜角較大之優點？　(1)切削阻力變小　(2)刀刃強度較強　(3)工件表面粗糙度佳　(4)主軸馬達負荷較小。　(3)

> 解　斜角大、刀具銳利、切削阻力變小、刀刃發熱量變小、減少主軸馬達負荷，但刀刃強度會減弱。外徑車刀之角度如下圖：

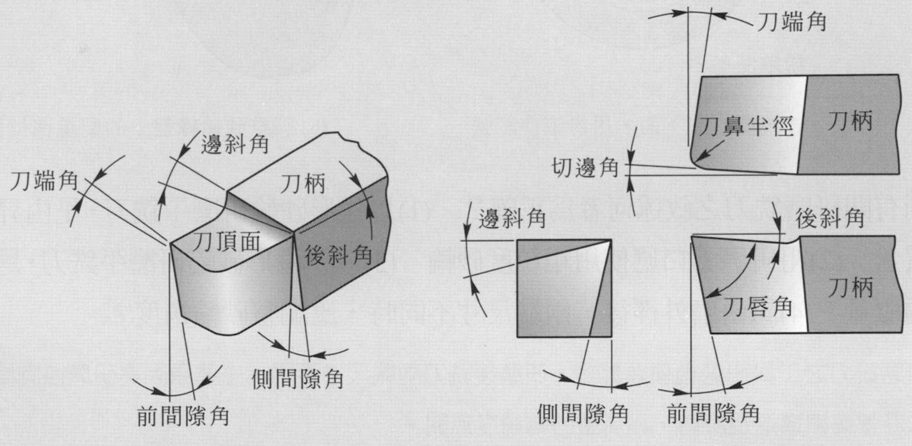

(a) 車刀立體圖示　　(b) 車刀各刀角名稱

(　) 18. 鑽削鋁材料的鑽唇間隙角為　(1)0°　(2)3～6°　(3)12～18°　(4)25～30°。　(3)

> 解　鑽削鋼鐵的鑽唇間隙角為 8°～12°，鑽削鋁料的鑽唇間隙角為 12°～18°。

(　) 19. 研磨鑽削一般鋼鐵材料之鑽頭時，應注意那些事項？　(1)切邊(鑽唇)與靜點所成角度不可大於 90°　(2)鑽唇半角為 59°　(3)兩鑽唇需等長　(4)鑽唇間隙角為 8～12°。　(234)

> 解　研磨鑽削鋼鐵材料之鑽頭，其鑽頂(唇)角為 118°(鑽唇半角為 59°)、鑽唇間隙角為 8～12°，則切邊(鑽唇)與靜點所成角度為 120～135°。鑽頭之鑽尖角度如下圖所示：

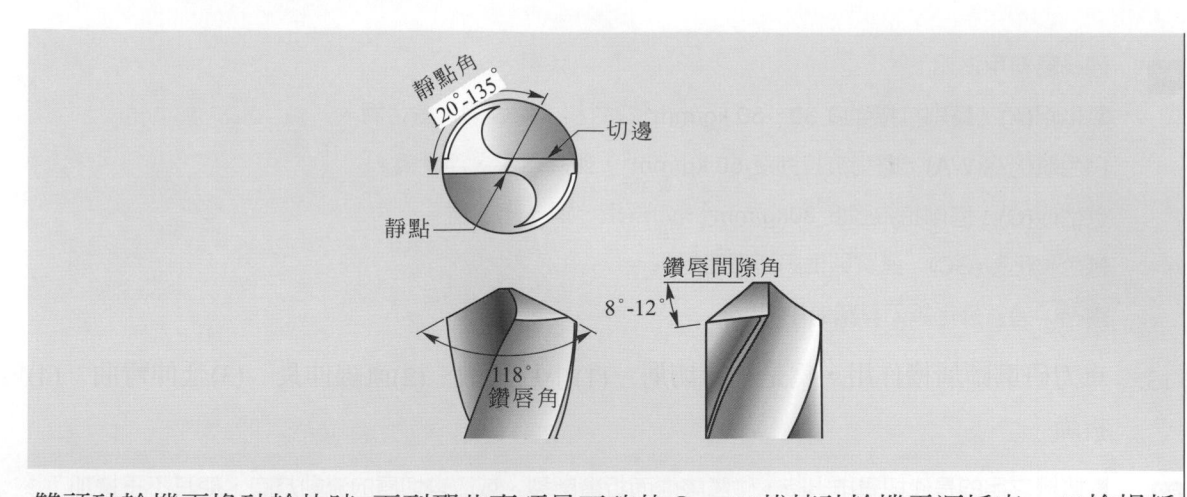

( ) 20. 雙頭砂輪機更換砂輪片時,下列那些事項是正確的? (1)拔掉砂輪機電源插座 (2)檢視新 (124)
砂輪片規格與完整性 (3)新砂輪片裝上後無須調整平衡即可使用 (4)新砂輪片裝上後須
經修整器修整研磨面,重新調整刀具扶架間隙後才能使用。

解 (3)新砂輪片裝上後須利用法蘭上的小鐵塊調整平衡。如下圖所示:

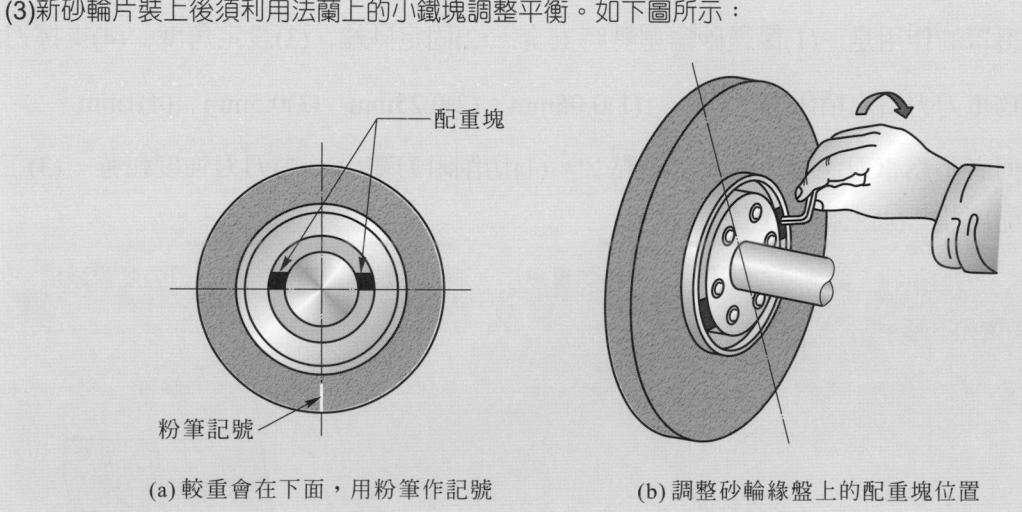

(a) 較重會在下面,用粉筆作記號　　　(b) 調整砂輪緣盤上的配重塊位置

( ) 21. 下列有關研磨銑刀之敘述何者為正確? (1)以盆形砂輪研磨平銑刀,是由昇降扶刀片獲得 (123)
偏置量 (2)粗研磨刃口應使用粗粒度砂輪 (3)以平直形砂輪研磨平銑刀,是由昇降砂輪獲
得偏置量 (4)試研磨外徑後,兩端尺寸不同時,應調整砂輪角度。

解 (4)研磨銑刀之工具研磨機種類繁多。研磨後銑刀兩端尺寸不同,主要原因是研磨徑向間隙角時,銑刀
末沿著軸線進退及旋轉,與調整砂輪角度無關。

( ) 22. 下列何者不是車刀刃口研磨斷屑槽的主要目的? (1)使刃口銳利 (2)增加車刀壽命 (123)
(3)提高工件表面粗糙度 (4)截斷切屑。

解 斷屑槽之目的是使切屑排出時,碰觸該處而折彎斷裂工。與刃口銳利度、車刀壽命、表面粗糙度均無關。

( ) 23. 高速鋼端銑刀在那些情況下需重新研磨? (1)刃口崩裂 (2)刀刃磨耗致無法切削 (3)切 (124)
削產生振動時 (4)要提高工件表面粗糙度。

( ) 24. 研磨端銑刀外圓周第一間隙角應注意那些事項? (1)先使用較粗粒度的砂輪片磨去已磨 (123)
耗部分 (2)以扶刀片引導時,檢查刀刃全長是否與砂輪研磨面接觸 (3)檢查各刀刃是否均
勻研磨(是否有偏擺) (4)精磨時每次進刀不得小於 0.1～0.2mm。

解 (4)精磨時每次進刀不得小於 0.01～0.02mm。

( ) 25. 切斷車刀研磨之刀角包括那些角度？ (1)邊斜 (2)邊間隙 (3)前間隙 (4)後斜角。 (234)

解 切斷車刀不需研磨邊斜角(往側邊傾斜的角度)，因切屑無法從側邊排出。

( ) 26. 研磨端銑刀主離隙角時，下列角度何者錯誤？ (1)1～3° (2)5～12° (3)13～20° (4)25 (134)
～40°。

解 端銑刀主離隙角約 5～12°。

( ) 27. 端銑刀重新修磨後，需要做那些檢驗？ (1)以目視或放大鏡檢查各刃口上是否仍有缺口、 (123)
碎角或燒焦 (2)離隙角是否正確 (3)底刃凹角是否正確 (4)做硬度試驗。

解 (4)銑刀硬度與材質有關，與修磨無關。

( ) 28. 端銑刀在修磨前中後，應做那些防護？ (1)將待磨的端銑刀放置在原包裝盒 (2)將待磨的 (124)
端銑刀插入鑽有與端銑刀直徑相同的木盤或塑膠盒 (3)將待磨或已磨好的端銑刀集中在
鐵盒中 (4)在修磨完成端銑刀刃口塗上輕機油，再上一層石蠟後放入原包裝盒。

解 (3)端銑刀應各別放於木盒或塑膠盒中，避免碰撞，集中放置在鐵盒會彼此碰撞使刃口受損。

工作項目⑧　機件製作與修配

一、單元專業知識

工作項目	技能種類	技能標準	相關知識
六、機件製作與修配	(一)製作一般機件 (二)修配一般機件	能製作與修配一般機件，其尺寸精度能達公差九級，表面粗糙度能達1.60a (6.3S)。	瞭解公差與配合之選用。

二、精選必考試題

答

( ) 1. 六角板手之大小是以下列何者表示　(1)全長　(2)直徑　(3)六角之對角尺寸　(4)六角之對邊尺寸。 (4)

( ) 2. C 形夾最適於夾持之工件，其斷面形狀為　(1)長方形　(2)三角形　(3)五角形　(4)圓形。 (1)

( ) 3. 一般栓槽轂上設計之栓槽數有　(1)1　(2)3　(3)5　(4)6。 (4)

解　ISO 14：1986-12 栓槽只有 6、8、10 槽。

( ) 4. 下列何者為非定位銷？　(1)圓柱銷　(2)圓錐銷　(3)開口銷　(4)彈簧銷。 (3)

解　開口銷如下圖，屬確閉鎖緊銷，不屬定位銷。

圖片來源：www.jiouding.com.tw

( ) 5. 機件加工精度"10μm"，係表示　(1)0.001mm　(2)0.01mm　(3)0.1mm　(4)1mm。 (2)

解　1mm＝1000μm，1μm＝0.001mm，10μm＝0.01mm。

( ) 6. 機件精密加工，一般以攝氏幾度作為量測標準溫度　(1)0°　(2)10°　(3)20°　(4)30°。 (3)

解　精密量測室標準溫度為 20°。

( ) 7. 平行墊塊所要求之平行度及垂直度稱為　(1)尺寸精度　(2)表面粗糙度　(3)表面硬度　(4)形狀精度。 (4)

( ) 8. 分規之尖端應施以何種處理　(1)著色　(2)淬火硬化　(3)退火軟化　(4)滲碳。 (2)

( ) 9. V 形枕最適於何種斷面形狀之工件檢測？　(1)圓形　(2)菱形　(3)三角形　(4)五角形。 (1)

( ) 10. 下列何者不是一般 V 形枕之標示尺寸？　(1)高度　(2)長度　(3)寬度　(4)角度。 (4)

解　V 形枕標示尺寸以「長度×寬度×高度」表示。

( )11. 一般 V 型枕，其 V 型槽角度以底面爲基準，左下各傾斜 (1)30° (2)45° (3)60° (4)75°。 (2)

解 V 型槽角度 90°，一般左右各傾斜 45°，如下圖所示。

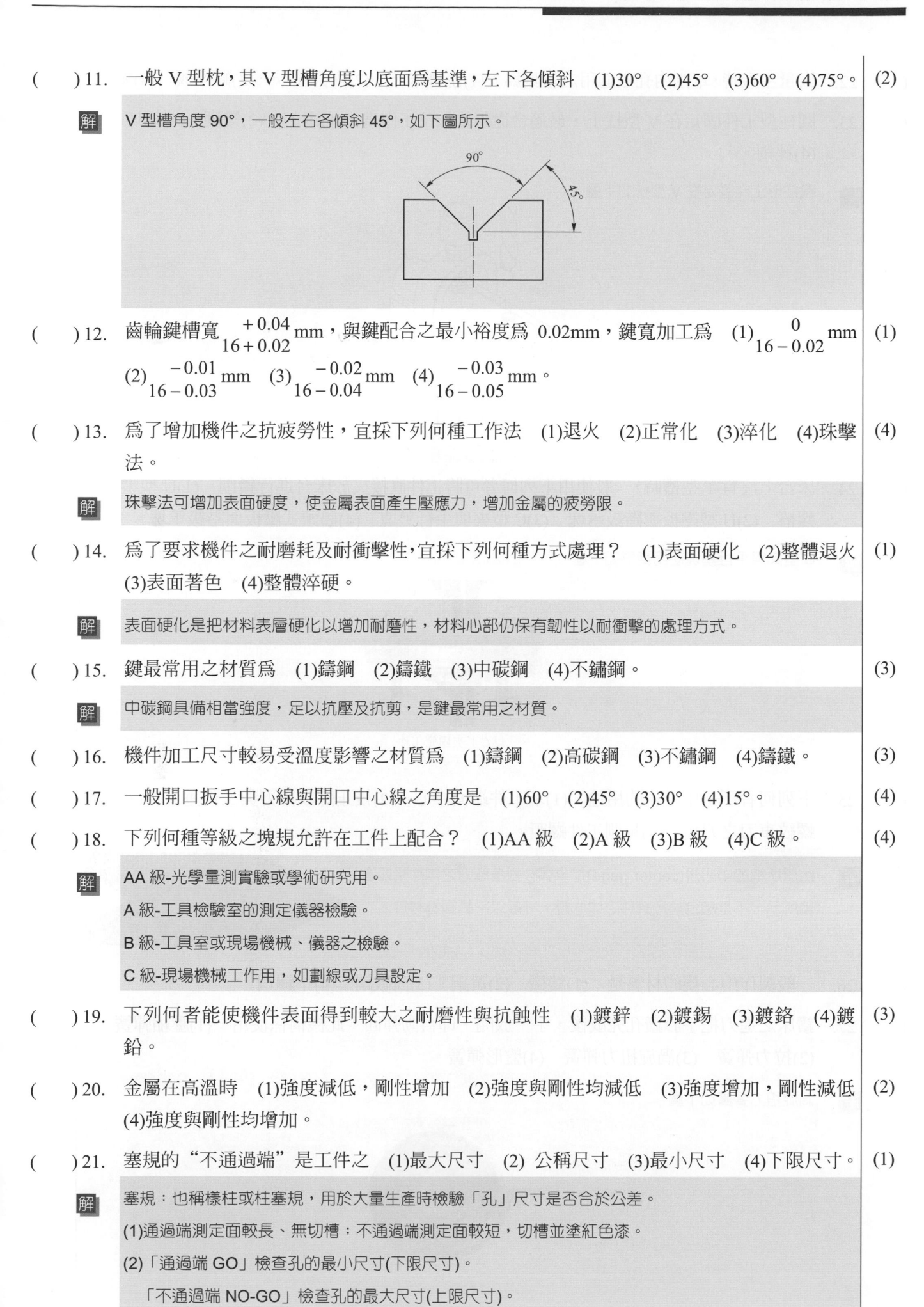

( )12. 齒輪鍵槽寬 $16{+0.02}^{+0.04}$ mm，與鍵配合之最小裕度爲 0.02mm，鍵寬加工爲 (1)$16{-0.02}^{0}$ mm (2)$16{-0.03}^{-0.01}$ mm (3)$16{-0.04}^{-0.02}$ mm (4)$16{-0.05}^{-0.03}$ mm。 (1)

( )13. 爲了增加機件之抗疲勞性，宜採下列何種工作法 (1)退火 (2)正常化 (3)淬化 (4)珠擊法。 (4)

解 珠擊法可增加表面硬度，使金屬表面產生壓應力，增加金屬的疲勞限。

( )14. 爲了要求機件之耐磨耗及耐衝擊性，宜採下列何種方式處理？ (1)表面硬化 (2)整體退火 (3)表面著色 (4)整體淬硬。 (1)

解 表面硬化是把材料表層硬化以增加耐磨性，材料心部仍保有韌性以耐衝擊的處理方式。

( )15. 鍵最常用之材質爲 (1)鑄鋼 (2)鑄鐵 (3)中碳鋼 (4)不鏽鋼。 (3)

解 中碳鋼具備相當強度，足以抗壓及抗剪，是鍵最常用之材質。

( )16. 機件加工尺寸較易受溫度影響之材質爲 (1)鑄鋼 (2)高碳鋼 (3)不鏽鋼 (4)鑄鐵。 (3)

( )17. 一般開口扳手中心線與開口中心線之角度是 (1)60° (2)45° (3)30° (4)15°。 (4)

( )18. 下列何種等級之塊規允許在工件上配合？ (1)AA 級 (2)A 級 (3)B 級 (4)C 級。 (4)

解 AA 級-光學量測實驗或學術研究用。

A 級-工具檢驗室的測定儀器檢驗。

B 級-工具室或現場機械、儀器之檢驗。

C 級-現場機械工作用，如劃線或刀具設定。

( )19. 下列何者能使機件表面得到較大之耐磨性與抗蝕性 (1)鍍鋅 (2)鍍錫 (3)鍍鉻 (4)鍍鉛。 (3)

( )20. 金屬在高溫時 (1)強度減低，剛性增加 (2)強度與剛性均減低 (3)強度增加，剛性減低 (4)強度與剛性均增加。 (2)

( )21. 塞規的"不通過端"是工件之 (1)最大尺寸 (2) 公稱尺寸 (3)最小尺寸 (4)下限尺寸。 (1)

解 塞規：也稱樣柱或柱塞規，用於大量生產時檢驗「孔」尺寸是否合於公差。

(1)通過端測定面較長、無切槽；不通過端測定面較短，切槽並塗紅色漆。

(2)「通過端 GO」檢查孔的最小尺寸(下限尺寸)。

　「不通過端 NO-GO」檢查孔的最大尺寸(上限尺寸)。

(　) 22. 大量生產時，車削內孔最適用之量具為　(1)游標卡尺　(2)內分厘卡　(3)缸徑規　(4)塞規。 (4)

(　) 23. 圓柱型工件固定在 V 型枕上，最適合從事之加工工作為　(1)車削　(2)鑽削　(3)鋸切　(4)銼削。 (2)

解 圓柱形工件固定在 V 型枕如下圖：

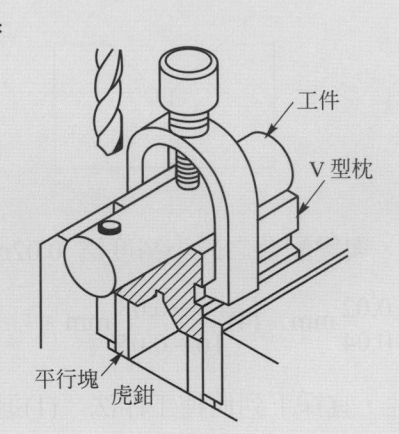

　　工件
　　V 型枕
　平行塊　　虎鉗

(　) 24. 床台上沒有 T 型槽時，一般使用下列何者可將工件直接夾於床台進行鑽削　(1)U 型壓板與螺樁　(2)U 型壓板與階級承塊　(3)C 型夾與平行墊塊　(4)鵝頭式壓板與階級承塊。 (3)

解 C 型夾與平行墊塊使用情形如下圖：

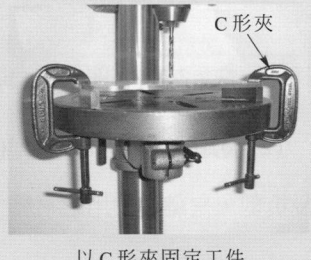

C 形夾

以 C 形夾固定工件

(　) 25. 下列何者不是中心規的用途　(1)求工件端面中心　(2)校正螺紋車刀與工件垂直　(3)量測螺紋車刀之刀角　(4)量測工件螺距。 (1)

解 此題所指的中心規(center gage)是車螺紋對準車刀之中心規如右圖所示，不是組合角尺構件之中心規。一般以不銹鋼為材質。

(　) 26. 一般製作中心規的材質是　(1)鑄鐵　(2)黃銅　(3)高碳鋼　(4)不鏽鋼。 (4)

(　) 27. 鑽床之進刀把手於鑽孔完成後，手一放開，即自動彈回，此機構係使用　(1)壓縮彈簧　(2)拉力彈簧　(3)渦旋扭力彈簧　(4)盤形彈簧。 (3)

解 渦旋扭力彈簧如下圖

( )28. 欲拆卸已緊配合於軸上之齒輪，宜採用下列何種工具？ (1)齒輪拔取器 (2)鋼鎚 (3)鑿子 (4)鉗子。 　(1)

解 拔取器如圖所示。

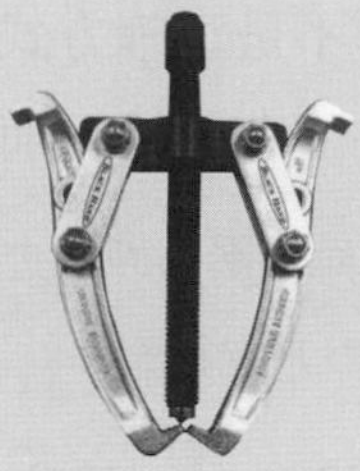

( )29. 偏心輪之外形曲線為 (1)拋物線 (2)雙曲線 (3)橢圓 (4)圓。 　(4)

( )30. 拆卸主軸孔"M.T.3"立式鑽床之鑽頭夾頭，下列方法何者較佳 (1)使用鋼鎚敲擊鑽頭夾頭 (2)使用鑽床虎鉗夾住鑽頭夾頭，轉動把手，使主軸上升 (3)使用退鑽銷 (4)旋轉鑽頭夾頭上方之螺帽壓迫鑽頭夾頭向下。 　(3)

解 立式鑽床拆卸錐度鑽頭乃以退鑽銷協助退出，如下圖所示。

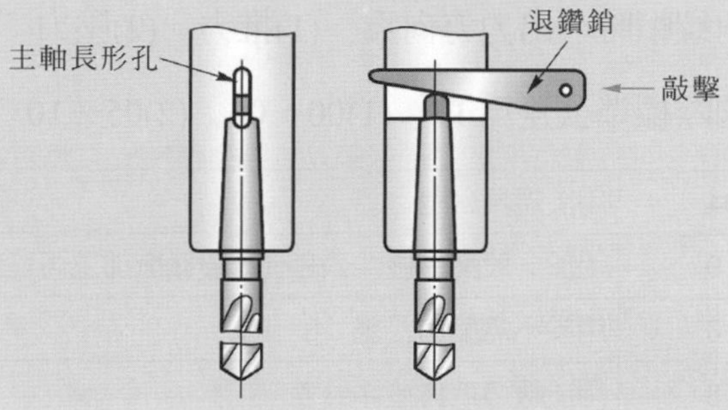

主軸長形孔 退鑽銷 敲擊

( )31. 工件僅夾於車床夾頭，移動床鞍車削後產生錐度，則應調整 (1)車床頭 (2)尾座 (3)床鞍 (4)複式刀座。 　(1)

解 移動床鞍車削後產生錐度，主要原因是車床頭座之中心軸線末與床軌平行。

( )32. 一般 1,500mm 車床，動力由馬達傳至齒輪箱是經由 (1)齒形皮帶 (2)齒輪 (3)V 型皮帶 (4)鏈條。 　(3)

( )33. 拆卸牛頭鉋床虎鉗鎖緊用 T 型螺栓，宜使用下列何種工具 (1)六角扳手 (2)固定扳手 (3)尖嘴鉗 (4)螺絲起子。 　(2)

( )34. 下列方法何者能使安裝之機械有較佳的穩固性 (1)使用基礎螺絲鎖緊機械 (2)改裝馬力較大之馬達 (3)機械底面墊木板 (4)加重機械負荷。 　(1)

( )35. 拆卸以管螺紋固定之圓鋼管，宜選用右列何種工具？ (1)鑿子、鋼鎚 (2)固定扳手 (3)活動扳手 (4)管鉗扳手。 　(4)

解 圓鋼管沒有平行面，固定扳手、活動扳手均無法拆卸；應使用管鉗扳手，該扳手如右圖所示。

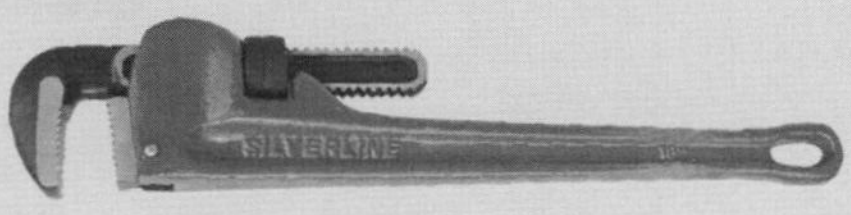

( )36. 下列何種墊圈，不能防止螺絲與螺帽鬆動？ (1)平墊圈 (2)彈簧墊圈 (3)菊花墊圈 (4)有舌墊圈。 　(1)

解 平墊圈為一般墊圈，其功能：1.增大受力面積。2.增加摩擦面，減少鬆動。3.減少單位面積上所承受的壓力。4.做為光滑平整的承面。5.防止工件被壓痕跡。而彈簧墊圈、菊花墊圈、有舌墊圈主要目的是防止螺絲與螺帽鬆動。

( ) 37. 安裝砂輪於砂輪機上，下列何項不是正確方式　(1)檢查砂輪是否破損　(2)平衡砂輪　(3)反時針方向鎖緊下砂輪　(4)不站立在砂輪正前方開電試轉。　**(3)**

解 此題有誤！選項(3)應更正：反時針方向鎖緊右砂輪。
砂輪機之右砂輪為右旋螺紋，應順時針方向鎖緊。

( ) 38. 直徑 3mm 彈簧銷之孔徑為　(1)3.1mm　(2)3mm　(3)2.9mm　(4)2.8mm。　**(2)**

( ) 39. 銑床橫向床台有間隙，則應調整方式為　(1)鎖緊橫向床台手輪　(2)鎖緊刀軸拉桿　(3)調整橫向床台嵌條　(4)調整床台水平。　**(3)**

( ) 40. 公制螺紋配合等級中，那一級為精密(緊)配合　(1)第一級　(2)第二級　(3)第三級　(4)與鬆緊無關。　**(1)**

( ) 41. 虎鉗傳動螺桿之螺紋為　(1)三角螺紋　(2)方牙螺紋　(3)梯形螺紋　(4)蝸桿螺紋。　**(2)**

( ) 42. 使用扳手鎖緊六角螺帽時，出力方向為　(1)推力　(2)壓力　(3)拉力　(4)扭力。　**(3)**

( ) 43. 用於配合機件之國際標準公差為 IT　(1)00～04　(2)05～10　(3)08～12　(4)12～16。　**(2)**

解
IT01～IT04	用於規具公差
IT05～IT10	用於一般配合機件公差 (一般機械加工可達公差)
IT11～IT16	用於不需配合公差
IT17～IT18	用於鍛造或鑄造件公差

( ) 44. 切削中碳鋼材時，切削速度最高之刀具材質應為　(1)H.S.S.18-4-1　(2)H.S.S.18-4-4　(3)P40　(4)P10。　**(4)**

解 H.S.S 為高速鋼。P40、P10 為碳化鎢刀具，其號數愈小，硬度愈高，適宜精加工。

( ) 45. 砂輪標記為 "WA46-K5V"，其中 "K" 表示砂輪之　(1)磨料　(2)粒度　(3)結合度　(4)組織。　**(3)**

解 砂輪標記依序為：磨料−粒度−結合度−組織−製法。
依題目：磨料(WA)−粒度(46)−結合度(K)−組織(5)−製法(V)。

( ) 46. 手工鉸刀與機械鉸刀之不同點，是手工鉸刀柄端有　(1)方柱　(2)錐度　(3)樺舌　(4)孔徑。　**(1)**

解 手工鉸刀與機械鉸刀如下圖，手工鉸刀柄端有方柱，供螺絲攻扳手夾持進行鉸削。機械鉸刀柄無方柱。

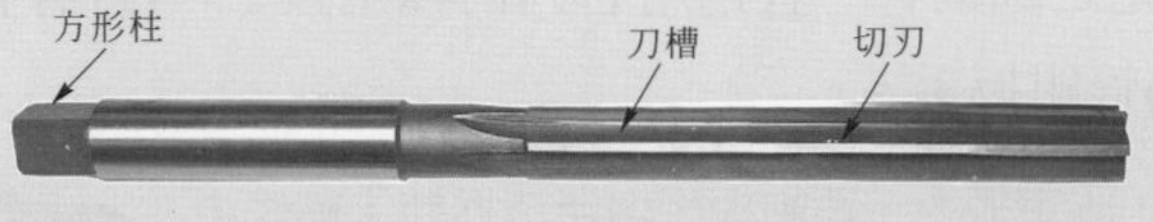

(4) 47. 下列刀具何者適於鑄鐵之高速精切削？ (1) P10 (2) P40 (3) M20 (4)K01。

解 P 類：刀柄塗藍色，適宜切削碳鋼。

M 類：刀柄塗黃色，適宜切削不銹鋼。

K 類：切削不連續切屑之材料，如鑄鐵、石材及非鐵金屬。

號數愈小，碳化鎢刀具的硬度愈高、適宜精加工。號數愈大，韌性愈大、適宜粗加工。

(2) 48. 精切面之表面粗糙度範圍為 (1)0.125～0.80S (2)1.0～6.3S (3)8.0～25S (4)32～100S。

解 數值後加註"S"表最大高度粗糙度 Rmax。下表為各種加工面之 Ra 範圍，將 Ra 值乘以 4，即為最大高度粗糙度(Rmax≒4Ra)。

表面符號	名稱	說明	加工例	相當表面粗糙度 Ra 之範圍(μm)
	毛胚面	自然面	壓延、鑄鍛等	125 以上
	光胚面	平整胚面	壓延、精鑄、模鍛等	32～125
	粗切面	刀痕尚可由觸覺及視覺明顯辨認者	銼、刨、銑、車、輪、磨等	8.0～25
	細切面	刀痕尚可由視覺辨認者	銼、刨、銑、車、輪、磨等	2.0～6.3
	精切面	刀痕隱約可見者	銼、刨、銑、車、輪、磨等	0.25～1.60
	超光面	光滑如鏡者	超光、研光、拋光、搪光等	0.010～0.20

(4) 49. 欲加工直徑 6mm 之孔，為獲得精確尺寸，且表面粗糙度及真圓度均佳時，常採用 (1)沖孔 (2)鑽孔 (3)搪孔 (4)鉸孔。

(1) 50. 在立式銑床上銑削圓弧或曲面時，宜選用 (1)端銑刀 (2)T 型銑刀 (3)面銑刀 (4)側銑刀。

(2) 51. 在轉盤上銑削圓弧，工件夾持校正圓弧中心時，須對正 (1)主軸中心 (2)轉盤中心 (3)床台中心 (4)角板中心。

解 使用轉盤銑削圓弧，工件圓弧中心須置於圓轉盤中心。最後主軸中心須移出圓弧半徑值＋銑刀半徑，進行圓弧銑削。圓轉盤及使用情形如下圖所示。

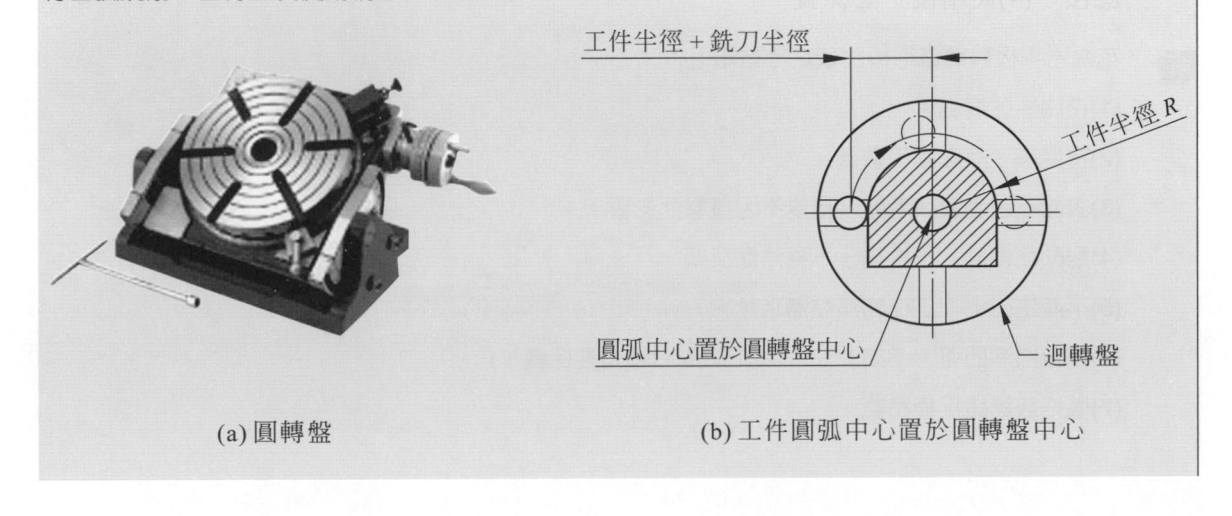

工件半徑＋銑刀半徑

工件半徑 R

圓弧中心置於圓轉盤中心　　　迴轉盤

(a) 圓轉盤　　　　　　　(b) 工件圓弧中心置於圓轉盤中心

(　) 52. 銑削螺旋槽時，應使用下列何者夾持較佳　(1)虎鉗　(2)直接夾於床台　(3)分度頭　(4)轉盤。　　(3)

解　銑削螺旋槽須邊銑削邊旋轉並等分齒數，以分度頭夾持為宜。

(　) 53. 加工 M6 之外三角螺紋，下列何種方法較佳　(1)以車床直接車削　(2)以螺絲鏌直接鉸削　(3)以車床先粗車削螺紋，再以螺絲鏌鉸削　(4)以螺絲攻鉸削。　　(3)

解　小螺紋、螺距小、牙深淺、切削量少，一般以螺絲鏌直接鉸削。反之，大螺距的螺紋才會先以車床粗車，再以螺絲鏌鉸削。

(　) 54. 對於基準尺寸 25 公厘，下列何者屬於過渡配合？　(1)P8/p7　(2)F8/f7　(3)H8/h7　(4)H7/h8。　　(3)

解　各種配合如下表所示

	餘隙配合	過渡配合	干涉配合
基孔制	H/a～g	H/h～(n)	H/(n)～zc
基軸制	A～G/h	H～(N)/h	(N)～ZC/h

(　) 55. 用於空間狹小處及偏轉不過大之彈簧為　(1)扭桿彈簧　(2)板片彈簧　(3)皿形彈簧　(4)渦形彈簧。　　(1)

解　扭桿彈簧係利用圓形或方形斷面之長鋼條，是彈簧各類型中最簡單不佔位置而有效的條形彈簧，每單位體積具有較大之彈性能，可用於扭轉之場合，如扭力量測計等。

(　) 56. 下列何者宜用於去除去角的小毛邊　(1)刮刀　(2)砂布　(3)什錦銼　(4)油石。　　(4)

(　) 57. 花崗岩平板具有下列那些特性？　(1)材質硬而安定　(2)熱膨脹係數低　(3)對溫度變化感應慢　(4)使用後不必保養。　　(123)

解　花崗岩平板與鑄鐵平板比較之特點如下：

(1)花崗岩硬度高。

(2)精度高、熱膨脹係數低。

(3)表面不起刮痕或毛邊，精度不因撞擊而影響。

(4)耐酸鹼侵蝕、不生銹、不易沾黏灰塵。

(5)不產生磁化、工作物無黏滯現象。

(6)用後擦淨即可，不須上油，保養容易。(還是要保養！)

(7)價格較鑄鐵平板昂貴。

( ) 58. 車削左螺紋時，下列敘述何者正確？ (1)主軸正轉 (2)由刀端看，車刀導程角斜向左下方 (134)
(3)車刀由車頭往尾座方向移動 (4)導螺桿旋轉方向與車右螺紋相反。

解 左螺紋由刀端看，車刀導程角斜向右下方，右螺紋與左螺紋如下圖所示：

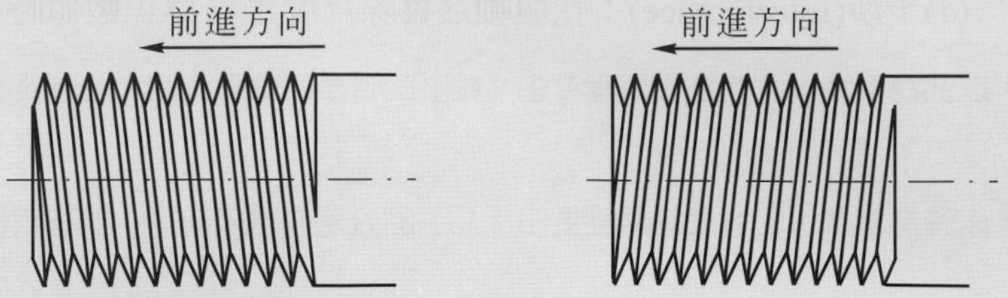

(a)右螺紋　　　　　　　　　　(b)左螺紋

( ) 59. 螺旋的功用有那些？ (1)測定時間 (2)鎖緊機件 (3)傳達運動或動力 (4)調整機件距離 (234)
及量測。

解 (1)螺旋無法測定時間。

( ) 60. L =導程、n =螺紋線數、P =螺距，下列敘述何者錯誤？ (1)雙線螺紋：L = P (2)三線螺 (123)
紋：L = 6P (3)四線螺紋：L = 8P (4)多線螺紋：L = nP。

解 多線螺紋：導程(L)＝螺紋線數(n)×螺距(P)。
(1)雙線螺紋：L=2P。
(2)三線螺紋：L= 3P。
(4)四線螺紋：L=4P。

( ) 61. 有關 CNS 標準對公差的敘述何者正確？ (1)級數越小者，其公差區域越小，即精度越高 (123)
(2)公差區域越大，精度越低 (3)公差等級共分為二十級 (4)公差等級最小者為 IT1。

解 中華民國國家標準(CNS)：公差等級由 IT01、IT0、IT1、IT2…至 IT18，分為 20 個等級。
IT01 公差最小、IT20 公差最大。
基本尺度相同，級數愈大，公差愈大。
公差等級相同，尺寸愈大，公差愈大。
(4)公差最小者為 IT01。

( ) 62. 有關 CNS 標準公差應用種類的敘述何者正確？ (1)IT01 至 IT4 屬於高級精密範圍，為製 (134)
造量規用 (2)IT5 至 IT7 為一般量規用 (3)IT5 至 IT12 用於切削加工，機件之配合
(4)IT17、IT18 為初次加工用。

解 公差等級適用場合：
IT01～IT4 用於規具公差。
IT5～IT10 用於一般配合機件公差。
IT11～IT16 用於不需配合公差。
IT17～IT18 用於鍛造或鑄造件公差。

(　) 63. 下列敘述何者錯誤？　(1)基孔制(Basic Hole)：配合的鬆緊程度由孔的公差位置來決定，並 (124)
指定孔的下偏差為零　(2)基軸制(Basic Shaft)：配合的鬆緊程度由軸的公差位置來決定，
並指定軸的上偏差為零　(3)餘隙(Clearance)：孔與軸之實際尺度差異為正數值時，意即孔
大於軸時　(4)干涉(Interference)：孔與軸之實際尺度差異為正數值時，意即孔小於軸時。

解　(1)基孔制：以孔為基準，配合的鬆緊程度由「軸」的公差位置來決定，並指定孔的下偏差為零(公差區
　　間 H)。

(2)基軸制：以軸為基準，配合的鬆緊程度由「孔」的公差位置來決定，並指定軸的上偏差為零(公差區
　間 h)。

(4)干涉：孔與軸之實際尺度差異為「負」數值時，意即孔小於軸時。

(　) 64. 下列敘述何者正確？　(1)孔公差為 H7，軸公差為 g6，此為靜配合　(2)孔公差為 H7，軸 (123)
公差為 m6，此為緊(干涉)配合　(3)孔公差為 P7，軸公差為 h6，此為緊(干涉)配合　(4)孔
公差為 H9，軸公差為 e6，此為靜配合。

解　(2)孔公差為 H7，軸公差為 m6，此為靜配合(過渡配合)。
(4)孔公差為 H9，軸公差為 e6，此為鬆配合(餘隙配合)。
此題答案有誤，正確應為(13)。應試時，請以公告答案作答。

(　) 65. 下列對車床兩心間工作之說明何者正確？　(1)材料兩端都需要鑽中心孔　(2)車削時須使 (124)
用牽轉具帶動　(3)主軸頂心支撐材料無相對運動，稱為死頂心　(4)隨時注意兩頂心與材料
有無過鬆或過緊情形。

解　選項(3)主軸頂心支撐材料，頂心隨主軸一起旋轉，兩者無相對運動，稱為「活」頂心

(　) 66. 銑削螺旋槽時，使用何種夾持方式是錯誤的？　(1)使用精密虎鉗夾持　(2)使用壓板固定 (123)
(3)使用轉盤夾持　(4)使用分度頭與尾座。

解　銑削螺旋槽應使用分度頭與尾座夾持工件，分度頭見第 52 題。

(　) 67. 加工外徑小之三角螺紋，可使用下列何種方法？　(1)以車床先粗車削螺紋，再以螺絲鏌鉸 (123)
削　(2)以車床直接車削　(3)以螺絲鏌直接鉸削　(4)以螺絲攻直接鉸削。

解　(4)螺絲攻用於製造內螺紋，無法做外螺紋。

(　) 68. 銑床上加工一 45°×45°×90°之 V 槽時，可以使用何種方式夾持？　(1)角度塊規配合虎鉗 (124)
(2)V 型枕配合虎鉗　(3)分度轉盤　(4)正弦虎鉗。

解　分度轉盤如圖(a)所示，常用於銑削輪廓外形之工件，不適用於銑削 V 形槽。角度塊規、V 形枕、正弦虎
鉗銑削 V 槽之方式如圖(b)～(d)所示。

(a)分度盤
圖片來源：吉益精密有限公司

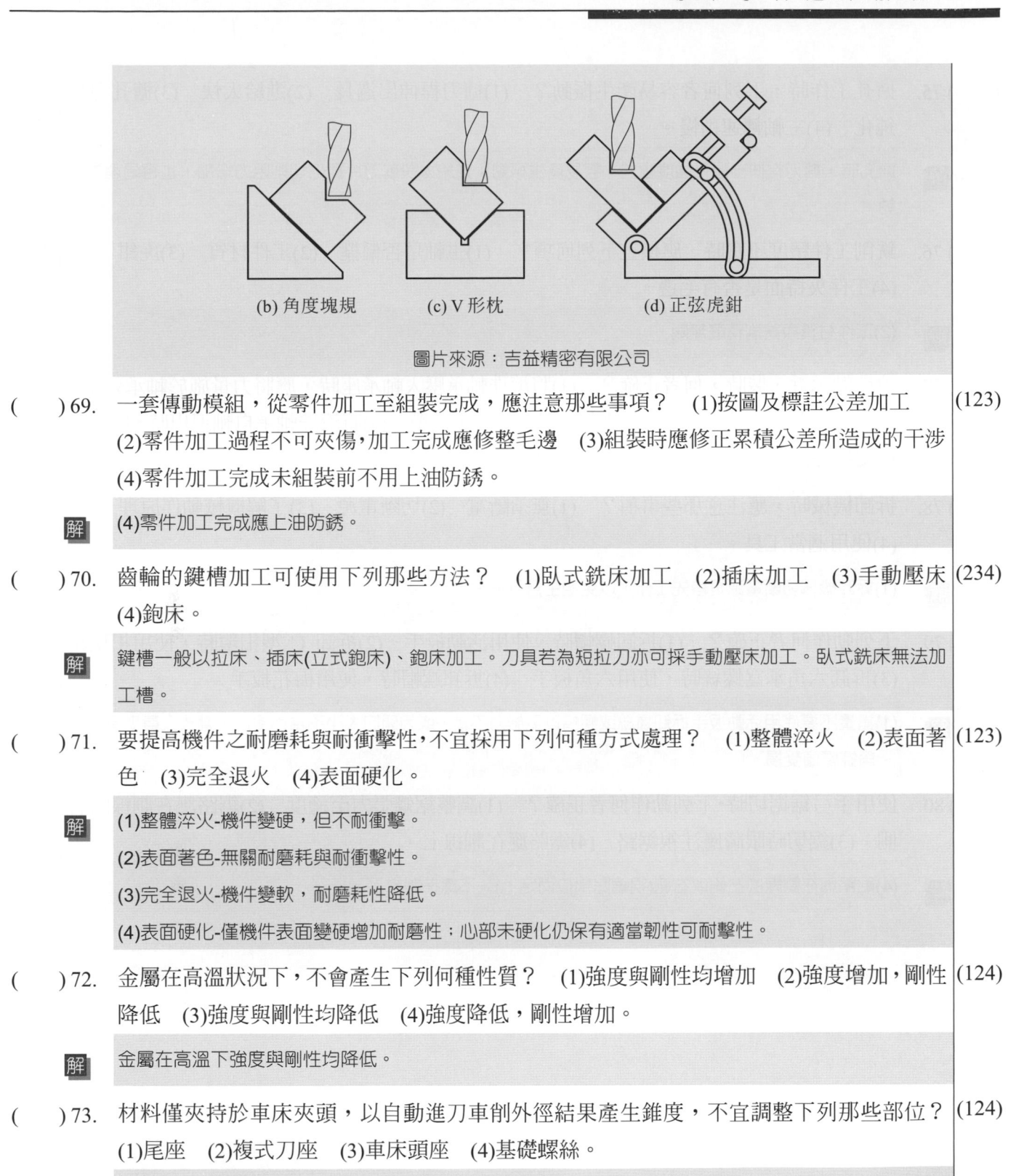

(b) 角度塊規　　　　(c) V 形枕　　　　(d) 正弦虎鉗

圖片來源：吉益精密有限公司

( ) 69. 一套傳動模組，從零件加工至組裝完成，應注意那些事項？ (1)按圖及標註公差加工 (123)
(2)零件加工過程不可夾傷，加工完成應修整毛邊 (3)組裝時應修正累積公差所造成的干涉
(4)零件加工完成未組裝前不用上油防銹。

解 (4)零件加工完成應上油防銹。

( ) 70. 齒輪的鍵槽加工可使用下列那些方法？ (1)臥式銑床加工 (2)插床加工 (3)手動壓床 (234)
(4)鉋床。

解 鍵槽一般以拉床、插床(立式鉋床)、鉋床加工。刀具若為短拉刀亦可採手動壓床加工。臥式銑床無法加工槽。

( ) 71. 要提高機件之耐磨耗與耐衝擊性，不宜採用下列何種方式處理？ (1)整體淬火 (2)表面著 (123)
色 (3)完全退火 (4)表面硬化。

解 (1)整體淬火-機件變硬，但不耐衝擊。
(2)表面著色-無關耐磨耗與耐衝擊性。
(3)完全退火-機件變軟，耐磨耗性降低。
(4)表面硬化-僅機件表面變硬增加耐磨性；心部未硬化仍保有適當韌性可耐擊性。

( ) 72. 金屬在高溫狀況下，不會產生下列何種性質？ (1)強度與剛性均增加 (2)強度增加，剛性 (124)
降低 (3)強度與剛性均降低 (4)強度降低，剛性增加。

解 金屬在高溫下強度與剛性均降低。

( ) 73. 材料僅夾持於車床夾頭，以自動進刀車削外徑結果產生錐度，不宜調整下列那些部位？ (124)
(1)尾座 (2)複式刀座 (3)車床頭座 (4)基礎螺絲。

解 依題意車削外徑會產生錐度，應調整車床頭座，使頭座中心軸線與床軌平行。

( ) 74. 彈簧因負載而產生應變，設負載為「W」、變形量為「S」、彈簧常數為「K」，則三者關 (134)
係何者錯誤？ (1)$S = WK$ (2)$W = KS$ (3)$K = WS$ (4)$W = \dfrac{K}{S}$。

解 施力 F、彈簧常數 K、變形量 S，由虎克定律：$F = KX$，
依題意，施力為負載 $W = KS$ 或 $S = \dfrac{W}{K}$ 或 $K = \dfrac{W}{S}$。

( ) 75. 搪孔工作時，下列何者容易產生振動？ (1)搪刀桿伸出過長 (2)進給太快 (3)搪孔刀片 (123)
鈍化 (4)主軸轉速稍慢。

解 搪孔時，搪刀桿伸出過長強度變差，容易產生振動；進給太快或刀片鈍化切削阻力增加，也容易產生振
動。

( ) 76. 銑削工件精度不良時，應檢查下列何項？ (1)主軸是否偏擺 (2)工件材質 (3)虎鉗 (134)
(4)工件夾持面是否有毛邊。

解 (2)工件材質與銑削精度無關。

( ) 77. 滾珠軸承拆、裝時，何者正確？ (1)將滾珠軸承壓入軸承座時，應將力量施於軸承外環 (134)
(2)將滾珠軸承壓入軸承座時，應將力量施於軸承內環 (3)將滾珠軸承自軸退出時，U 形座
應支撐在內環 (4)將軸壓入滾珠軸承時，應將力量施於軸端。

( ) 78. 拆卸機械時，應注意那些事項？ (1)無須斷電 (2)切斷電源 (3)了解機械動作原理 (234)
(4)使用適當工具。

解 (1)拆卸機械切斷電源是首先工作，以免發生意外。

( ) 79. 下列動作何者正確？ (1)拆卸螺帽時，使用活動扳手 (2)拆卸 C 型扣環時，使用扣環鉗 (234)
(3)拆卸六角承窩螺絲時，使用六角扳手 (4)拆卸螺帽時，使用梅花扳手。

解 (1)盡量不要使用活動扳手拆卸螺絲或螺帽以免施力不當，或因開口太小不當而滑脫，導致人員受傷或六
角螺帽頭受損。

( ) 80. 使用手弓鋸鋸切時，下列動作何者正確？ (1)調整鋸條張力至適度 (2)鋸路應在劃線的右 (123)
側 (3)鋸切時眼睛應注視鋸路 (4)鋸路應在劃線上。

解 (4)鋸路應在劃線的左側或右側(視鋸除部位而定！)，不應在劃線上。

工作項目⑨ 量規、工模與夾具製作

一、單元專業知識

工作項目	技能種類	技能標準	相關知識
七、量規、工模與夾具製作	(一) 製作量規	能正確製作檢驗成品尺寸、孔距及角度等之一般量規。	瞭解量規之種類規格及用途。
	(二) 製作工模與夾具	能正確製作鑽床及銑床之一般工模與夾具，裝配後其功能及精度能符合工作需求。	瞭解工模與夾具之製造要領及用途。

二、精選必考試題

答

( ) 1. 製作熔接式夾具之材料，宜選用　(1)低碳鋼　(2)高碳鋼　(3)鑄鐵　(4)合金鋼。 (1)

> 解　熔接式夾具本體，大都為低碳鋼，主要是低碳鋼銲接性佳。

( ) 2. 夾具本體與零件裝配之面，其表面粗糙度一般為　(1)12.5　(2)8.0　(3)6.3　(4)1.60　Ra。 (3)

( ) 3. 車床之三爪連動夾頭夾持圓桿是屬於　(1)單定位法　(2)單定心法　(3)全定心法　(4)雙定心法。 (4)

> 解　1. 單定心法：對工件內部一中心定位，如圖(a)所示，以一對定心裝置 1-1，將工件內部中心 a-a 固定且與定心裝置 1-1 之中心重合。
>
> 2. 雙定心法：對工件內部兩個互相垂直的面同時定位，如圖(b)所示，兩對定心裝置 1-1 與 2-2 同時將工件內部中心 a-a 及 b-b 兩中心面定位。
>
> 3. 全定心法：對工件內部互相正交之三方向中心面同時定位，也就是對三個面的交點定位，如圖(c)所示，三對定心裝置 1-1、2-2、3-3 同時將工件內部中心 a-a、b-b 及 c-c 三中心面定位。
>
> 依題意，車床三爪連動夾頭夾持圓桿係將工件中心定位在主軸中心(無法在 X、Y 方向移動)，但在軸線(Z 軸)方向並未定位，可伸出或縮入，故屬雙定心法。

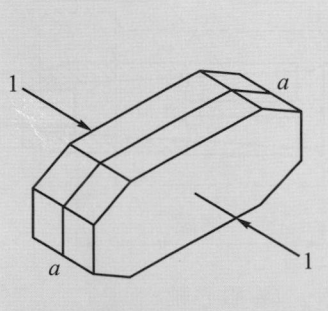

(a)單定心法

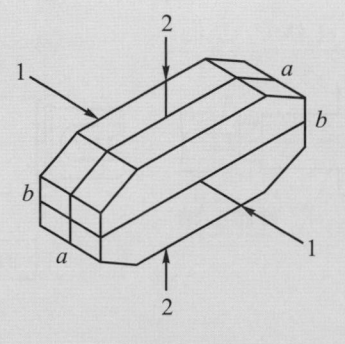

(b)雙定心法

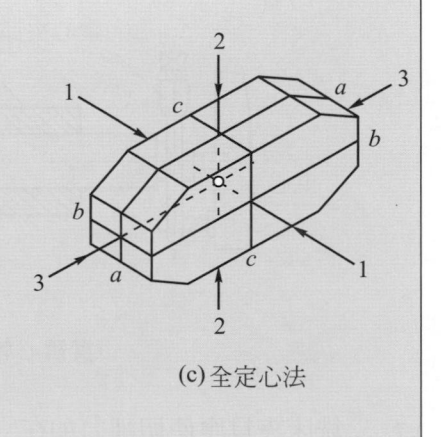

(c)全定心法

( ) 4. 夾具設計最常被採用之定位原理是 (1)3-3-3 (2)3-2-1 (3)2-2-2 (4)1-1-1。 (2)

解 3-2-1 原則主要是夾具定位的一種方式，利用六個點(底面 3 個點、後面 2 個點、側面 1 個點)以代替三個互相垂直面的完全支持，是定位使用支持點數目的最低要求，工件只要放置在這些點上，其位置都不會改變，也就是工件被支撐，也被定位，如下圖所示。

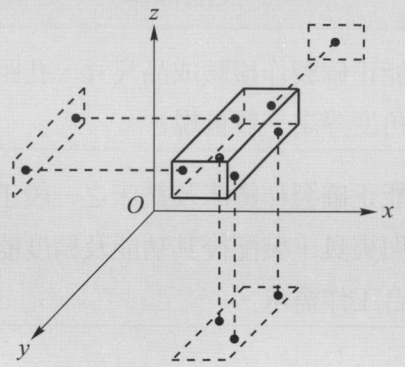

( ) 5. 牛頭鉋床上鉋削薄工件，最常用之夾具是 (1)肘節連桿 (2)壓板 (3)下壓鍥 (4)虎鉗。 (3)

解 下壓鍥其切面為鍥形而且底面與垂直面約 92°～95°，夾緊時其鍥形之刃有自動下壓之分力，使工作物與平行塊壓緊，如下圖所示。

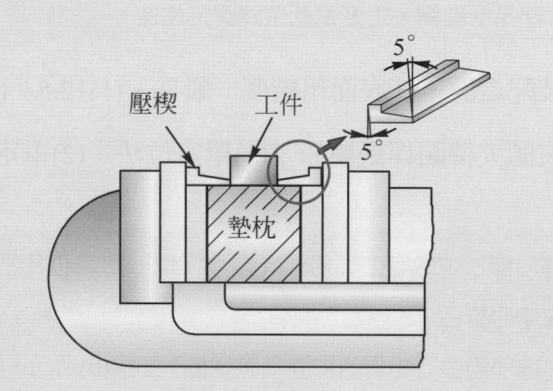

( ) 6. 一管型工件，內孔已精磨削，要磨外圓時，宜用 (1)膨脹心軸夾頭 (2)三爪夾頭 (3)彈簧套筒夾頭 (4)三點接觸式心軸夾具。 (1)

解 膨脹心軸夾頭：藉膨脹心軸撐住工件已精光之內孔，利於加工外徑，使內、外徑同心。一般實體心軸與膨脹心軸如下圖所示。

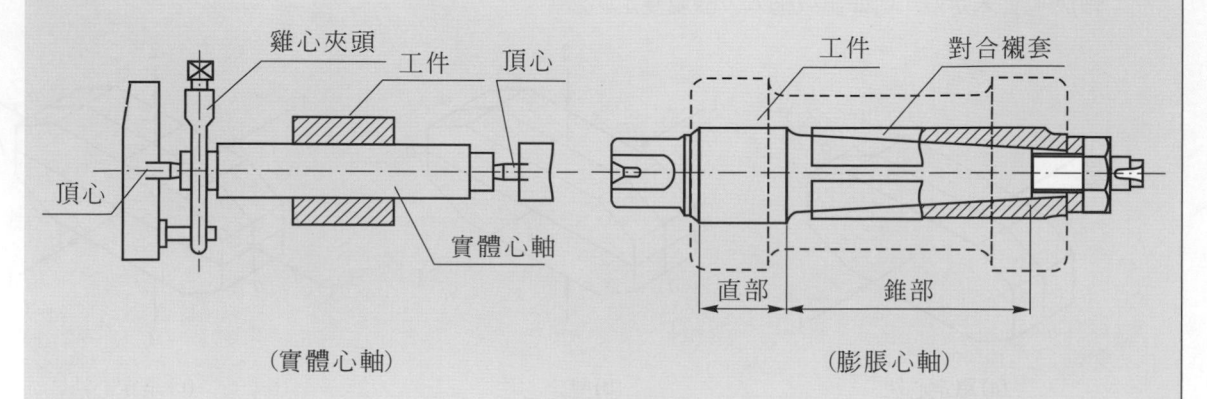

( ) 7. 銑床夾具應使切削力加在 (1)夾緊件 (2)固定的定位面 (3)刀軸 (4)固定螺栓 上。 (2)

解 操作銑床時，夾持工件的要領便是分辨切削力，使切削力朝固定的定位面(如虎鉗之固定鉗口)，其夾持會穩固許多。

( ) 8. 在車床上裝置夾具時，多使用 (1)三爪連動夾頭 (2)四爪單動夾頭 (3)面盤 (4)彈簧套筒夾頭。 **(3)**

> 解 面盤(花盤)常用於裝置大型或不規則形狀的工件，如下圖所示。夾持時常配合角板、壓板或 V 形枕等夾具裝置。

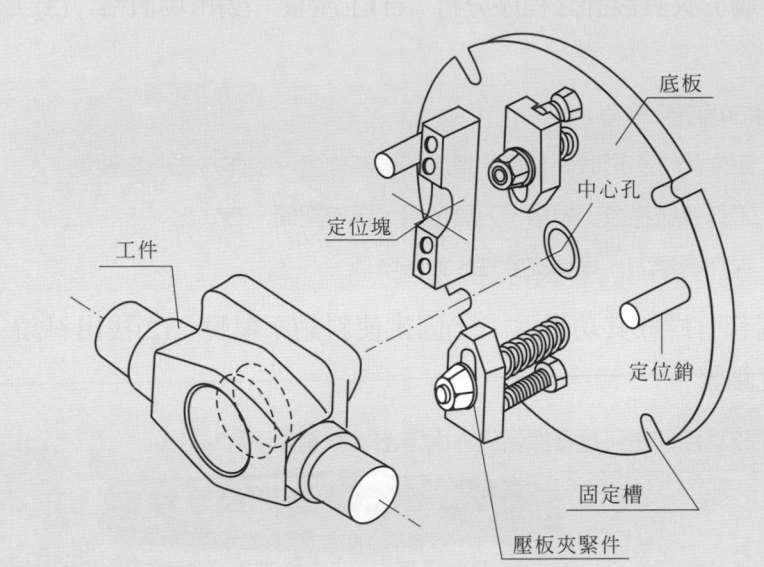

( ) 9. 機械利益最高之夾緊機構為 (1)鍥銷 (2)肘節 (3)凸輪 (4)壓板 夾緊機構。 **(2)**

> 解 肘節夾緊機構是將夾緊力增大的簡易機構，機械利益趨近於無限大。作動方式除手動外，一般常與氣壓油壓連用。

( ) 10. 車床夾具製作及使用，應注意 (1)平衡 (2)防止安裝錯誤 (3)定位 (4)排屑 之問題。 **(1)**

> 解 車床上製作夾具，常因夾具的大小不對稱、配置夾頭的位置等等，使得重心偏移，是故應注意平衡問題。

( ) 11. 自動車床使用之工件夾具為 (1)四爪單動夾頭 (2)三爪連動夾頭 (3)面盤夾具 (4)彈簧套筒夾頭。 **(4)**

> 解 自動車床的加工工件不大，且為了同心度考量，以彈簧套筒夾頭夾持最適合。彈簧套筒夾頭如下圖所示。

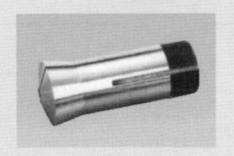 

( ) 12. 壓板鎖緊裝置使用的螺紋是 (1)方 (2)梯 (3)60 度 V (4)鋸齒 形螺紋。 **(3)**

> 解 壓板如下圖所示，螺栓螺紋為 60 度之 V 形螺紋(三角螺紋)。

( ) 13. 熔接用夾具係為防止因 (1)剪切 (2)壓縮 (3)熱 (4)拉 應力產生之變形。 **(3)**

> 解 熔接時會產生高熱，容易因高熱使之變形。

( ) 14. 多用途熔接夾具以採用 (1)定位 (2)拘束 (3)防止變形 (4)旋轉 夾具最適宜。 **(4)**

解　銲接中以平銲最容易操作，且銲接品質最佳。若依結構物之自然方位必有橫銲、立銲、仰銲等情況，立銲與仰銲不但施工困難、工作效率也低，因此可利用旋轉夾具使工件輕易將結構物旋轉至平銲銲接位置，以利施銲。

( ) 15. 下列何者不屬於夾具設計之程序分析　(1)生產量　(2)市場價格　(3)工作方法　(4)工作機械　分析。　(2)

解　夾具設計常用的程序分析有：

A.工作分析：工件尺寸、形狀、材質、精度、生產數量、工作方法…之要求。

B.製程分析：工作機械種類、規格、刀具選用、操作空間、方式。

C.人因分析：操作者能力、模具安全性、疲勞降低。

( ) 16. 斜銷之一端若有螺紋其功用為　(1)固定使斜銷不鬆脫　(2)拔出斜銷　(3)連接其他零件　(4)容易固定鎖緊。　(2)

解　斜銷一端有螺紋其目的是可藉著螺帽旋入而逼出。斜銷如下圖：

( ) 17. 導套與模板配合之干涉量約為　(1)0.16～0.18　(2)0.12～0.14　(3)0.08～0.10　(4)0.02～0.04　公厘。　(4)

解　導套與模板配合須具適當的緊配合。太緊將使導套或模板變形，引起導套配合困難或刀具不能通過導套。太鬆則導套在模板內不穩固，容易鬆脫。最好採用 H7/n6 或 H7/p6 之最小緊度配合。導套與模板使用如下圖所示。

工件　　　　　工件

( ) 18. 導套之硬度一般為　(1)HRB60　(2)HRC60　(3)HB60　(4)HV60。　(2)

解　導套用於引導鑽頭定位，硬度在 HRC60 以上。常用的標準導套如下圖：

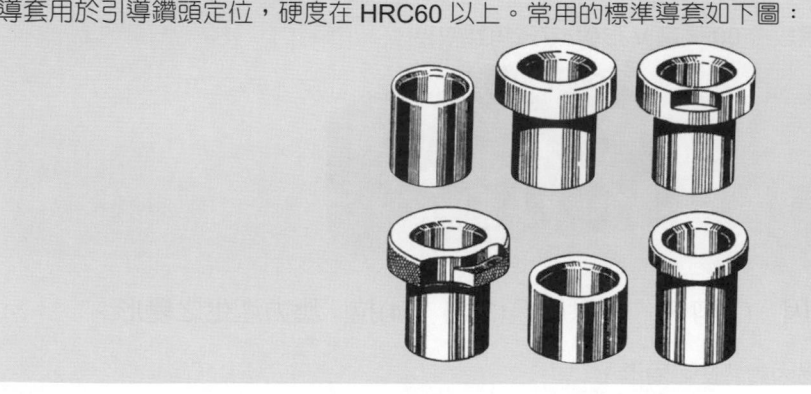

( ) 19. 導套與鑽頭之配合間隙約為　(1)0.002～0.004　(2)0.02～0.04　(3)0.2～0.4　(4)2～4　公厘。 (2)

解 一般而言，導套的內徑比刀具尺寸稍大 0.01～0.025mm。故選(2)0.02～0.04 公厘。

( ) 20. 鑽模導套安裝時，下端與工件之間隔約為鑽頭直徑之　(1)0.3　(2)0.6　(3)3　(4)6　倍。 (1)

解 導套下端與工件間應有適當的距離，如下圖所示，其中 h 以 d/3 最恰當。

其間隔可使切屑易於排除，具有保護切削刀具的功能，且增長導套的使用壽命。

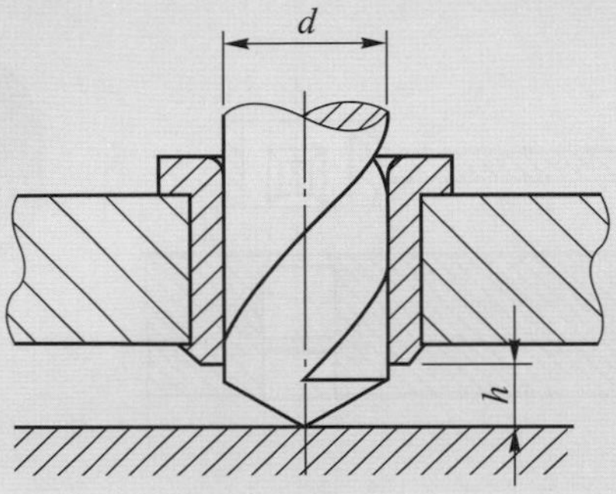

( ) 21. 右列定位銷中，何者最容易取出？　(1)圓柱銷　(2)彈簧銷　(3)圓錐銷　(4)帶螺紋頭之圓錐銷。 (4)

解 請見第 16 題詳解。帶螺紋頭之圓錐銷，螺紋功用是連接螺帽，使之易於取出。

( ) 22. 內孔定位以使用　(1)V 型　(2)連桿操縱　(3)圓錐　(4)錐孔　求心裝置最恰當。 (3)

( ) 23. 工模對工件加工品質來說，可以達到　(1)節省人事費用　(2)節省工時　(3)工件具有互換性　(4)迅速方便之加工 (3)

解 工模對「加工品質」的最大優點，即為加工物具有互換性。

( ) 24. 可調整高低之定位銷螺線紋是　(1)方　(2)梯　(3)60 度 V　(4)鋸齒　形螺紋。 (3)

( ) 25. 使用工模夾具不必考慮的因素為　(1)工作人員之技術　(2)生產量　(3)工作方法　(4)工作機械。 (1)

解 使用工模夾具的考量就是任何人皆可勝任，所以不必考慮工作人員之技術。

( ) 26. 全定心法是指　(1)(X、Y、Z)三　(2)(X、Y)二　(3)(X、Z)二　(4)(Y、Z)二　軸定位。 (1)

解 見第 3 題詳解。

( ) 27. 肘節機構固鎖鬆緊度可以利用　(1)彈簧　(2)螺旋　(3)槓桿　(4)斜面　調整。 (2)

解 肘節機構其施力很小，但可獲得很大力之輸出，固鎖鬆緊度一般是以螺旋方式調整，可避免機構之鬆脫。

( ) 28. 工模較少使用的夾持機構為　(1)凸輪　(2)肘節　(3)磁力　(4)壓板　固鎖機構。 (3)

解 磁力較難於工模上設計使用，因設計困難度及成本提高。

( ) 29. 圓柱定位宜採用　(1)內圓錐　(2)外圓錐　(3)三點　(4)V 型　求心裝置。 (1)

( ) 30. 利用二內孔定位時，為了使工件能快速和方便的安裝於工模上，可將二圓柱定位銷中的一支改為　(1)昇降　(2)圓錐　(3)偏心　(4)菱形　定位銷。 (4)

解 菱形定位銷使用情形如下圖所示。菱形定位銷可減少軸與孔的配合面，工件裝卸不會發生卡住現象。若兩孔中心距有些微誤差，使用菱形定位銷更容易配合。

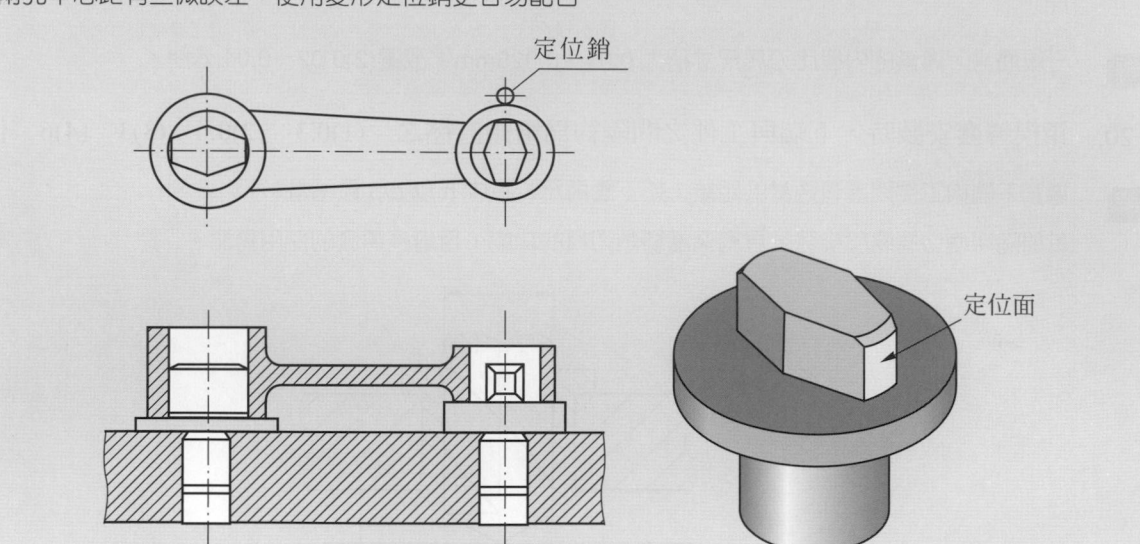

( )31. 樣規的製造公差，一般取被檢驗工件公差之　(1)$\frac{1}{2}\sim\frac{1}{3}$　(2)$\frac{1}{3}\sim\frac{1}{5}$　(3)$\frac{1}{5}\sim\frac{1}{10}$　(4)$\frac{1}{15}\sim\frac{1}{20}$　。 (3)

( )32. 牛頭鉋床夾具之斜鍥，一般調至與水平成　(1)3～5　(2)5～7　(3)8～12　(4)15～20　度時最易夾緊薄形工件。 (3)

( )33. 工件"ϕ30H8g6"是屬於　(1)滑動　(2)輕緊　(3)靜　(4)干涉　配合。 (1)

解

	餘隙配合 (滑動配合)	過渡配合 (靜配合、精密配合)	干涉配合 (緊配合、過盈配合)
基孔制	H/a～g	H/h～(n)	H/(n)～zc
基軸制	A～G/h	H～(N)/h	(N)～ZC/h

( )34. 工廠裡一般在校正樣規時，均採用　(1)00(AA)　(2)0(A)　(3)1(B)　(4)2(C)　級塊規。 (3)

解 00 級(AA 級)-光學量測實驗或學術研究用。

0 級(A 級)-工具檢驗室的測定儀器檢驗。

1 級(B 級)-工具室或現場機械、儀器之檢驗。

2 級(C 級)-現場機械工作用，如劃線或刀具設定。

( )35. 欲檢驗 ϕ30±0.02 公厘之孔，則塞規的通過端尺寸為(磨耗公差與製造公差各取 5%) (2)
(1)$29.98\,^{+0.002}_{0}$　(2)$29.982\,^{+0.002}_{0}$　(3)$30.018\,^{0}_{-0.002}$　(4)$30.02\,^{0}_{-0.002}$　公厘。

解 通過端尺寸= 30 – 0.02 = 29.98，其公差為 0.02 × 2 = 0.04，磨耗公差(= 0.04 × 5% = 0.002)為正，而製造公差(= 0.04 × 5% = 0.002)為正，故下限為 29.98 + 0.002 = 29.982，並允許 0～+ 0.002 的製造公差。

( )36. 若軸之尺寸為 ϕ25m6($^{+0.021}_{+0.008}$)，則軸的最小尺寸為　(1)25　(2)25.008　(3)25.0013　(4)25.021　公厘。 (2)

解 軸的最大尺寸=25+0.021=25.021 公厘。

軸的最小尺寸=25+0.008=25.008 公厘。

( )37. 中華民國國家標準公差 01－4 級之主要應用範圍是 (1)樣規類 (2)精密機械零件之配合 (3)一般機械零件之配合 (4)不需配合之部位。 (1)

解 各級公差用途如下：

IT01～IT4	用於規具公差
IT5～IT10	用於一般配合機件公差（一般機械加工可達公差）
IT11～IT16	用於不需配合公差
IT17～IT18	用於鍛造或鑄造件公差

( )38. "$\phi 30H7$"之公差尺寸，比"$\phi 50H7$"為 (1)大 (2)小 (3)相等 (4)無法比較。 (2)

解 相同位置及等級公差，其標稱尺度愈小，則公差愈小。

( )39. 量規圖面上若有幾何公差符號"$\measuredangle$"係表示要求 (1)真圓 (2)真平 (3)同心圓 (4)圓柱 度。 (4)

解 幾何公差符號如下表所示：

型態	公差	公差性質	符號
單一形態	形狀公差	真直度	—
		真平度	▱
		真圓度	○
		圓柱度	⌭
單一或相關形態		曲線輪廓度	⌒
		曲面輪廓度	⌓
相關形態	方向公差	平行度	//
		垂直度	⊥
		傾斜度	∠
	定位公差	位置度	⊕
		同心度、同軸度	◎
		對稱度	≡
	偏轉度公差	圓偏轉度	↗
		總偏轉度	⫽↗

( )40. 檢驗量規其欲測量之一軸尺寸為 $\phi 20^{+0}_{-0.04}$ 公厘，則卡規之不通過端的尺寸應為 (1)

(1)$19.96^{+0.002}_{-0}$ (2)$19.98^{+0}_{-0.002}$ (3)$20.00^{+0}_{-0.002}$ (4)$20.02^{+0}_{-0.002}$ 公厘。

解 卡規之不通過端的尺寸＝20－0.04＝19.96，並加上 0～+ 0.002 的公差。

（　）41.　工作者用於檢查工件之尺寸是否合於規定之量規係指　(1)檢驗　(2)標準　(3)校對　(4)工作　量規。　(4)

（　）42.　右列何者係屬於內孔用量規？　(1)螺紋環　(2)卡　(3)錐度環　(4)錐度塞　規。　(4)

解　(1)螺紋環規⇨檢驗外螺紋。

(2)卡規⇨檢驗外徑或外部尺寸。

(3)錐度環規⇨檢驗外錐度。

(4)塞規⇨檢驗內孔；錐度塞規⇨檢驗內孔錐度。

各式量規如下圖所示：

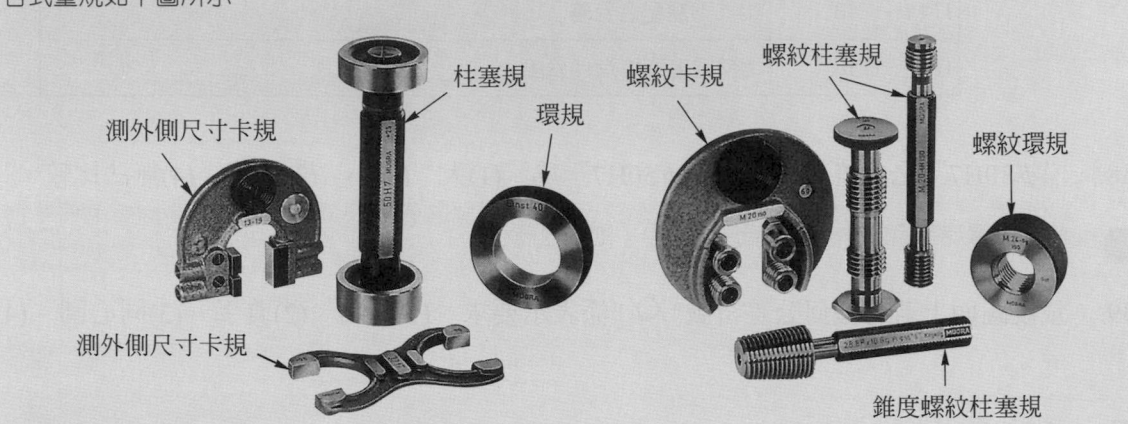

（　）43.　工模與夾具對降低成本方面可以　(1)造價便宜　(2)減少不良品　(3)無須品檢人員的人事費用　(4)可用非技術工人代替技術工人。　(24)

解　(1)工模與夾具是針對特定零件之特殊夾具，屬於訂製品，價格昂貴。

(3)工模與夾具製出之成品最終仍需品管檢驗(如抽驗等)，依然需要品檢人員的人事費用。

（　）44.　工模與夾具對確保產品品質方面能　(1)獲得所需之加工精度　(2)製造少量多樣之產品　(3)使產品具互換性　(4)使產品具特殊性。　(13)

解　(2)工模與夾具適合多量、少樣之產品。

(4)工模與夾具使產品呈現一致性。

（　）45.　工模與夾具可以　(1)提高機械之加工能力與容量　(2)提高機械之靈活應用與工作範圍　(3)使操作人員技術能力提升　(4)讓產品更多樣化。　(12)

解　(3)使用工模與夾具，其操作人員較不需具備技術能力。

(4)工模與夾具適合少樣、量多之產品。

（　）46.　選擇基準面的原則為何？　(1)較小的平面　(2)寬闊的平面　(3)較長的平面　(4)較容易加工之平面。　(23)

解　基準面應選用最大面積且平面度佳的平面為宜。

（　）47.　檢驗用夾具製造公差　(1)取被檢驗工件公差之 $\frac{1}{5}$　(2)取被檢驗工件公差之 $\frac{1}{10}$　(3)取被檢驗工件公差之 $\frac{1}{20}$　(4)由設計者自訂。　(12)

解　檢驗用夾具製造公差約為被檢驗工件公差之 $\frac{1}{5} \sim \frac{1}{10}$。

( ) 48. 工模與夾具的限制： (1)只適合大量工件製造 (2)管理複雜不容易 (3)造成加工的不便 (14)
利性 (4)造價昂貴。

解 (2)工模與夾具管理簡易。

(3)工模與夾具使加工更具便利性。

( ) 49. 選用支撐面的原則： (1)支撐面應選擇大面積 (2)減小工件與支撐面接觸 (3)支撐面上 (24)
之讓孔應寬大 (4)支撐面應做成廢屑槽。

解 (1)支撐面應選擇小面積。

(3)支撐面上之讓孔寬大反而致使支撐不易。

( ) 50. 組合型夾具本體適合 (1)量多之產品 (2)體積不大之產品 (3)夾具使用時間不太久 (23)
(4)精度要求嚴格之產品。

解 組合型夾具本體是利用低碳鋼板製成本體組件，再由螺栓及結合銷裝配而成。採用組合型夾具本體之限
制如下：

a. 產量不大且使用時間不長，因螺栓組合機件不穩固。

b. 產品體積不大，夾具重量輕便，刀具切削力小，以免螺栓或結合銷損壞。

c. 鑄造粗胚工件不宜使用，因鑄造粗胚面過於粗糙且硬度高，切削時易生震動，阻力也大，易造成組合
型夾具損壞。

d. 製造組合夾具本體較銲接本體夾具耗時，除非沒有銲接設備，否則盡量避免使用組合本體。

選項(1)(4)應為：

(1)組合型夾具本體適合量少之產品。

(4)精度要求嚴格之產品應使用鑄造型夾具本體。(見第 51 題說明)

( ) 51. 鑄造型夾具本體適合 (1)量多之產品 (2)體積較小之產品 (3)夾具使用時間較短 (4)精 (14)
度要求嚴格之產品。

解 鑄造型夾具本體如下圖，使用情況如下：

a. 同一種鑄造本體之製造數量多

b. 夾具本體要求制震能力大時宜採用

c. 廠內無銲接設備，而有優良的鑄造設備

d. 夾具本體要求溫度變化情況下，變形量極小、精度要求嚴格時

e. 夾具本體形狀複雜者。

選項(2)(3)應為：

(2)鑄造型夾具本體適合體積較大之產品，體積較小之產品應使用組合型夾具本體。

(3)鑄造型夾具使用時間長久。

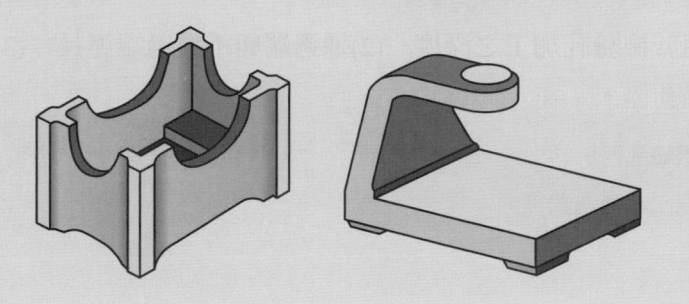

(　)52.　工模與夾具之夾緊方法為　(1)凸輪　(2)螺絲　(3)壓板　(4)磁力吸盤。　(13)

解　工模與夾具之夾緊一般採用凸輪或壓板較快速。而螺絲使用速度較慢。磁力吸盤易吸附切屑，且設計困難度及成本提高，較少使用於工模設計。

(　)53.　鑽床工模定位　(1)選擇容易加工之平面定位　(2)選擇容易夾持部位定位　(3)盡量採 3 點 (34)
　　　定位　(4)將加工基準面定為定位部位。

(　)54.　銑床用夾具設計時　(1)銑刀刀鋒方向應朝活動鉗顎　(2)夾緊機構儘量採用多數鉗緊法 (24)
　　　(3)夾具一定能承受銑刀扭力與震動　(4)銑削方法須配合工件形狀。

解　(1)銑刀刀鋒方向應朝固定鉗顎。

(3)銑床加工係屬於間斷銑削，必然會產生震動，夾具不一定能承受銑刀扭力與震動，除了將夾具設計大些，更應考慮銑削作用力產生的方向，使其抵抗力加強。

(　)55.　車床用夾具應　(1)有足夠剛性及重量　(2)容易拆卸　(3)工作中容易清除鐵屑　(4)製作精 (23)
　　　密與美觀。

解　車床用夾具設計時應注意下列事項：

a. 依工件所需精度設計所需夾具，且能達到工件精度要求。

b. 夾具重量盡量輕，且應有足夠的剛性。

c. 工件能確實夾緊，盡可能用一個動作就能完成裝卸。

d. 工件安裝注意平衡問題，使其有調整的可能。

e. 應設置防止工件安裝錯誤的裝置。

f. 容易清除鐵屑。

g. 容易加注切削劑於切削處。

h. 定位部位可從外部看出。

i. 避免重複定位，同時夾緊壓力能平均分布。

j. 夾具磨耗應考慮易於換修。

k. 考慮加工過程，盡可能使用同一處定位。

選項(1)(4)應為：

(1)夾具應有足夠剛性，但重量愈輕愈好。

(4)夾具以達到穩固夾持，且工件精度之要求為重點，不須注重美觀問題。

(　)56.　限規　(1)具備工件最大尺寸　(2)具備工件最小尺寸　(3)用於機械加工中之檢驗　(4)用於 (12)
　　　少量多樣生產時能節省時間。

解　(3)用於機械加工後之品管檢驗。

(4)用於多量少樣生產檢驗，能節省時間。

(　)57.　樣柱　(1)用於檢驗孔加工之深度　(2)通過端與不通過端等長　(3)有單頭樣柱與雙頭樣柱 (34)
　　　(4)用於檢驗孔徑。

解　(1)樣柱用於檢驗孔徑。

(2)樣柱通過端比不通過端長。

( ) 58. 使用夾具時之選用重點為 (1)能限制工作機械的最大極限 (2)能增大生產能力 (3)提高 (23)
加工精度與均一化 (4)增加特殊作業。

( ) 59. 研磨用夾具需注意 (1)不因夾緊或研磨加工而產生變形 (2)加工物安裝容易加工完成後 (13)
再卸下測定 (3)迴轉夾具的場合要取迴轉平衡 (4)輪磨粒及切削劑的影響。

> **解** 研磨用夾具需應注意下列事項：
>
> a. 研磨為精密加工，夾具之構造與組合須有相當的精密度，定位件及支撐件之接觸處，須經硬化及鍍鉻處理，以防磨耗。
>
> b. 研磨易升高溫，夾具應考慮或設計適當形狀之冷卻劑噴嘴，且最好設計防護罩，防止冷卻劑飛濺，並能使冷卻劑快速排洩。
>
> c. 冷卻劑之流動能沖走磨粒及切屑，不可附於黏附於加工物，影響加工精度，夾具內之定位、支承處絕不可有積存砂粒、鐵屑及污泥之現象。
>
> d. 若為轉動式研磨夾具應注意迴轉平衡問題。
>
> e. 大部分研磨工件加工量極少，要求加工迅速，因此設計時需注意裝卸方便與快捷。
>
> f. 研磨為高精密度加工，設計時應考慮磨削力作用於工件所產生之變形與撓曲問題。
>
> 依上述注意事項，正確答案應為(1)(3)(4)，應試時請以公告答案(1)(3)作答。
>
> 選項(2)應為：加工物安裝容易，加工後能進行測定，確定加工精度後再卸下。

( ) 60. 夾具的鎖緊須注意 (1)夾持確實機能要複雜 (2)不能因鎖緊而產生偏心、變形或浮上 (23)
(3)能依材質與形狀而增減鎖緊壓力 (4)鎖緊方法與切削力方向無關。

> **解** (1)夾持要確實、構造要簡單。
>
> (4)鎖緊方法注意切削力方向，應使切削力的方向朝向夾具固定側。

( ) 61. 定位須注意 (1)不因振動而位移、脫落 (2)安裝後無法由外部確認定位部分 (3)安裝固 (14)
定後無須拆卸 (4)不受切屑或垃圾影響。

> **解** (2)安裝後最好能由外部確認已定位。
>
> (3)定位塊要能拆卸，以利維修、更換等。

( ) 62. 鑽模導套使用之材料為 (1)工具鋼 (2)高碳鋼 (3)滲碳鋼 (4)鎢鋼。 (13)

> **解** 導套內徑在 15mm 以下者使用工具鋼製造，15mm 以上者使用滲碳鋼製造，兩者均須經過淬火熱處理，並將內外徑施予研磨加工。有時亦可用鑄鐵製造，鑄鐵導套用於引導刀桿、導柱等非切削用工具。

( ) 63. 鑽模導套設計 (1)長度約為內徑的 1.5～2 倍 (2)導套嵌入模板後須保持平整 (3)導套下 (14)
端須緊貼工件 (4)導套內徑公差為餘隙配合。

> **解** (2)鑽模導套嵌入模板後不一定須保持平整。(見第 17 題解析圖)
>
> (3)下端與工件之間隔約為鑽頭直徑之 0.3 倍。(見第 20 題解析圖)

( ) 64. 三點支撐之優點 (1)工件安裝較平面支撐簡單 (2)容易確認工件安裝正確 (3)工件安裝 (34)
平穩不會有搖晃現象 (4)工件表面不平滑也不會產生支撐間隙。

( ) 65. 車削加工使用的筒夾夾頭下列何者敘述正確 (1)靜止型最容易得到精度 (2)縮回型種類 (24)
最多 (3)壓出型廣泛用於高速車床 (4)內張型為撐開加工物內徑夾持。

( ) 66. 夾頭爪自動更換系統(AJC)的特徵　(1)3 個爪同時更換耗時較長　(2)有貫穿孔可加工棒材　(23)
(3)夾頭的動作使用雙油壓缸　(4)自動更換確認由操作者自主檢測。

( ) 67. 壓板夾緊條件為　(1)與工件接觸端點為平面　(2)壓板必須水平夾緊　(3)壓板需選用軟質　(24)
材料以免夾傷工件　(4)壓板的著力點須作用於工件的支撐面。

> **解** (1)與工件接觸端點以單點為宜。
>
> (3)壓板應使用剛性足夠的材料，若用軟質材料易產生變形。為了避免夾傷工件，宜在接觸點加墊銅片
> 等軟質金屬。

( ) 68. 夾具本體常用的製造方法　(1)組合法　(2)鑄造法　(3)鍛造法　(4)焊接法。　(124)

> **解** 夾具本體常用的製造方法有：
>
> A. 組合本體：利用標準零件，螺栓、螺帽等結合而成，修改容易、剛性較差、成本低，不宜大量生產和
> 長期使用。
>
> B. 鑄造本體：可減緩振動、強度較佳、成本高。
>
> C. 熔接(焊接)本體：設計多樣化、修改容易，加工成本高。

( ) 69. 組合型本體結合方式常用　(1)螺栓　(2)焊接　(3)銷　(4)壓板。　(13)

> **解** 組合本體常利用螺栓、螺帽、銷等標準零件結合而成，修改容易、剛性較差、成本低。

( ) 70. 組合型本體　(1)適合大型工件加工　(2)不宜大量生產和長期使用　(3)比焊接型本體製造　(24)
容易　(4)不宜用於鑄造粗胚件加工。

> **解** 見第 50 題說明。

( ) 71. 檢驗夾具為減少產生誤差應考慮　(1)夾持方式　(2)鎖緊方法　(3)製造公差　(4)幾何公　(34)
差。

> **解** 檢驗夾具為減少產生誤差應考慮：
>
> 1. 製造公差：公差過大對被檢驗工件之品質產生問題，公差過小則檢驗夾具製造費用過高，一般應用上，
> 取被檢驗工件公差的 1/5～1/10。
>
> 2. 幾何公差：一般工件一定有幾何之公差，如真圓度、真平度、圓柱度等形狀公差，應考慮各位置作適
> 當的量測，以及所造成的測定誤差。

( ) 72. 檢驗夾具選用材料之主要性質　(1)尺寸穩定度　(2)耐磨耗性　(3)熱處理性　(4)機械強　(12)
度。

> **解** 製造檢驗夾具所用材料最主要之性質為：尺寸穩定度與耐磨耗性。

( ) 73. 對塞規的敘述何者正確　(1)通過端製作時需考慮製造公差及磨耗公差　(2)製造公差選擇　(13)
數據愈小愈好　(3)製造公差一般取被檢驗公差之 $\frac{1}{5}\sim\frac{1}{10}$　(4)不通過端製作時也需考慮
磨耗公差。

> **解** (2)製造公差是依製造藍圖與工程規格訂定，公差愈小製作成本愈高。
>
> (4)不通過端製作時，不需考慮磨耗公差，因為不通過端幾乎不會磨損。

( ) 74. 對導套的敘述何者正確　(1)導套與模板配合之干涉量約爲 0.02～0.04 公厘　(2)導套硬度 (123)
一般爲 HRC60　(3)導套與鑽頭配合間隙約爲 0.02～0.04 公厘　(4)安裝時下端與工件之間
隔約爲鑽頭直徑之 0.6。

解 (4)鑽模導套的安裝原則：模板厚度通常為 1～2 倍的刀具直徑，以克服切削力所造成之變形。導套下端
和工件表面間之距離約為 0.3 倍刀具直徑。

( ) 75. 下列對夾具的敘述何者不正確　(1)熔接式夾具本體一般均使用高碳鋼爲材料　(2)設計夾 (13)
具時多使用規格品　(3)製作夾具費時且增加成本是件不必要的浪費　(4)工件夾持有三點
被固定，而三點不成一直線。

解 (1)熔接式夾具本體一般使用低碳鋼材料。

(3)製作夾具雖費時增加成本，但可增加產品互換性、減少操作人員的技術依賴，適宜大量生產…等，
常使用於機械加工廠。

( ) 76. 車床夾具　(1)三爪連動夾頭夾持圓桿是屬於雙定心法　(2)在車床上裝置夾具時多使用面 (124)
盤　(3)製作及使用時最應注意定位之問題　(4)於自動車床夾持工件爲彈簧套筒夾頭。

解 (3)車床夾具製作及使用時最應注意旋轉之平衡問題。

( ) 77. 下列對夾具的敘述何者正確　(1)夾具本體與零件裝配之面，其表面粗糙度一般爲 6.3Ra (124)
(2)夾具設計最常採用之定位原理爲 3-2-1　(3)夾具定位的義意是指能迅速的裝置工件
(4)夾具設計之程序分析不包含市場價格分析。

解 (3)夾具定位的義意是指夾具能將工件迅速固定至指定位置。

工作項目 ⑩　檢查

一、單元專業知識

工作項目	技能種類	技能標準	相關知識
八、檢查	檢查	1. 能察覺機具設備之故障，並找出其原因。 2. 能依中華民國國家標準之規定檢驗車床、銑床及平面磨床之靜態精度。	瞭解中華民國國家標準車床、銑床及平面磨床靜態檢驗之規定。

二、精選必考試題

答

(　) 1.　檢查膝型臥式銑床之床台床面與心軸軸線平行度的量具是　(1)精密水平儀　(2)望遠水平儀　(3)試棒及針盤量錶　(4)工具顯微鏡。　　(3)

(　) 2.　薄工件鑽孔易造成多角形，其處理方式為　(1)減少鑽刃餘隙角　(2)提高加工轉數　(3)增加進刀量　(4)使工件浮動。　　(1)

(　) 3.　磨削工件表面有顫動之可能原因是　(1)砂輪鈍化　(2)未使用切削劑　(3)床台未歸零　(4)床台移動速度太慢。　　(1)

解　砂輪鈍化將致使砂輪填塞及顆粒銳度減低，在磨削時容易引起工件表面的顫動。

(　) 4.　車床二頂心對準時，使用下列何者較準確？　(1)二頂心移近對準　(2)用試桿及量錶　(3)水平儀　(4)刀口平尺。　　(2)

解　車床二頂心對準時，通常用於兩頂心作業，兩頂心作業的校正便是用標準試桿及量錶檢測，如下圖所示。

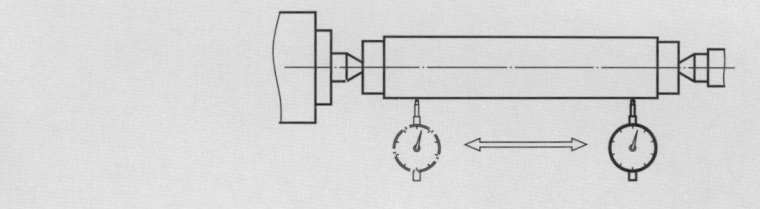

(　) 5.　銑床往復定位精度誤差過大應調整　(1)主軸鬆緊度　(2)床台之水平　(3)床台導螺桿間隙　(4)床台與主軸之垂直度。　　(3)

(　) 6.　鉸削加工之孔，若真圓度不佳時，其可能之原因為　(1)床台導螺桿間隙太大　(2)床台水平未校正好　(3)主軸偏轉大　(4)床台與主軸之垂直度不佳。　　(3)

解　主軸偏轉大，代表主軸磨損或鬆動，將使夾持的鉸刀隨之偏擺，因此容易造成加工之孔真圓度不佳。

(　) 7.　銑削時有振動現象，若發生原因是床台有間隙，則可調整　(1)螺桿間隙　(2)床台水平　(3)床台與主軸之垂直度　(4)床台嵌條。　　(4)

( ) 8. 車床起動後噪音大，其噪音來自傳動變換齒輪系，則最大原因爲齒輪　(1)間隙稍大　(2)無間隙　(3)無潤滑　(4)是金屬　所引起。　**(2)**

解 齒輪齧合傳動需有背隙，無間隙反而會造成傳動噪音。

( ) 9. 銑削中產生振動，消除之方法可用　(1)提高加工轉數　(2)增加切削速度　(3)增加床台進給量　(4)減少切削量。　**(4)**

解 銑削中產生振動，消除之方法有降低主軸轉數、降低切削速度、減少床台進給量及減少切削量等。

( ) 10. 銑床之維護，下列何者不需每日檢查？　(1)齒輪之磨損　(2)滑動面之擦拭　(3)滑動面之潤滑　(4)軸承座之潤滑。　**(1)**

解 齒輪之磨損屬於非常規性檢查，一般都需要很長一段時間後做檢查。

( ) 11. 銑削工件發現精度不良時，不必檢視　(1)心軸是否鬆動或彎曲　(2)工件材質　(3)虎鉗　(4)工件夾持面是否有雜物。　**(2)**

解 工件材質是決定選用切削條件的因素，與精度不良較無關聯。

( ) 12. 若要檢查銑床床台上虎鉗口之平行度，量錶磁座應固定在那裡較好？　(1)床台上　(2)床柱上　(3)刀軸上　(4)主軸馬達上。　**(3)**

解 要檢查銑床床台上虎鉗口之平行度，量錶磁座固定的位置不可與床台聯動，否則無法檢查。其次，固定的位置不宜離虎鉗口太遠，刀軸上是最常用的位置。

( ) 13. 利用兩頂心車削外徑時，經測量結果主軸端直徑比尾端大，其原因可能爲　(1)尾座偏向操作者　(2)尾座偏離操作者　(3)車刀裝置較高　(4)車刀裝置較低。　**(1)**

解 尾座偏向操作者，如圖(a)所示，兩頂心車削外徑時，尾端直徑變小。尾座偏離操作者，如圖(b)所示，主軸端直徑變小。

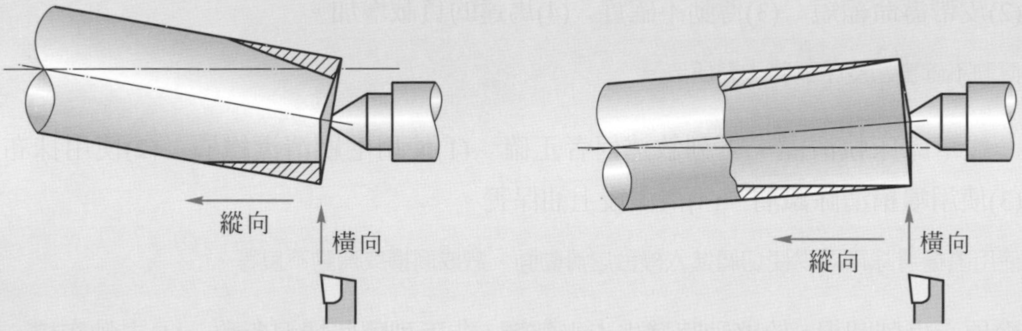

(a)尾座偏向操作者　　　　　(b)尾座偏離操作者

( ) 14. 在虎鉗上夾持未加工過之胚件時，較寬大的面原則上應靠　(1)活動鉗口　(2)固定鉗口　(3)底面　(4)朝上。　**(2)**

解 較寬大的面靠固定鉗口，切削時較為穩固。

( ) 15. 利用兩頂心車削外徑時，靠近主軸端直徑比尾座端小，其原因可能爲　(1)尾座偏向操作者　(2)尾座偏離操作者　(3)車刀裝置較高　(4)車刀裝置較低。　**(2)**

解 尾座偏離操作者，兩頂心車削外徑時，主軸端直徑變小，如第 13 題圖示。

( ) 16. 檢驗車床的平行度工作，下列工具何者不會使用到 (1)標準試棒 (2)量錶 (3)直角規 (4)磁性座。 (3)

> 解 檢驗車床的平行度工作，通常會以磁性座架設量錶，在夾頭上夾持標準試棒檢驗。

( ) 17. 銑床的靜態檢驗未含下列何種 (1)平行度 (2)垂直度 (3)水平度 (4)同心度。 (4)

> 解 同心度屬車削時工件夾持的校正檢驗。

( ) 18. 車削工件中，發現工件表面有跳動現象，與下列何者有關 (1)工件夾緊，但未校正中心 (2)床軌水平已校準 (3)車刀刀柄伸出太長 (4)主軸軸承太鬆。 (34)

( ) 19. 車削長工件使用頂心時，車削中發現頂心孔附近材料有過熱現象與下列何者有關 (1)主軸軸承太緊 (2)活動頂心孔未加油 (3)頂心頂太緊 (4)材料之熱膨脹。 (34)

( ) 20. 重車削進行中，發現工件有明顯刮槽，與下列何者有關 (1)刀刃角度適中 (2)切屑堆積刀刃 (3)工件為黑皮表面 (4)工件材質有硬塊。 (24)

( ) 21. 低速車削進行中，聞到燒焦的味道，與下列何者有關 (1)皮帶鬆滑 (2)活動頂心過熱 (3)未使用切削劑 (4)齒輪箱潤滑不足。 (14)

( ) 22. 車床電源把手啓動後，主軸未見轉動，與下列何者無關 (1)主軸變速桿 (2)進給車牙變換桿 (3)換向操作桿 (4)縱、橫向自動進給操作桿未定位。 (234)

( ) 23. 下列何者是車床主軸軸承過熱磨耗的原因 (1)反向重車削 (2)進刀速度太快 (3)未按時更換機油 (4)主軸軸承太緊。 (34)

( ) 24. 防止車床車削振動的方法，下列何者正確 (1)檢查刀具 (2)調整橫向滑台的支撐螺絲 (3)調整尾座中心 (4)使用切削劑。 (12)

( ) 25. 車床傳動使用 V 形皮帶，若皮帶調整過緊，則下列敘述何者正確 (1)軸承負荷增加 (2)皮帶壽命縮短 (3)傳動不確實 (4)馬達的負載增加。 (124)

> 解 傳動不確實乃皮帶調整太鬆所致。

( ) 26. 一般車床床軌清潔，下列敘述何者正確 (1)使用毛刷清潔鐵屑 (2)使用抹布擦拭清潔 (3)使用噴槍清除鐵屑 (4)清潔後上油保養。 (124)

> 解 使用噴槍清除鐵屑易使切屑進入機台之滑動面，造成磨損或滑動不良等。

( ) 27. 兩頂心車削圓桿，於啓動時發生卡卡聲響，非下列哪些情況所致 (1)主軸空檔 (2)雞心夾頭未夾緊 (3)尾座頂心未頂緊 (4)自動進刀變速不正確。 (14)

( ) 28. 在車床上切削螺紋，主軸旋轉但導螺桿不旋轉，下列哪項敘述正確 (1)牙標(螺紋切削指示器)下蝸輪與導螺桿未接觸 (2)螺紋齒輪搭配桿未能確實定位 (3)螺紋變速桿未定位 (4)馬達皮帶斷掉。 (23)

( ) 29. 銑床加工作業，於工作完畢後應將 (1)柱膝儘量調高 (2)柱膝儘量調低 (3)床台置於柱膝中間 (4)床台置於最右側位置。 (23)

( ) 30. 銑床床台移動時，若出現異聲與下列何者無關　(1)滑動面間隙　(2)銑刀刀頭高度過高　(234)
(3)切削劑流量　(4)主軸轉數。

( ) 31. 空氣壓縮機排送高壓空氣至加工機台時，應注意事項為　(1)不得加裝空氣乾燥機　(2)空氣　(23)
調理組是否有損壞　(3)氣壓管路是否有漏氣　(4)電動機的馬達。

工作項目 **11** 機具維護

一、單元專業知識

工作項目	技能種類	技能標準	相關知識
九、機具維護	(一) 維護車床 (二) 維護銑床 (三) 維護平面磨床	1. 能作車床之一般維護。 2. 能作銑床之一般維護。 3. 能作平面磨床之一般維護。	(1) 瞭解車床之日常維護和保養。 (2) 瞭解銑床之日常維護和保養。 (3) 瞭解平面磨床之日常維護和保養。

二、精選必考試題

答

( ) 1. 車床潤滑不當時，機件容易　(1)變形　(2)磨損　(3)硬化　(4)收縮。　　(2)

解　車床潤滑不當，配合面沒有油膜，容易造成機件磨損。

( ) 2. 車床在使用後必須採行之工作為　(1)調整　(2)暖機　(3)拆下夾頭　(4)擦拭及注油。　　(4)

( ) 3. 一般車床主軸箱之潤滑油宜選用"S.A.E."　(1)30　(2)60　(3)90　(4)120　號機油。　　(1)

解　潤滑油之號數愈大其黏稠度愈大，車床主軸箱之潤滑以流動性佳之 SAE30 為宜。

( ) 4. 車床開動前應先　(1)夾持刀具　(2)調整　(3)注油　(4)夾持工件。　　(3)

解　車床開動前注油，將有助於配合面、機件潤滑，這是良好的機具操作習慣。

( ) 5. 使車床尾座和刀具溜座運行保持平行於軸線是　(1)床軌　(2)導螺桿　(3)齒條　(4)進刀桿。　　(1)

( ) 6. 一般車床保養完畢後，床鞍應置於　(1)接近車頭　(2)床台中間　(3)接近尾座　(4)任何位置　為宜。　　(3)

解　依照車床操作的安全注意事項，操作完車床應將刀具溜座及尾座移至車床右側(亦即尾座端)定位，而刀具溜座包含床鞍及床帷二部分。

( ) 7. 車床頭座主軸軸承調整太緊後，最易發生的現象是　(1)車頭轉動聲音比未調整時小　(2)主軸軸承溫度降低　(3)有振動現象　(4)發出尖銳聲音。　　(4)

( ) 8. 車削工件中若發覺車床有異狀或有不正常之聲音時，首先要　(1)切斷電源　(2)退出刀具　(3)踩剎車　(4)加速車削。　　(2)

解　退出刀具除了可以查察異狀或不正常之聲音的來源外，可避免踩剎車或切斷電源的插刀危險性(自動進給仍在動作)。

( ) 9. 銑床自動進給之安全銷若折斷，則新更換之安全銷，以下列何者最適宜　(1)折斷之鑽頭柄　(2)鐵釘　(3)螺絲　(4)空心之彈簧銷。　　(4)

解　安全銷之強度宜適中，鑽頭柄材質為高速鋼強度大，鐵釘及螺絲強度不足，以空心之彈簧銷最適合。

( ) 10. 主軸無剎車裝置之銑床，若欲裝卸刀軸時，則主軸變速檔最好調在　(1)低速檔的最慢轉數　(2)低速檔的最快轉數　(3)高速檔的最慢轉數　(4)高速檔的最快轉數　位置。　　(1)

解 主軸變速檔調在低速檔的最慢轉數，由於齒輪速比的關係，其主軸幾乎不動，很適合裝卸刀軸。

( ) 11. 主軸為無段變速之砲搭式銑床，其主軸於下列何種情形下，應避免停機 (1)低速檔的最慢 (4)
轉數 (2)低速檔的最快轉數 (3)高速檔的最慢轉數 (4)高速檔的最快轉速 位置。

解 無段變速使用高速檔的最快轉數若突然停機，容易造成負載過大致使跳電，宜降低轉速後再停機。

( ) 12. 銑床之操作面板上，通常有一個較大的按鈕，它是作為緊急停機之用，所以其顏色通常為 (2)
(1)黑色 (2)紅色 (3)黃色 (4)綠色

解 一般紅色的意義為『危險』或『緊急』之用。

( ) 13. 銑床主軸馬達通常是以數條 V 形皮帶驅動主軸時，若其中一條斷裂，則應如何處置 (3)
(1)該斷裂之皮帶換新即可 (2)除了更換該斷裂之皮帶外，至少再更換另一條 (3)應全部
更換新皮帶 (4)該斷裂之皮帶，可以重新接好再使用。

解 最好的方法還是全部更換新皮帶，如果僅換斷裂的皮帶，其各條鬆緊度不易均等。

( ) 14. 銑床之立銑主軸頭若會漏油，其最可能原因是 (1)機油太稀薄 (2)油封老舊磨損 (3)主 (2)
軸之軸承未迫緊 (4)會漏油是正常且無可避免的事。

解 油封的功能就是防止潤滑油的洩漏，油封老舊磨損是造成漏油的主要原因。

( ) 15. 捨棄式面銑刀之刀盤若未能鎖緊在"C"型刀軸上，則銑削之結果為 (1)銑削時會有火花 (2)
(2)銑削面不平整 (3)銑削面會變成斜面 (4)毛邊特別嚴重。

解 捨棄式面銑刀之刀盤若未能鎖緊在刀軸上，將造成刀片的鬆動，會使銑削面不平整。

( ) 16. 欲清除銑床工作台與床鞍等滑動面上之切屑時，最正確的方法為 (1)棕刷 (2)抹布 (4)
(3)壓縮空氣 (4)真空吸塵器 清除。

解 利用真空吸塵器清除切屑，不會使切屑飛揚，是較佳的清除方式。

( ) 17. 若操作者面向主軸頭，其主軸中心與工作台面的垂直度的調整要領應為 (1)左邊之角度應 (1)
略微小於 90 度 (2)右邊之角度應略微小於 90 度 (3)要完全垂直 (4)其垂直度與工件加
工之精度無關。

解 主軸中心與工作台面的垂直度調成左邊的角度略為小於 90 度，使面銑刀旋轉切削時，後方(右側)刀刃不
再與加工面接觸，減少加工時間與刀具磨損，切削刀痕如下圖所示。

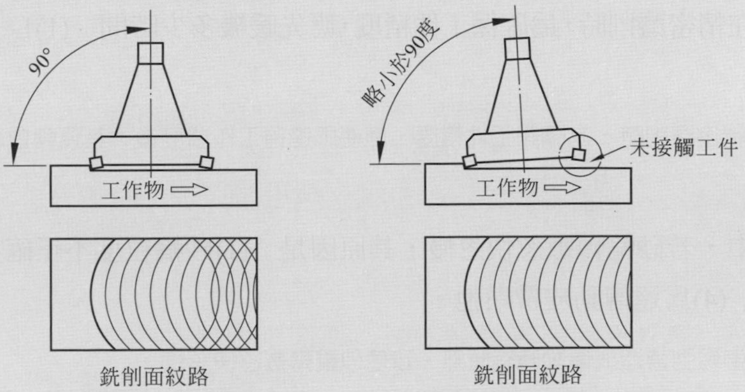

工作物 ⟹ 　　　　　工作物 ⟹ 　未接觸工件

銑削面紋路 　　　　　銑削面紋路
(a) 主軸與工作台垂直　　(b) 主軸與工作台左側略小於90度

(　) 18. 銑削若產生高振動時，應　(1)增加主軸迴轉數　(2)增加切削速度　(3)降低工作台進給量　(4)改變馬達轉向。 　(3)

> 解　銑削若產生高振動可以採取降低主軸迴轉數、降低切削速度、降低工作台進給量等。

(　) 19. 面銑刀銑削時，若發現間斷切削聲，其原因與下列無關？　(1)刀具材質　(2)刀具歪斜　(3)刃口破裂　(4)刀刃不同高。 　(1)

> 解　刀具材質會影響轉速、進給率、切削深度等，與間斷切削聲無關。

(　) 20. 以主軸昇降方式鉸孔時，其真圓度不佳，較可能之原因為　(1)工作台導螺桿之間隙太大　(2)工作台水平未校正好　(3)主軸之偏擺大　(4)工作台與主軸之垂直度不佳。 　(3)

> 解　主軸之偏擺直接影響刀具的迴轉不圓，容易造成鉸孔真圓度不佳，若亟需要求鉸孔真圓度，則應考慮主軸昇降機構校正或利用床台昇降鉸孔。

(　) 21. 為維持平面磨床加工精度，於安裝機械時，應使用何種儀器來調整水平？　(1)高度規　(2)針盤量錶　(3)塊規　(4)水平儀。 　(4)

> 解　安裝機械時通常會以兩組(互成垂直狀)水平儀，用以校正床台水平。

(　) 22. 磨削時切削劑不清潔，將造成　(1)磁性夾頭受損　(2)工件面刮傷　(3)砂輪跳動　(4)工件無法二面垂直。 　(2)

> 解　磨削時切削劑不清潔，會使油垢或切屑殘留砂輪或工件面，將致使工件面刮傷。

(　) 23. 下列敘述何者為錯誤？　(1)砂輪切削深度愈大，磨削抵抗愈大　(2)進給速率愈小，表面粗糙度數值愈小　(3)砂輪周速愈大，磨削抵抗愈大　(4)砂輪周速愈大，磨削抵抗愈小。 　(3)

> 解　周速大小主要是影響刀具壽命，對切削阻力影響不大。

(　) 24. 一般平面磨削，砂輪周速度約為　(1)500～800m/min　(2)1,000～1,100m/min　(3)1,200～1,800m/min　(4)2,000～2,500m/min。 　(3)

> 解　一般平面磨床的主軸轉速約 2500rpm，而砂輪片的直徑約 200mm，根據周速換算：
> $$V= \frac{\pi DN}{1000} = \frac{3.14 \times 200 \times 2500}{1000} = 1570 \text{ rpm}。$$

(　) 25. 平面磨床之清潔保養工作，應使用下列何種油？　(1)潤滑油　(2)調水油　(3)硫化油　(4)煤油。 　(1)

(　) 26. 平面磨床在精密磨削時，為確保工件精度，應先暖機多少時間　(1)1　(2)2　(3)3　(4)10 分鐘以上。 　(4)

> 解　平面磨床在精密磨削時，為確保工件精度，應使馬達達工作溫度後，其運轉會趨於平穩，通常需 10 分鐘以上。

(　) 27. 磨削過程中，若砂輪轉數忽快忽慢，其原因是　(1)砂輪粒度不正確　(2)砂輪太硬　(3)砂輪不平衡　(4)馬達傳動皮帶鬆弛。 　(4)

> 解　馬達傳動皮帶鬆弛會造成傳動時有時無，致使砂輪轉數忽快忽慢。

( ) 28. 使用水平儀校正床台，若水平正確，則氣泡應在水平儀的 (1)左側 (2)中央 (3)右側 (4)任何位置均可。 **(2)**

( ) 29. 有關平面磨床的維護，下列敘述何者錯誤？ (1)應遠離熱源與日光照射 (2)應使用潤滑油作清潔保養 (3)油壓式平面磨床操作前，應先起動油壓馬達 (4)操作前應先開啟切削劑。 **(4)**

> 解 (4)磨削工件，應先啟動砂輪，再開啟切削劑。無須操作前開始，避免砂輪吸入切削劑或影響對刀。

( ) 30 校正車床主軸孔中心之偏擺度，下列何者較不精確？ (1)對正車頭及尾座頂心 (2)以直角規校正 (3)校對尾座記號 (4)以量表及標準桿檢查。 **(123)**

( ) 31. 使用車床加工前應先檢查確認的工作 (1)夾持刀具 (2)確認機台精準度 (3)齒輪箱潤滑油液面檢查 (4)夾持工件。 **(23)**

( ) 32. 清潔銑床工作台上之 T 行溝槽，適合使用下列何者清除？ (1)毛刷 (2)用水沖洗 (3)壓縮空氣 (4)抹布。 **(134)**

( ) 33. 銑床主軸異常發熱現象可能的原因是 (1)潤滑油之油量過高 (2)主軸軸承損壞 (3)切削負荷抵抗太大 (4)工件未夾緊。 **(23)**

( ) 34. 銑床台面受損產生微小凸狀時，不應 (1)使用手提砂輪機去除 (2)使用銼刀去除 (3)使用油石去除 (4)無須理會。 **(124)**

( ) 35. 平面磨床之維護工作，適合採用下列何種油品保養？ (1)調水油 (2)潤滑油 (3)硫化油 (4)防鏽油。 **(24)**

( ) 36. 使用一般平面磨床磨削工件前後，需要檢查的事項為 (1)心軸不可超速 (2)不可超壓磨削 (3)機台有無鬆弛 (4)工件精度。 **(34)**

( ) 37. 操作平面磨床前應注意的事項？ (1)了解各個開關、旋鈕、把手等的位置和功能 (2)檢視砂輪與磁性平台的安全距離 (3)無需察看操作者的周邊是否有工作伙伴 (4)檢查砂輪迴轉方向是否正確。 **(124)**

( ) 38. 下列何者不是磨削過程中工件表面易燒焦的原因？ (1)砂輪轉數太高 (2)加工量太大 (3)使用軟砂輪 (4)移動距離擋塊定位過長。 **(34)**

乙級機械加工技能檢定學科試題解析

作者／羅業麟、龐慕賢

發行人／陳本源

執行編輯／謝儀婷

出版者／全華圖書股份有限公司

郵政帳號／0100836-1號

印刷者／宏懋打字印刷股份有限公司

圖書編號／061508-202309

定價／新台幣 370 元

ISBN／978-626-328-941-1（平裝）

全華圖書／www.chwa.com.tw

全華網路書店／www.opentech.com.tw

若您對書籍內容、排版印刷有任何問題，歡迎來信指導 book@chwa.com.tw

臺北總公司（北區營業處）

地址：23671 新北市土城區忠義路 21 號

電話：(02) 2262-5666

傳真：(02) 6637-3695、6637-3696

中區營業處

地址：40256 臺中市南區樹義一巷 26 號

電話：(04) 2261-8485

傳真：(04) 3600-9806（高中職）

(04) 3601-8600（大專）

南區營業處

地址：80769 高雄市三民區應安街 12 號

電話：(07) 381-1377

傳真：(07) 862-5562

乙級機械加工技能檢定學科題庫解析

作者／鄧富源、張弘智

發行人／陳本源

執行編輯／蔣德亮

出版者／全華圖書股份有限公司

郵政帳號／0100836-1 號

印刷者／宏懋打字印刷股份有限公司

圖書編號／0617508-202309

定價／新台幣 370 元

ISBN／978-626-328-594-1(平裝)

全華圖書／www.chwa.com.tw

全華網路書店 Open Tech／www.opentech.com.tw

若您對本書有任何問題，歡迎來信指導 book@chwa.com.tw

臺北總公司(北區營業處)
地址：23671 新北市土城區忠義路 21 號
電話：(02) 2262-5666
傳真：(02) 6637-3695、6637-3696

南區營業處
地址：80769 高雄市三民區應安街 12 號
電話：(07) 381-1377
傳真：(07) 862-5562

中區營業處
地址：40256 臺中市南區樹義一巷 26 號
電話：(04) 2261-8485
傳真：(04) 3600-9806(高中職)
　　　(04) 3601-8600(大專)

歡迎加入 全華會員

● 會員獨享

會員享購書折扣、紅利積點、生日禮金、不定期優惠活動…等。

● 如何加入會員

掃 QRcode 或填妥讀者回函卡直接傳真 (02) 2262-0900 或寄回，將由專人協助登入會員資料，待收到 E-MAIL 通知後即可成為會員。

如何購買 全華圖書

1. 網路購書

全華網路書店「http://www.opentech.com.tw」，加入會員購書更便利，並享有紅利積點回饋等各式優惠。

2. 實體門市

歡迎至全華門市（新北市土城區忠義路 21 號）或各大書局選購。

3. 來電訂購

(1) 訂購專線：(02) 2262-5666 轉 321-324
(2) 傳真專線：(02) 6637-3696
(3) 郵局劃撥（帳號：0100836-1 戶名：全華圖書股份有限公司）
※ 購書未滿 990 元者，酌收運費 80 元。

OpenTech.com.tw

全華網路書店 www.opentech.com.tw
E-mail: service@chwa.com.tw

※ 本會員制如有變更則以最新修訂制度為準，造成不便請見諒。

行銷企劃部 收

全華圖書股份有限公司

23671 新北市土城區忠義路 21 號

勘 誤 表

書　號	書　名		作　者
頁　數	行　數	錯誤或不當之詞句	建議修改之詞句

我有話要說：　（其它之批評與建議，如封面、編排、內容、印刷品質等‧‧‧‧）

讀　者　回　函　卡

姓名：＿＿＿＿＿＿＿　生日：西元＿＿＿＿年＿＿月＿＿日　性別：□男 □女

電話：（　）＿＿＿＿＿　手機：＿＿＿＿＿＿＿＿＿＿

e-mail：　　　　　（必填）

註：數字零，請用 Ø 表示，數字1 與英文 L 請另註明並書寫端正，謝謝。

通訊處：□□□□□

學歷：□高中‧職 □專科 □大學 □碩士 □博士

職業：□工程師 □教師 □學生 □軍‧公 □其他

學校/公司：＿＿＿＿＿＿＿　科系/部門：＿＿＿＿＿＿＿

‧需求書類：

□A. 電子 □B. 電機 □C. 資訊 □D. 機械 □E. 汽車 □F. 工管 □G. 土木 □H. 化工 □I. 設計

□J. 商管 □K. 日文 □L. 美容 □M. 休閒 □N. 餐飲 □O. 其他

‧本次購買圖書為：＿＿＿＿＿＿＿　書號：＿＿＿＿＿＿＿

‧您對本書的評價：

封面設計：□非常滿意 □滿意 □尚可 □需改善，請說明＿＿＿＿＿＿＿

內容表達：□非常滿意 □滿意 □尚可 □需改善，請說明＿＿＿＿＿＿＿

版面編排：□非常滿意 □滿意 □尚可 □需改善，請說明＿＿＿＿＿＿＿

印刷品質：□非常滿意 □滿意 □尚可 □需改善，請說明＿＿＿＿＿＿＿

書籍定價：□非常滿意 □滿意 □尚可 □需改善，請說明＿＿＿＿＿＿＿

整體評價：請說明＿＿＿＿＿＿＿

‧您在何處購買本書？

□書局 □網路書店 □書展 □團購 □其他

‧您購買本書的原因？（可複選）

□個人需要 □公司採購 □親友推薦 □老師指定用書 □其他

‧您希望全華以何種方式提供出版訊息及特惠活動？

□電子報 □DM □廣告 (媒體名稱＿＿＿＿＿＿＿)

‧您是否上過全華網路書店？ (www.opentech.com.tw)

□是 □否 您的建議＿＿＿＿＿＿＿

‧您希望全華出版哪方面書籍？＿＿＿＿＿＿＿

‧您希望全華加強哪些服務？＿＿＿＿＿＿＿

感謝您提供寶貴意見，全華將秉持服務的熱忱，出版更多好書，以饗讀者。

填寫日期：　　/　　/

2020.09 修訂